人工智能训练师（高级工）

组　编：深圳市人工智能产业协会

主　编：范丛明　秦永彬　刘小华

副主编：周剑明　卢庆华　胡茂伟　龙榜

参　编：杨诗虹　谭炽文　张德创　魏金生　张　莉　刘　畅
　　　　胡　春　胡亚莉　戴　鹏　陈宇光　孙春树　胡　昕

电子工业出版社

Publishing House of Electronics Industry

北京·BEIJING

内 容 简 介

本书严格依据人工智能训练师国家职业技能标准（2021 年版）进行精心编撰。其内容系统地涵盖了 5 级至 3 级的相关知识体系，全书共计 8 章。其中，除第 8 章外，其余各章均精心设置了实训环节，有效实现了理论与实际的有机结合，旨在全方位提升读者的知识掌握水平与实践操作能力。

本书特色鲜明：其一，相关内容于深圳多区开展了多轮培训实践，积累了丰富经验。其二，案例紧扣时代脉搏，将基础知识传授与大模型工具应用有机融合，极大提升学习效果与效率。其三，内容全面且深入浅出，与高校专业教材相比，阅读难度适中，适合广大受众研读，可有效助力各层次读者掌握专业知识与技能，为读者在人工智能训练领域的学习与探索奠定坚实基础。

本书适用于对人工智能训练师职业感兴趣、渴望踏入该领域且基础尚待夯实的广大人群，包括计划参加人工智能训练师职业技能等级认证的学员，以及大中专院校相关专业寻求知识拓展与实践经验补充的师生群体，同时也可作为相关领域从业者知识更新与技能提升的参考资料。

图书在版编目（CIP）数据

人工智能训练师：高级工 / 深圳市人工智能产业协

会组编. -- 北京：电子工业出版社，2025. 2. -- ISBN

978-7-121-49748-3

Ⅰ. TP18

中国国家版本馆 CIP 数据核字第 20258V0S42 号

责任编辑：康　静

印　　刷：天津千鹤文化传播有限公司

装　　订：天津千鹤文化传播有限公司

出版发行：电子工业出版社

　　　　　北京市海淀区万寿路 173 信箱　邮编　100036

开　　本：787×1 092　1/16　印张：17.5　字数：448 千字

版　　次：2025 年 2 月第 1 版

印　　次：2025 年 2 月第 1 次印刷

定　　价：79.00 元

凡所购买电子工业出版社图书有缺损问题，请向购买书店调换。若书店售缺，请与本社发行部联系，联系及邮购电话：（010）88254888，88258888。

质量投诉请发邮件至 zlts@phei.com.cn，盗版侵权举报请发邮件至 dbqq@phei.com.cn。

本书咨询联系方式：（010）88254609，hzh@phei.com.cn。

推 荐 序

当今，人工智能正以前所未有的深度和广度重塑社会运行的各个行业。在促进人工智能赋能百业的产业变革中，人工智能训练师的角色十分重要，是促使人工智能解决方案拥有"灵魂"的数字工匠。人工智能训练师的主要职责是通过对大量数据的筛选、标注和优化，引导人工智能模型不断学习和进步，使其能够更好地满足智能任务需要，从而在实际应用中发挥出最大的价值。

这本《人工智能训练师》图书的出版符合发展新质生产力的时代需求。本书通过详细阐述人工智能训练师的工作职责、技能要求和职业发展路径，可为有志于投身这一职业的从业者提供一个较为清晰的前行方向，也可为关注人工智能技术发展的各界人士搭建了解该项职业技能的桥梁。

本书具有实战的特点。首先，内容全面。它涵盖了人工智能训练过程的各个主要相关方面，可使读者对人工智能训练形成一个相对全面的认知。其次，实用性强。本书结合大量实际案例和操作步骤，让读者能够较快掌握人工智能训练所涉及的一些核心技能。另外，具有一定前瞻性。本书还介绍了当前人工智能技术发展的一些最新趋势，利于读者拓展思路。

这本书的出版具有重要意义。对于渴望在人工智能领域发展的从业者，本书利于读者较快掌握基本技能，提升职业竞争力。对于企业来说，本书可用于员工培训，助力企业提升人工智能应用水平，增强市场竞争力。本书的出版，有助于推动人工智能技术的应用普及，并可为社会的数字化转型与健康发展做出应有的贡献。

深圳职业技术大学人工智能学院院长　　杨金锋
粤港澳大湾区人工智能应用技术研究院院长、教授

前　言

在 2024 年的全国人大会议上，首次将"人工智能+"行动写入政府工作报告，推动人工智能高质量发展。2023 年深圳市人工智能产业规模达 3685 亿元，人工智能企业达 2887 家，深圳市正在加快打造人工智能先锋城市。我们感谢各级政府的肯定，我们感激广大会员企业的大力支持，我们感恩人工智能产业的无限机遇。

深圳市人工智能产业协会集聚了一批优质的人工智能企业资源，自 2020 年以来，已经开展了将近 9040 人次的人工智能系列公益培训，收到了良好的效果。同时协会可以较好组织优质 AI 企业优秀讲师和高校教师资源，专业机构参与人才培养，可快速培养中低级别紧缺人才，可以作为 AI 产业人才培养的重要补充力量。其中人工智能训练师培训课程更是最早开展的项目之一，协会邀请深圳职业技术大学相关专业的资深教师、博士担任培训讲师，力求为学员提供高质量的教学服务。

经过近几年的培训实践，我们深切认识到对培训内容进行系统总结的必要性，因此萌生了撰写本书的想法。在整个培训过程中，我们始终秉持以学员为中心的理念，充分倾听广大学员的意见，依据他们所反馈的宝贵建议，对教学内容不断进行修正和完善，使其更贴合学员的学习需求与行业实际情况。可以说，本书凝聚着众多学员的智慧结晶，在此，我们要向每一位参加人工智能训练师培训的学员致以诚挚的感谢。

同时，本书的编写也有着多重意义。一方面，它是对过往培训课程的全面梳理与总结，为后续继续开展相关培训奠定了基础；另一方面，经培训后的深圳学员，有的顺利进入人工智能训练行业，开启了职业生涯，有的则将所学向江西等地辐射，推动了当地相关培训工作的开展，进一步扩大了产业影响力。而且，协会近年来面向社会推行人工智能训练师职业技能等级认定工作，本书也将作为重要的参考教材，为认定工作提供有力支撑。

在创作思路上，本书严格依据最新的人工智能训练师国家职业技能标准，力求涵盖标准所陈述的主要内容。鉴于标准本身相对笼统的特点，这也给了我们撰写团队充分发挥的空间，得以进一步细化、完善内容，更好地适应不同学员的学习需要以及行业发展的动态变化。

本书的编写得到了深圳职业技术大学、贵州大学、深圳市方直科技股份有限公司、深圳市悦动天下科技有限公司、中国联合网络通信有限公司深圳市分公司、深圳市法本信息技术股份有限公司的支持，在此一并表示感谢！秦永彬、刘小华、周剑明、卢庆华、胡茂伟、龙榜、杨诗虹、魏金生、张莉、谭炽文、张德创、刘畅、胡春、胡亚莉、戴鹏、胡昕、陈宇光等参与了本书的编写工作。

本书由深圳市人工智能产业协会组编，希望本书能够助力更多有志于投身人工智能训练师职业领域的读者，开启知识学习与技能提升之旅，为我国人工智能产业的发展贡献一份微薄力量。由于编者水平有限，书中难免有不妥和错误之处，恳请读者批评指正。

编　者

目　　录

人工智能训练师职业认知和相关法律法规知识

在当今科技飞速发展的时代，人工智能正逐渐成为推动社会进步的重要力量。而人工智能训练师作为这一领域的关键角色之一，肩负着重要的使命。接下来，让我们一同走进第 1 章，深入了解人工智能训练师的职业认知和相关法律法规知识，为掌握这一新兴职业的技能奠定基础。首先，我们将认识人工智能训练师的职业定位与作用；接着，学习与该职业相关的法律法规知识以及人工智能数据使用和共享的合规原则。同时，本门课程注重实训，本章将带领大家搭建和测试 Python 开发环境，为后续内容的学习做好铺垫。

1.1　人工智能训练师职业认知

⊙知识目标

1. 了解人工智能的发展阶段及其特点，包括不同阶段的重要事件和技术突破。
2. 掌握人工智能在主要领域的商用落地情况，熟悉相关应用案例和实际效果。
3. 理解人工智能训练师的定义、等级划分以及出现的原因和面临的挑战。
4. 知晓国家和行业组织为规范人工智能训练师这一新兴职业所制定的职业标准。

⊙工作任务

1. 了解人工智能的发展历程和应用领域。
2. 理解人工智能训练师在企业中的定位和作用。

1.1.1　人工智能的各个发展阶段

在 20 世纪 50 年代到 80 年代初期，人工智能（AI）处于早期探索阶段。这个时期的研究者们主要致力于构建基础理论和算法，试图让计算机模拟人类的智能行为。这些早期的研究不仅为人工智能的发展奠定了重要的理论基石，也开启了计算机科学领域的许多新方向。在这个过程中，研究者们开发了各种算法和模型，包括专家系统、初步的机器学习方法以及搜索算法等。图灵测试的提出（1950 年）和逻辑推理程序的发展，也成为评估人工

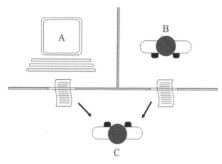

图 1-1   图灵测试的基本原理

智能能力的重要标准，图 1-1 展示了图灵测试的基本原理：当人 C 与计算机 A 和人 B 进行交流，C 无法从交流结果判断出 A 和 B 谁是人、谁是计算机时，可认定计算机 A 通过了图灵测试。这一时期，尽管硬件和计算能力有限，但研究者们通过不断创新和实验，打下了坚实的基础，为后来的技术突破和应用铺平了道路。这些早期工作的积累，为未来的人工智能研究提供了丰富的资源和灵感，使得后来者能够在前人的基础上，不断推进技术的进步和应用的广泛化。

值得一提的是，1956 年被称为人工智能元年，主要是因为在这一年的达特茅斯会议上，"人工智能"这个术语被正式提出，来自不同领域的学者们汇聚在一起，共同探讨了用机器来模拟人类智能的可能性，确立了人工智能作为一个研究领域的地位。这次会议为人工智能的发展奠定了基础，标志着人工智能研究的正式开端。

从 20 世纪 80 年代初期到 90 年代末，人工智能在技术和应用方面取得了显著的拓展。在此期间，计算机性能不断提升，为人工智能的发展提供了更有力的支持。专家系统等应用如雨后春笋般涌现，并实现了较大的发展。专家系统在特定领域展现出了出色的实际应用效果，帮助人们解决了诸多复杂的问题。然而，随着时间的推移，专家系统的发展逐渐显现出乏力的态势。获取专家知识的困难、维护成本高昂以及应用范围的局限性等问题逐渐暴露。尽管如此，这一阶段仍具有重要意义，它是对前一阶段理论的积极实践和应用拓展，为后续的大规模应用积累了宝贵的经验。值得一提的是，在 1986 年，辛顿、鲁姆尔哈特等人提出了反向传播算法，这一算法对神经网络的发展起到了重要的推动作用，进一步丰富了人工智能的技术手段。如图 1-2 所示，2018 年，辛顿与另外两位科学家本吉奥和杨立昆共同获得图灵奖，他们三人被誉为"AI 三杰"。2024 年，辛顿又凭借在人工智能深度学习方面的卓越成就获得诺贝尔物理学奖。

图 1-2   AI 三杰：约书亚·本吉奥、杰弗里·辛顿、杨立昆

90 年代末到现在，人工智能迎来了爆发式发展。互联网的普及带来了海量数据，硬件性能的飞速提升以及算法的不断创新，使得人工智能在机器学习、深度学习等领域取得了重大突破。它不仅在更多领域广泛应用，如自动驾驶、图像识别、自然语言处理等，而且

逐渐从特定领域的应用走向通用人工智能的探索。这一阶段是在前两个阶段的基础上，凭借技术的融合与创新，实现了质的飞跃，使得人工智能从实验室走向了人们的日常生活，并对社会产生了深远的影响。三个阶段层层递进，不断推动着人工智能的发展。

1.1.2 人工智能的应用领域

目前，人工智能技术在众多领域实现了基本的商用落地。

计算机视觉技术能让计算机理解和分析图像或视频内容。其应用广泛，如在人脸识别、虹膜识别、掌纹识别中用于安全验证、在辅助驾驶中用于识别道路和行人、在医学影像诊断中辅助医生判断病情等。此外，在计算机作图领域，像 Midjourney、Stable Diffusion 等工具利用人工智能生成图像，为设计和艺术创作带来新机遇。如图 1-3 所示，该图片由作者使用 Midjourney 生成，作者本人其实对美术几乎一无所知。

图 1-3　使用 Midjourney 生成的精美图片

自然语言处理使计算机能够理解和处理人类自然语言。常见应用有智能客服自动回答问题、智能语音交互实现人机对话、机器翻译打破语言障碍、文本生成创作各类文章等。大语言模型的出现极大提升了自然语言处理的能力和效果。

生物识别技术，除了前已提及的人脸识别、虹膜识别等，还包括指纹识别，用于身份验证和安全访问控制。机器学习应用于智慧教育、智能推荐、设备预测、风险分析等。智能机器人在工业生产、服务行业和家庭中发挥作用。智慧物流通过人工智能实现装备和设备的智能化与无人化。在医疗保健领域，人工智能辅助诊断、助力药物研发和健康监测。金融领域借助人工智能进行风险评估、信用评分、市场预测和智能投顾。广告营销利用人工智能实现精准投放。虚拟现实/增强现实/混合现实（VR/AR/MR）创造沉浸式体验，在游戏、教育、培训、房地产等领域得到应用。

随着技术的不断进步，人工智能的应用领域将持续拓展和深化，为各行各业带来各种创新变革和机遇。

1.1.3 人工智能训练师职业及其由来

在了解了人工智能丰富多样的应用领域后，我们不难发现，人工智能的高效运行和不断发展离不开专业人员的精心培育与引导。由此，我们不得不提到一个新兴的职业——人工智能训练师。随着人工智能技术的飞速发展，为了确保人工智能系统能够准确理解和处理各种任务，满足不同场景的需求，人工智能训练师这一职业应运而生。他们如同一个个人工智能导师，通过精心设计的训练流程和方法，不断提升人工智能的性能和表现，为人工智能在各个领域的广泛应用奠定了坚实的基础。

根据《人工智能训练师国家职业技能标准（2021 年版）》，人工智能训练师，是指使用智能训练软件，在人工智能产品实际使用过程中进行数据库管理、算法参数设置、人机交互设计、性能测试跟踪及其他辅助作业的人员。这一职业涉及到对人工智能系统的训练和优化，确保其在实际应用中的有效性和效率。它的职业功能包括：数据采集和处理、数据标注、智能系统运维、业务分析、智能训练、智能系统设计、培训与指导。

此外，人工智能训练师的职业技能等级分为五个等级，分别是五级/初级工、四级/中级工、三级/高级工、二级/技师和一级/高级技师，涵盖了从基础到高级的多种技能要求和职业发展路径。

如前所述，人工智能训练师这个职业并非凭空出现，而是随着人工智能技术的快速发展，以及人工智能产品在实际应用中不断遇到挑战而产生的。

人工智能技术在过去几十年里取得了长足的进步，各种智能产品层出不穷，例如智能客服、智能翻译、智能驾驶等。这些产品的核心是算法，而算法的训练需要大量的数据。因此，数据采集、标注、处理等工作变得尤为重要。尽管人工智能技术取得了很大的进步，但在实际应用中仍然面临着许多挑战，例如，

（1）数据质量：数据是算法训练的基础，数据质量直接影响算法的效果。然而，现实中数据往往存在着噪声、缺失、不一致等问题，需要进行清洗和标注才能使用。

（2）算法参数调整：不同的应用场景需要不同的算法参数设置，才能达到最佳效果。这需要人工智能训练师根据实际应用情况进行调整和优化。

（3）人机交互设计：人工智能产品需要与用户进行交互，因此需要设计友好的用户界面和交互流程。这需要人工智能训练师了解用户需求，并进行设计优化。

（4）性能测试跟踪：人工智能产品的性能需要不断进行测试和跟踪，才能确保其稳定性和可靠性。

为了解决上述挑战，就需要一种专门的人员来负责人工智能产品的训练和维护。人工智能训练师就是在这种情况下应运而生的，他们使用智能训练软件，在人工智能产品实际使用过程中进行数据库管理、算法参数设置、人机交互设计、性能测试跟踪等工作，确保人工智能产品的正常运行和不断提升。

为了规范这一新兴职业，国家和行业组织开始制定相关的职业标准和技能要求。这些标准不仅帮助企业识别和培养合适的人才，也为从业人员提供了职业发展的路径和依据。

随着人工智能技术的日益普及，相关的教育和培训课程如雨后春笋般不断涌现。其中，深圳市人工智能产业协会在国内率先推出人工智能训练师课程及相应的认证，为培养更多具备专业技能的人工智能训练师提供了有力的支持。此举极大地满足了市场对人工智能训练师的需求，推动了人工智能行业的快速发展。

1.2　相关法律法规知识介绍

⊙知识目标

1．理解相关法律法规的核心内容与应用。
2．掌握人工智能数据合规原则的要点。
3．辨析违规行为及知晓法律责任与防范措施。

⊙工作任务

学习并遵守《中华人民共和国劳动法》、《中华人民共和国劳动合同法》、《中华人民共

和国网络安全法》、《中华人民共和国知识产权法》等相关法律法规。掌握人工智能数据使用和共享的合规原则。

1.2.1 《中华人民共和国劳动法》

《中华人民共和国劳动法》是调整劳动关系以及与劳动关系密切联系的其他社会关系的法律规范的总称。

《中华人民共和国劳动法》于 1994 年 7 月 5 日第八届全国人民代表大会常务委员会第八次会议通过，并历经了两次修正。现行有效的《中华人民共和国劳动法》是经 2018 年修正后的版本。

这部法律对劳动者具有极其重要的意义和价值。

（1）明确权利：为劳动者明确了一系列的权利，如平等就业权、取得劳动报酬权、休息休假权、获得劳动安全卫生保护权等，使劳动者清楚知道自己在劳动关系中所应享有的合法权益。

（2）规范劳动关系：确立了劳动关系的规范和准则，对劳动合同的订立、履行、变更、解除等方面做出规定，保障劳动关系的稳定和有序。

（3）保障劳动条件：规定了用人单位应为劳动者提供符合国家规定的劳动安全卫生条件和必要的劳动保护用品，确保劳动者的生命安全和身体健康。

（4）限制工作时间和休息休假：明确了劳动者的工作时间、休息休假制度，防止用人单位过度延长劳动时间，保障劳动者的休息权利。

（5）确定工资待遇：规定了工资分配应当遵循按劳分配原则，实行同工同酬，保障劳动者能够获得合理的劳动报酬。比如，法定休假日安排劳动者工作的，需支付不低于工资的百分之三百的工资报酬。

（6）解决劳动争议：提供了劳动争议的解决途径和方式，当劳动者的合法权益受到侵害时，能够依法获得救济。

总之，《中华人民共和国劳动法》为劳动者提供了全面的法律保护，维护了劳动者的合法权益，促进了劳动关系的和谐稳定。

1.2.2 《中华人民共和国劳动合同法》

《中华人民共和国劳动合同法》是为了完善劳动合同制度，明确劳动合同双方当事人的权利和义务，保护劳动者的合法权益，构建和发展和谐稳定的劳动关系而制定的法律。

该法于 2007 年 6 月 29 日由第十届全国人民代表大会常务委员会第二十八次会议通过，并自 2008 年 1 月 1 日起施行。2012 年 12 月 28 日，第十一届全国人民代表大会常务委员会第三十次会议通过了《全国人民代表大会常务委员会关于修改〈中华人民共和国劳动合同法〉的决定》，对部分条款进行了修改，自 2013 年 7 月 1 日起施行。

这部法律对劳动者具有重要的意义和价值，主要体现在以下几个方面。

（1）明确权利义务：为劳动者明确了在劳动关系中的各项权利和义务，使劳动者清楚了解自己的权益和责任。

（2）规范劳动关系：规定了用人单位与劳动者建立、履行、变更、解除或终止劳动合同的具体要求，有助于规范劳动关系，减少纠纷。

（3）提高合同签订率：强调建立劳动关系应当订立书面劳动合同，并对未及时签订书面合同的情况规定了相应责任，有利于提高劳动合同的签订率。

（4）稳定劳动关系：引导劳动关系双方建立稳定的长期劳动关系，例如，规定连续订立两次固定期限劳动合同续订合同的，一般应订立无固定期限劳动合同等。

（5）保障劳动报酬：为劳动者及时足额取得劳动报酬提供了法律救济手段，明确了用人单位拖欠或未足额发放劳动报酬时劳动者的权利和用人单位的责任。

（6）规范劳务派遣：对劳务派遣进行了明确规范，限制了劳务派遣的适用范围、明确了派遣单位与用工单位的义务等，保护了劳务派遣劳动者的权益。

（7）保护特殊群体：对试用期、女职工、非全日制用工等特殊群体或用工形式的劳动者提供了特别保护。比如，试用期最长不得超过六个月。

（8）提供维权依据：当劳动者的合法权益受到侵害时，为其提供了具体的维权依据和法律保障。

1.2.3 《中华人民共和国网络安全法》

《中华人民共和国网络安全法》是为保障网络安全，维护网络空间主权和国家安全、社会公共利益，保护公民、法人和其他组织的合法权益，促进经济社会信息化健康发展而制定的法律。《中华人民共和国网络安全法》由中华人民共和国第十二届全国人民代表大会常务委员会第二十四次会议于 2016 年 11 月 7 日通过，自 2017 年 6 月 1 日起施行。《中华人民共和国网络安全法》是中国网络安全领域的基础性法律，对中国网络空间法治化建设具有重要意义。

《中华人民共和国网络安全法》自 2017 年 6 月 1 日正式施行以来，距今已经有将近 6 年的时间。后续又陆续颁布实施了如密码法、数据安全法、个人信息保护法、关键信息基础设施保护条例、等级保护 2.0 相关标准等网络安全相关的法律法规、标准规范，逐渐丰富和完善了中国网络安全相关国家法律、技术标准、行业政策。

2022 年 9 月 12 日，为适应不断变化的网络安全新形势，国家互联网信息办公室发布关于公开征求《关于修改〈中华人民共和国网络安全法〉的决定（征求意见稿）》意见的通知，拟对《中华人民共和国网络安全法》进行了以下四处修改。

（1）完善违反网络运行安全一般规定的法律责任制度：结合当时网络运行安全法律制度实施情况，拟调整违反网络运行安全保护义务或者导致危害网络运行安全等后果的行为的行政处罚种类和幅度。

（2）修改关键信息基础设施安全保护的法律责任制度：关键信息基础设施是经济社会运行的神经中枢，为强化关键信息基础设施安全保护责任，进一步完善关键信息基础设施运营者有关违法行为行政处罚规定。

（3）调整网络信息安全法律责任制度：适应网络信息安全工作实际，对违反网络信息安全义务行为的法律责任进行整合，调整了行政处罚幅度和从业禁止措施，新增对法律、行政法规没有规定的有关违法行为的法律责任规定。

（4）修改个人信息保护法律责任制度：鉴于《中华人民共和国个人信息保护法》规定了全面的个人信息保护法律责任制度，拟将原有关个人信息保护的法律责任修改为转致性规定。

《中华人民共和国网络安全法》对人工智能训练师的意义和价值介绍如下。

（1）规范数据管理：网络安全法强调了数据的完整性、保密性和可用性。人工智能训练师在处理和管理大量数据时，需要确保数据的安全性和合规性，以避免数据泄露或滥用。

（2）保护用户隐私：该法律要求保护个人信息的安全。人工智能训练师在设计和开发人工智能系统时，需要遵循隐私保护原则，确保用户数据的保密性和隐私性。

（3）促进技术创新：网络安全法的实施可以为人工智能技术的创新提供一个稳定和可靠的环境。人工智能训练师可以在合法的框架内进行技术研究和开发，推动人工智能技术的进步。

（4）增强行业信任：遵守网络安全法可以增强公众对人工智能行业的信任。人工智能训练师通过遵循法律规定，展示了对用户权益和数据安全的尊重，有助于建立行业的良好声誉。

（5）保障国家安全：网络安全是国家安全的重要组成部分。人工智能训练师在工作中需要关注国家的安全需求，确保人工智能技术的应用不会对国家安全造成威胁。

1.2.4 《中华人民共和国知识产权法》

目前我国并没有一部单独的《中华人民共和国知识产权法》，它是由《著作权法》、《专利法》、《商标法》等法律组成的知识产权法律体系。

我国知识产权法律体系的发展历程如下：

改革开放以来，我国陆续制定了一系列知识产权法律法规。1982年制定了《商标法》，1984年制定了《专利法》，1990年制定了《著作权法》，此后，相关法律法规不断修订完善，以适应经济社会发展和国际形势的变化。

知识产权法律体系对于人工智能训练师具有重要的意义和价值。

（1）激励创新：保护知识产权可以激励人工智能训练师创造出更具创新性和竞争力的技术和方法。

（2）保护成果：确保训练师在算法、模型等方面的创新成果得到法律保护，防止他人未经授权地使用和抄袭。

（3）促进交流与合作：在明确的知识产权框架下，有利于训练师之间合法地交流经验和合作开发，推动行业的整体进步。

（4）规范市场秩序：防止不正当竞争，维护公平、有序的市场环境，保障训练师的合法权益。

（5）提升职业声誉：遵循知识产权法律法规有助于提升人工智能训练师这一职业的声誉和社会认可度。

（6）促进技术转化和应用：良好的知识产权保护环境有助于吸引投资和促进技术的商业化应用，为训练师的工作成果创造更大的经济价值。

1.2.5 人工智能数据使用和共享的合规原则

在学习了《中华人民共和国劳动法》、《劳动合同法》、《网络安全法》以及知识产权法等相关法律法规后，我们深刻认识到法律在规范社会行为、保障公民权益方面的重要性。而当我们将目光聚焦于人工智能领域时，同样需要遵循一系列的规范与原则。其中，人工智能数据的使用和共享作为人工智能发展的关键环节，其合规性至关重要。数据在人工智能的发展中犹如燃料，推动着人工智能技术不断前进。然而，若数据的使用和共享缺乏规范，就可能引发一系列法律和伦理问题。因此，我们接下来学习人工智能数据使用和共享的合规原则，以确保人工智能在合法、合规的轨道上持续健康发展。

以下是关于人工智能数据使用和共享的一些合规原则。

1．合法性原则

数据的收集、使用和共享必须符合法律法规的要求，包括但不限于个人信息保护法、网络安全法等。确保获取数据的方式合法，不通过非法手段获取数据。

2．知情同意原则

在收集个人数据时，应向数据主体明确告知数据的用途、收集方式、存储期限等信息，并获得其明确的同意。数据主体有权了解并决定其个人数据的使用和共享情况。

3．目的明确原则

数据的使用和共享应当有明确、合法且特定的目的，不得超出最初收集数据时所声明的目的范围。

4．数据最小化原则

只收集和使用实现特定目的所需的最少数据量，避免过度收集和存储不必要的数据。

5．准确性原则

确保所使用和共享的数据准确、完整和及时更新，以避免基于错误或过时的数据做出决策。

6．安全性原则

采取适当的技术和管理措施来保护数据的安全，防止数据泄露、篡改或丢失，包括加密存储、访问控制、安全传输等手段。

7．合规存储原则

按照法律规定的期限和要求存储数据，在存储期限届满后及时删除或匿名化处理。

8．可审计性原则

建立数据使用和共享的审计机制，记录数据的流向和操作，以便在需要时进行审查和追溯。

9．尊重知识产权原则

在使用和共享数据时，要尊重他人的知识产权，避免侵犯他人的著作权、专利等权利。

10．公平公正原则

数据的使用和共享不应造成歧视或不公平待遇，应遵循公平、公正、透明的原则。

11. 风险评估原则

在进行数据使用和共享之前，进行风险评估，识别可能存在的合规风险，并采取相应的措施加以防范。

12. 跨境传输合规原则

当涉及跨境传输数据时，应遵循相关国家和地区的法律法规，确保数据传输的合法性和安全性。

1.3 Python 开发环境搭建和测试（实训）

在人工智能训练师的实训中，大量运用 Python 开发环境。所以，我们首要的实训任务便是学习、训练如何搭建和测试 Python 开发环境。

1.3.1 训练目标

⊙技能目标

1. 能（会）熟练安装 Anaconda 并理解其作用和功能，在 Anaconda 中创建虚拟环境。
2. 能（会）理解 Python 与虚拟环境的结合原理，并能正确进行相关操作。
3. 能（会）对不同的开发环境配置和需求有初步的认识和理解。

⊙知识目标

1. 掌握 Anaconda 在 Python 开发中的重要性及优势。
2. 掌握 Python 虚拟环境的概念、作用和创建原理。
3. 掌握 Python 开发环境搭建成功的标准及测试方法。

⊙职业素养目标

1. 提高分析/解决生产实际问题的能力。
2. 养成良好的思维和学习习惯。
3. 保持积极的好奇心与求知欲，养成良好的团队合作精神。
4. 提高职业技能和专业素养。

1.3.2 训练任务

本次训练任务旨在引导同学们掌握 Python 开发环境的搭建与测试方法。通过使用 Anaconda 工具，同学们将学习创建虚拟环境，安装 Python 并实现其与虚拟环境的有效结合。最终，运用简单的 Python 程序来验证开发环境是否成功搭建，从而为后续的 Python 编程学习奠定坚实基础。

1.3.3 知识准备

1. 什么是虚拟环境，为什么在 Python 开发中创建虚拟环境很重要？

2．Python 有多个版本，不同版本之间的主要区别是什么？如何选择适合的版本？

3．在安装 Anaconda 和 Python 时，需要注意哪些系统配置要求？

1.3.4　训练活动

⚐活动一：知识抽查

要求：

老师对学员知识准备情况进行抽查，具体抽查内容见知识准备的问题。

抽查方式：√口答　　□试卷　　□操作

老师要记录学员回答问题的情况，必要时做简单的讲解。

⚐活动二：示范操作

内容一：安装 Anaconda 3。

步骤一：访问 Anaconda 官方网站。在网站上找到适合您操作系统（Windows、macOS 或 Linux）的 Anaconda 3 安装文件，并点击"下载"按钮。如果要安装以前的版本，可以从 Anaconda 官方网站的归档链接下载。

步骤二：下载完成后，找到安装文件并双击打开，会出现如图 1-4 所示的安装初始界面。

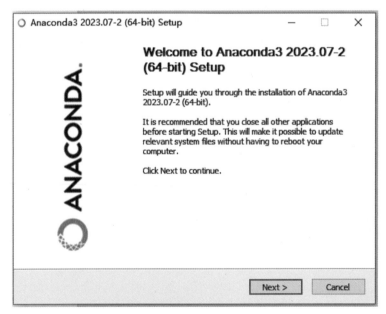

图 1-4　Anaconda 安装初始界面

步骤三：选择"Just Me (recommended)"（仅为我安装，推荐），除非您有特殊需求选择"All Users"（所有用户），如图 1-5 所示。

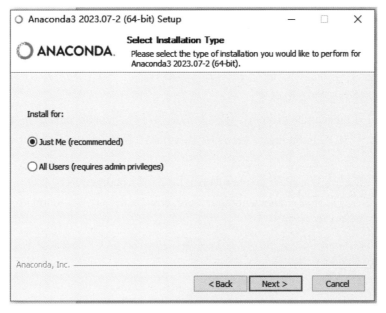

图 1-5　选择为谁安装

步骤四：设置目标安装路径，如图 1-6 所示。默认路径通常是可以的，但您也可以根据自己的需求更改安装位置。在接下来的页面中，您可能会看到一些安装选项，例如是否将 Anaconda 添加到系统路径等。建议勾选相关选项以便在命令行中方便地使用 Anaconda。

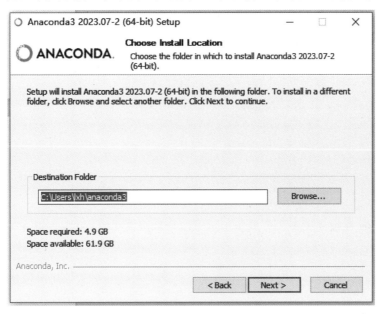

图 1-6　设置目标安装路径

步骤五：点击"Install"（安装）按钮，开始安装过程。等待安装完成，这可能需要一些时间。

步骤六：安装完成后，您可以在"开始"菜单（Windows）或应用程序文件夹（Mac）中找到 Anaconda Navigator 等相关应用程序。这时，您就可以开始使用 Anaconda 3 来管理 Python 环境和进行相关的开发工作了。

注意事项：

1. 严格按照步骤进行训练。

2. 经老师检查合格后才能进行下一内容的操作。

内容二：创建并管理虚拟环境。

步骤一：打开 anaconda prompt；创建新的虚拟环境：conda create -n your_env_name python=version。例如，conda create -n my_env python=3.6.10。一般不要用 base 虚拟环境来开发。

步骤二：查看已有的虚拟环境：conda env list 或者 conda info -e。

步骤三：激活虚拟环境：conda activate your_env_name，例如，conda activate my_env。

如何用克隆法安装新环境？

在 Anaconda 中，要快速克隆一个虚拟环境，可以使用以下命令。

首先激活要克隆的虚拟环境 a：

```
conda activate a
```

然后使用 conda create 命令并加上 --clone 选项来克隆：

```
conda create -n b --clone a
```

这样就以虚拟环境 a 为基础创建了一个名为 b 的新虚拟环境。之后就可以在 b 环境中进行所需的调整和修改了。

步骤四：安装包到当前激活的虚拟环境：conda install package_name，例如，conda install numpy，或者使用 pip 安装，此时还可以方便地设置加速：pip install package_name -i https://pypi.tuna.tsinghua.edu.cn/simple。

使用 conda install 命令也可以实现加速，执行以下命令即可：

```
conda config --add channels
https://mirrors.tuna.tsinghua.edu.cn/anaconda/pkgs/free/
conda config --add channels
https://mirrors.tuna.tsinghua.edu.cn/anaconda/pkgs/main/
conda config --set show_channel_urls yes
```

步骤五：查看当前虚拟环境中已安装的包：conda list。

在 Anaconda 虚拟环境中，可以使用以下命令来快速生成 requirements.txt 文件：

```
conda list -e > requirements.txt
```

这个命令会将当前激活的虚拟环境中安装的所有包及其版本信息以特定的格式输出到 requirements.txt 文件中。

要将虚拟环境从计算机 A 克隆到计算机 B，没有直接的快捷操作方式。可以通过以下步骤来近似实现：

在计算机 A 上：

（1）激活要克隆的虚拟环境。

（2）使用 conda list 命令列出该虚拟环境中安装的所有包及其版本信息，并将结果保存到一个文本文件中，例如，requirements.txt。

在计算机 B 上：

（1）创建一个新的虚拟环境。

（2）在新创建的虚拟环境中，使用 pip install -r requirements.txt 命令根据保存的包列表和版本信息进行安装。

也可以使用命令：conda create -n <env> --file <this file>

请注意，这种方法可能无法完全复制虚拟环境的所有设置和配置，但可以大致恢复其中安装的库。

步骤六：退出当前虚拟环境：conda　deactivate。

步骤七：删除虚拟环境：conda remove -n your_env_name --all。

例如，conda remove -n my_env --all。

内容三：安装 JetBrains 公司的 PyCharm。

步骤一：访问 PyCharm 官方网站。

步骤二：在 PyCharm 官网页面，您将看到"Professional（专业版）"和"Community（社区版）"两个选项，如图 1-7 所示。如果需要更多高级功能并且愿意付费，则选择"Professional"，如果只是一般开发需求，则选择"Community"，此处我们选择"Community"。

图 1-7　选择"Professional（专业版）"或"Community（社区版）"

步骤三：点击您选择的版本对应的"Download"按钮，根据您的操作系统（Windows、macOS 或 Linux）选择相应的下载链接。

步骤四：找到下载好的安装文件（通常在您的下载文件夹中），双击运行。

在打开的安装向导中，可以选择安装路径（建议保持默认，除非有特殊需求）。根据提示选择所需的组件和设置。等待安装过程完成。

步骤五：安装完成后，可以在桌面或"开始"菜单中找到 PyCharm 的快捷方式，双击启动。

内容四：在 PyCharm 中配置 Anaconda 虚拟环境作为解释器

步骤一：启动 PyCharm 应用程序。点击顶部菜单栏的"File"（文件）选项，在下拉菜单中选择"Settings"（设置）。

步骤二：在弹出的设置窗口中，选择"Project: [项目名称]"下的"Python Interpreter"（Python 解释器）。

步骤三：点击右上角的齿轮图标，选择"Add"（添加）。在弹出的窗口中，选择"Existing environment"（已存在的环境）。

步骤四：点击右侧的三个点按钮，浏览到 Anaconda 安装目录下的"envs"文件夹。选择想要配置的虚拟环境文件夹中的"python.exe"文件。点击"OK"按钮确认选择。在设置窗口中再次点击"OK"按钮应用配置。

这样，就成功在 PyCharm 中配置了 Anaconda 虚拟环境作为解释器，可以在该环境中进行项目开发了。

☌活动三　根据所讲述和示范案例，完成下面任务。

内容：Anaconda 虚拟环境创建、配置与 Python 程序测试。

要求：

1．使用 Anaconda 新建名为"py3610"的虚拟环境（Python3.6.10）。

2．在"py3610"虚拟环境中安装指定模块"numpy"。

3．在 PyCharm 中将"py3610"虚拟环境配置为解释器。

4．在 PyCharm 中使用配置好的虚拟环境编写一段简单的 Python 程序并测试解释执行。

程序示例：

```
print("Hello, this is a test program in the py36 virtual environment!")
```

注意：请按照顺序依次完成上述任务步骤。

1.3.5　过程考核

表 1-1 所示为《Python 开发环境搭建和测试》训练过程考核表。

表 1-1　《Python 开发环境搭建和测试》训练过程考核表

姓名		学员证号			日期	年　　月　　日	
类别	项目	考核内容	得分	总分	评分标准	教师签名	
理论	知识准备（100 分）	1．什么是虚拟环境，为什么在 Python 开发中创建虚拟环境很重要？（20 分）			根据完成情况打分		
		2．Python 有多个版本，不同版本之间的主要区别是什么，如何选择适合的版本？（30 分）					
		3．在安装 Anaconda 和 Python 时，需要注意哪些系统配置要求？（30 分）					

类别	项目	考核内容		得分	总分	评分标准	教师签名
实操	技能目标（60分）	1. 能（会）熟练安装 Anaconda 并理解其作用和功能，在 Anaconda 中创建虚拟环境（30分）	会□/不会□			1. 单项技能目标"会"该项得满分，"不会"该项不得分 2. 全部技能目标均为"会"记为"完成"，否则，记为"未完成"	
		2. 能（会）理解 Python 与虚拟环境的结合原理，并能正确进行相关操作（10分）	会□/不会□				
		3. 能（会）对不同的开发环境配置和需求有初步的认识和理解（20分）	会□/不会□				
	任务完成情况		完成□/未完成□				
	任务完成质量（40分）	1. 工艺或操作熟练程度（20分）				1. 任务"未完成"此项不得分 2. 任务"完成"，根据完成情况打分	
		2. 工作效率或完成任务速度（20分）					
	安全文明操作	1. 安全生产 2. 职业道德 3. 职业规范				1. 违反考场纪律，视情况扣20～45分 2. 发生设备安全事故，扣45分 3. 发生人身安全事故，扣50分 4. 实训结束后未整理实训现场扣5～10分	
评分说明							
备注	1. 评分表原则上不能出现涂改现象，若出现则必须在涂改之处签字确认 2. 每次考核结束后，及时上交本过程考核表						

1.3.6 参考资料

1. Anaconda 介绍

Anaconda 是一个开源的 Python 和 R 编程语言的发行版本，用于科学计算、数据科学、机器学习以及大数据分析。Anaconda 由 Continuum Analytics（现改名为 Anaconda, Inc.）开发，为数据科学家和开发者提供了一个强大的、易于使用的环境，简化了包管理和部署过程。以下是 Anaconda 的一些主要特点和功能。

（1）包管理与环境管理：Anaconda 包含了 conda，一个强大的包管理器和环境管理器。通过 conda，用户可以方便地创建、保存、加载和切换不同的环境，这对于管理不同项目中不同版本的包依赖非常有用。

（2）开箱即用：Anaconda 自带了许多流行的数据科学包和工具，例如，NumPy、Pandas、Scikit-learn、Matplotlib、SciPy 等。除此之外，它还预装了 Jupyter Notebook，一个非常受

欢迎的交互式数据分析和可视化工具。

（3）跨平台支持：Anaconda 支持 Windows、macOS 和 Linux 操作系统，确保用户在不同平台上都有一致的体验。

（4）图形用户界面（GUI）：Anaconda Navigator 是 Anaconda 的图形用户界面，允许用户通过直观的界面来管理包和环境、启动应用程序和执行各种操作。即使对于没有命令行经验的用户，Anaconda Navigator 也提供了易用的解决方案。

（5）可扩展性：Anaconda 支持数千个开源包，并且通过 conda-forge 和 Anaconda Cloud 等社区平台，用户可以访问和分享更多的包和环境。

（6）商业支持：除了免费的社区版，Anaconda 还提供了商业支持的企业版，提供了更好的管理工具、安全性和技术支持，适合企业级应用。

（7）集成开发环境（IDE）：Anaconda 与多种集成开发环境（IDE）兼容，如 PyCharm、VS Code 等，使开发者能够在自己喜欢的 IDE 中高效地进行数据科学工作。

（8）使用场景：例如，

- 数据分析与可视化：利用 Pandas 和 Matplotlib 等包进行数据的清洗、分析和可视化。
- 机器学习：使用 Scikit-learn、TensorFlow 和 Keras 等包进行机器学习模型的构建和训练。
- 科学计算：通过 NumPy 和 SciPy 进行高性能的数学计算和科学研究。
- 大数据处理：结合 Dask 和 PySpark 等包处理大规模数据。

总的来说，Anaconda 作为一个全面的数据科学平台，通过其强大的功能和广泛的包支持，极大地方便了开发者和数据科学家的工作流程，使他们能够更加专注于实际的数据处理和分析任务。

2. 虚拟环境创建

使用 Anaconda 创建一系列虚拟环境具有以下重要原因。

（1）环境隔离：不同的项目可能依赖于不同版本的 Python 以及各种库和包。虚拟环境可以将这些依赖隔离开来，避免不同项目之间的冲突。

（2）版本控制：能够方便地为每个项目创建特定 Python 版本的环境，确保项目在所需的 Python 版本下稳定运行。

（3）依赖管理：可以精确控制每个虚拟环境中安装的库和包，以及它们的版本，便于项目的部署和迁移。

（4）实验和探索：方便进行新的技术尝试和实验，不会影响到其他已有的稳定环境。

（5）团队协作：使团队成员能够在相同的、可重现的环境中工作，减少由于环境差异导致的问题。

（6）保持系统整洁：避免在系统中安装过多的库和包，导致系统混乱和潜在的冲突。

（7）方便清理和重置：如果某个虚拟环境出现问题，则可以轻松删除并重新创建。

综上所述，使用 Anaconda 创建一系列虚拟环境有助于提高开发效率、保证项目的稳定性和可重复性，以及降低环境相关问题的出现概率。

3. Python 版本的选择

Python 的不同版本之间存在以下一些主要区别。

（1）语言特性和语法改进：新版本通常会引入新的语法结构、关键字和特性，以提高语言的表达能力和可读性。

（2）标准库的更新和扩展：新版本的标准库可能会增加新的模块和功能，对现有模块进行改进和优化。

（3）性能优化：包括内存管理、运行速度等方面的改进，以提高程序的执行效率。

（4）错误修复和安全性增强：解决旧版本中存在的漏洞和错误，提高程序的稳定性和安全性。

在开发时，不一定非要选择高版本的 Python。选择 Python 版本应基于以下几个因素。

（1）项目需求：如果项目依赖于特定版本的库或框架，而这些库或框架对 Python 版本有要求，那么应选择与之兼容的版本。

（2）稳定性和兼容性：某些旧的项目可能在低版本的 Python 上运行良好，并且经过了长时间的验证，此时为了保持稳定性，可能会继续使用较低版本。

（3）团队和社区支持：如果所在的团队或开发社区对某个版本有广泛的使用和支持经验，选择该版本可能更有利于协作和问题解决。

（4）新特性的需求：如果项目需要使用新版本中特有的语言特性或性能改进，那么选择高版本是合适的。

总之，选择 Python 版本需要综合考虑项目的具体情况和需求，权衡各种因素，以做出最合适的选择。

4．需要注意的系统配置要求

在安装 Anaconda 和 Python 时，需要注意以下系统配置要求。

（1）操作系统：确认 Anaconda 和 Python 版本与您所使用的操作系统（如 Windows、macOS、Linux 等）兼容，并且支持您的操作系统版本。

（2）处理器架构：某些版本可能仅支持特定的处理器架构，如 x86 或 x64 架构。

（3）内存：确保您的系统具有足够的可用内存来安装和运行 Anaconda 及相关的 Python 环境。特别是如果您计划处理大型数据集或运行复杂的计算任务，则可能需要更多的内存。

（4）磁盘空间：Anaconda 和 Python 的安装文件本身以及后续创建的虚拟环境和安装的库都会占用一定的磁盘空间。因此，要保证有足够的可用磁盘空间来完成安装和后续的使用。

（5）网络连接：在安装过程中，可能需要从网络下载一些组件和更新，所以稳定的网络连接是必要的。

（6）管理员权限：在某些操作系统中，安装可能需要管理员权限，以确保能够正确地修改系统配置和安装到系统目录。

（7）已安装的软件冲突：检查系统中是否已存在可能与 Anaconda 或 Python 安装冲突的其他软件，例如，某些旧版本的 Python 安装或其他类似的开发环境。

在安装之前，仔细了解和确认这些系统配置要求，可以确保安装过程的顺利进行以及后续的正常使用。

1.4　第1章小结

第 1 章"人工智能训练师职业认知和相关法律法规知识"全方位呈现了人工智能训练

师这一新兴职业的背景与规范，还涵盖 Python 开发环境搭建和测试实训内容。首先通过梳理人工智能发展阶段与介绍应用领域体会其在当代社会的重要性与广泛影响力，接着探究职业特性与起源明确其在人工智能发展中的关键意义并学习相关法律法规为职业行为提供依据，然后深入研讨人工智能数据使用和共享的合规原则以规避潜在法律风险，最后进行的 Python 开发环境搭建和测试实训让我们认识开发环境构建和运行机制，为人工智能编程实践提供技术基础，丰富对职业技能要求的理解，通过该章学习初步构建起对该职业的全面认知，为后续学习和实践筑牢根基。

1.5　思考与练习

1.5.1　单选题

1. 以下关于图灵测试的说法错误的是（　　　）。

　　A. 图灵测试的目的是判断机器是否能表现出与人等价或无法区分的智能。

　　B. 图灵测试中，评判者仅通过文本交互来判断被测试对象是机器还是人。

　　C. 只要机器在图灵测试中通过一次，就可以确定其具有真正的智能。

　　D. 图灵测试是一种衡量机器智能的重要方法。

2. 20 世纪 90 年代末到现在，人工智能迎来爆发式发展的关键因素不包括以下哪一项？（　　　）

　　A. 互联网的普及带来海量数据　　　　　　B. 硬件性能的大幅提升

　　C. 传统算法的持续优化　　　　　　　　　D. 新型算法的不断创新

3. Midjourney、Stable Diffusion 等能自动生成图像的人工智能工具没有 ChatGPT 这么有名的主要原因是（　　　）。

　　A. 图像生成工具的应用场景相对较少　　　B. 图像生成工具的技术难度较低

　　C. 自然语言处理的需求更为广泛　　　　　D. 图像生成工具的准确率较低

1.5.2　多选题

1. 以下属于人工智能训练师职业功能的有（　　　）。

　　A. 数据采集和处理　　　　　　　　　　　B. 数据标注

　　C. 智能系统运维　　　　　　　　　　　　D. 业务分析

　　E. 软件开发

2. 人工智能技术在实际应用中面临的挑战有（　　　）。

　　A. 数据存储容量不足　　　　　　　　　　B. 数据质量问题

　　C. 算法参数调整困难　　　　　　　　　　D. 人机交互设计复杂

　　E. 性能测试跟踪难度大

3. 以下属于人工智能数据使用和共享的合规原则的有（　　　）。

　　A. 数据随意使用原则　　　　　　　　　　B. 知情同意原则

　　C. 目的不明确原则　　　　　　　　　　　D. 数据最小化原则

　　E. 准确性原则

第2章

数据采集和处理

在深入了解人工智能训练师的旅程中，我们来到了至关重要的第 2 章——数据采集和处理。这一章将系统地探讨业务数据采集、处理、质量检测以及数据处理方法的优化等关键内容，并精心穿插了两个实训环节，以帮助学员更好地掌握数据采集和处理的实际操作技能。

2.1 业务数据采集

⊙知识目标

1．理解不同数据来源的特点和相应的数据采集方法。
2．掌握数据采集过程中的合规和质量控制标准。

⊙工作任务

1．需求获取和原始业务数据采集。
2．数据库内业务数据采集。

2.1.1 业务数据的来源及其特点和采集方法

业务数据主要有四个来源：其一，内部业务系统；其二，外部数据提供商；其三，公开数据源；其四，用户生成的数据。下面逐一加以详述。

1．内部业务系统

（1）来源描述：内部业务系统指的是企业内部使用的各类业务管理系统，如客户关系管理系统（CRM）、企业资源规划系统（ERP）、办公自动化系统（OA）等。

（2）特点：

- 数据准确性高。内部系统的数据通常经过严格的录入和审核流程，数据质量相对较高。
- 数据关联性强。不同业务系统之间的数据可能存在关联，能够提供全面的业务视图。
- 数据更新及时。随着业务的进行，内部系统的数据能够及时更新，反映最新的业务状态。

（3）采集方法。通过数据库接口、数据导出工具等方式从内部业务系统中提取数据。例如，我们可以使用数据库查询语言（如 SQL）从数据库中获取特定的数据表或视图，或者使用专门的数据导出软件将数据导出为常见的数据格式（如 CSV、Excel 等）。

2．外部数据提供商

（1）来源描述：外部数据提供商指的是独立于本企业的专业的数据提供商，它们通过各种渠道收集、整理和销售数据。这些外部数据提供商可能涵盖多个领域，如市场调研、数据经纪等。

（2）特点：

- 数据专业性强。外部数据提供商通常专注于特定领域的数据收集和整理，提供的数据具有较高的专业性和针对性。
- 数据覆盖面广。可以提供来自不同行业、地区的数据，满足多样化的业务需求。
- 数据更新频率不同。不同的数据提供商的数据更新频率可能不同，需要根据实际需求选择合适的数据来源或提供商，比如财经数据平台的与股票相关数据的更新频率相对较高，在股市交易时间段内，能够实时更新股票的价格、成交量、涨跌幅等信息。但是对于一些非交易时段的信息，如公司的深度分析报告、行业的长期趋势研究等内容，更新频率可能会相对较低，通常会根据信息的重要性和获取的难易程度，不定期地进行更新。

（3）采集方法：与外部数据提供商签订数据采购合同，获取数据访问权限。一般来说，可以通过 API 接口、数据下载等方式获取数据。在使用外部数据时，需要注意数据的合法性和合规性，确保数据的使用符合相关法律法规和企业的内部政策。

3．公开数据源

（1）来源描述：包括政府机构、行业协会、学术研究机构等发布的公开数据。例如，国家统计局发布的宏观经济数据、行业协会发布的行业统计数据等。

（2）特点：

- 数据免费获取。公开数据源通常可以免费获取，降低了数据采集的成本。
- 数据权威性高。政府机构和行业协会发布的数据具有较高的权威性和可信度。
- 数据类型有限。公开数据源的数据类型可能相对有限，不一定能完全满足特定业务的需求。

（3）采集方法：通过访问相关机构的官方网站、数据平台等获取公开数据。可以使用网络爬虫技术自动抓取数据，但需要注意遵守相关网站的使用条款和法律法规。此外，还可以通过申请数据开放接口等方式获取数据。

4．用户生成的数据

（1）来源描述：由用户在使用产品或服务过程中产生的数据，如用户的行为数据、反馈数据等。

（2）特点：

- 数据真实性高。用户生成的数据直接反映了用户的实际行为和需求，具有较高的真实性。

● 数据量大。随着用户数量的增加和用户活动的频繁，用户生成的数据量可能非常庞大。以社交媒体平台为例，随着用户数量的不断增加，越来越多的人加入其中分享自己的生活、观点和经验。同时，用户活动也日益频繁，他们发布文字内容、图片、视频等，进行评论、点赞、转发等互动行为。这些用户生成的数据量极为庞大，一个热门话题可能在短时间内就产生数以百万计的评论和点赞。

● 数据噪声较大。用户生成的数据可能存在噪声和错误，需要进行数据清洗和预处理。

（3）采集方法：通过在产品或服务中嵌入数据采集工具，如日志记录系统、用户反馈渠道等，收集用户生成的数据。可以使用数据分析工具对用户行为数据进行分析，了解用户的使用习惯和需求，从而优化产品或服务。

2.1.2 数据采集方法及其适用场合

前已述及，业务数据的采集方法需要根据数据来源的特点进行选择。其实在操作中，可以综合运用多种采集方法，以确保数据的全面性和准确性。

1．数据库接口和数据导出工具

适用于内部业务系统的数据采集。通过与数据库建立连接，使用数据库查询语言或数据导出工具，可以快速、准确地获取所需的数据。以 MySQL Workbench 为例，它是一款常用的数据库管理工具，其中包含数据导出功能。

假设想将 MySQL 数据库中的一个名为"students"的表导出为 CSV 文件。可以按照以下步骤操作：

（1）打开 MySQL Workbench，连接到数据库服务器。

（2）在左侧的"Navigator"面板中，展开数据库，找到要导出的表"students"。

（3）右键点击该表，选择"Table Data Export Wizard"命令。

（4）在导出向导中，选择"CSV"作为导出格式。

（5）指定导出文件的路径和文件名。

（6）可以选择要导出的列和数据行数等选项。

（7）点击"Start Export"按钮开始导出数据。

导出完成后，就可以在指定的路径下找到生成的 CSV 文件，其中包含了"students"表中的数据。

2．API 接口和数据下载

适用于外部数据提供商的数据采集。与外部数据提供商合作，获取 API 接口或数据下载权限，按照规定的格式和频率获取数据。

以下是使用 API 获取深圳天气数据的一般流程。

首先，选择一个可靠的天气数据 API 提供商，例如，OpenWeatherMap、和风天气等。然后在其官方网站上进行注册，创建账号并获取 API 密钥。这一步是为了确保你有权限访问该 API 的服务。

接着，确定你所使用的编程语言，比如 Python、JavaScript、PHP 等。根据编程语言和 API 的要求，安装相应的库或工具。例如，在 Python 中可能需要安装 requests 库来发送 HTTP 请求。

之后，在你的代码中，构建 API 请求的 URL。这个 URL 通常包含 API 的基础地址、要查询的城市（如深圳）以及你的 API 密钥等参数。

发送 HTTP 请求到构建好的 URL。如果请求成功，API 会返回包含天气数据的响应，一般以 JSON 格式为主。可以使用编程语言提供的方法来解析这个 JSON 数据，提取出所需的天气信息，如温度、天气描述、湿度等。

最后，根据需求，可以将提取出的天气数据进行展示、存储或进一步处理。

需要注意的是，不同的天气 API 可能在具体的参数设置、返回数据格式等方面有所不同，但总体流程大致相似。在使用 API 时，务必遵守 API 提供商的使用条款和规定，以确保合法、稳定地获取天气数据。

3. 网络爬虫技术

适用于公开数据源的数据采集。使用网络爬虫工具自动抓取网页上的公开数据，但需要注意遵守法律法规和网站使用条款。我们在随后的业务数据采集（实训）中会动手使用爬虫工具抓取网页上的公开数据。

4. 数据采集工具和用户反馈渠道

适用于用户生成数据的采集。在当今数字化时代，用户生成数据的采集对于产品或服务的优化和改进至关重要。可以在产品或服务中嵌入有效的数据采集工具，比如日志记录系统和用户反馈按钮等。日志记录系统能够详细记录用户在使用产品或服务过程中的各种行为。例如，在在线购物平台中，它可以记录用户的浏览历史、商品点击次数、加入购物车的操作以及最终的购买行为等。通过分析这些日志数据，企业可以深入了解用户的兴趣偏好、购物习惯以及可能存在的流程问题。而用户反馈按钮为用户提供了直接向产品或服务提供商表达意见和建议的渠道。就像在一款移动应用中设置"反馈"按钮，用户点击后可以填写对应用功能、用户体验等方面的评价和建议。

在使用这些数据采集工具和用户反馈渠道时，需要注意多方面的问题。首先是数据隐私保护，务必确保收集的用户数据得到妥善地加密和存储，严格遵守相关的数据隐私法规，并且要明确告知用户数据的收集目的和使用范围。其次，要保证数据准确性，避免因技术问题导致数据丢失或错误记录。对于日志数据可能大量积累的情况，需建立有效的数据存储和管理机制，以便快速检索和分析数据。对于用户反馈，要做到及时回复，让用户感受到被重视，这有助于提高用户的满意度和忠诚度。同时，对用户反馈进行分类整理，以便更好地了解用户的需求和问题集中点。最后，要根据用户反馈不断改进产品或服务，将用户的建议转化为实际的优化措施。

2.1.3 业务数据采集的合规标准

业务数据采集的合规标准包含三个方面：一是遵守法律法规；二是遵循行业规范；三是遵守企业内部政策。

1. 法律法规遵守

（1）数据隐私保护：严格遵守国家和地区关于个人信息保护的法律法规，如《中华人民共和国个人信息保护法》等。在采集业务数据时，确保获得用户的明确同意，对个人敏感信息进行加密处理，防止数据泄露。

（2）数据安全要求：遵循数据安全相关法规，采取必要的技术和管理措施，保障数据的存储、传输和处理安全。例如，使用加密技术保护数据传输，建立访问控制机制防止未经授权的访问。

（3）知识产权保护：不得采集侵犯他人知识产权的数据，如未经授权的软件代码、文学作品等。确保采集的数据来源合法，不涉及侵权行为。

2. 行业规范遵循

（1）特定行业的数据采集规范：不同行业可能有特定的数据采集规范和标准，如金融行业的数据安全标准、医疗行业的患者数据保护规定等。业务数据采集应符合所在行业的规范要求，确保数据的合法性和合规性。

（2）数据交换协议：在与外部机构进行数据交换时，要遵守相关的数据交换协议和标准。确保数据的格式、内容和传输方式符合协议要求，保障数据交换的安全和可靠。

3. 企业内部政策遵守

（1）数据采集审批流程：建立严格的数据采集审批流程，确保数据采集活动经过适当的授权和审批。明确数据采集的目的、范围和方法，防止未经授权的数据采集行为。

（2）数据使用限制：遵守企业内部的数据使用政策，明确数据的使用目的和范围。不得将采集的数据用于未经授权的用途，保护企业和用户的利益。

2.1.4 业务数据采集的质量控制标准

业务数据采集的质量控制标准涵盖四个方面：准确性，即数据应准确反映实际情况；完整性，确保数据无缺失；一致性，保证数据在不同场景下的逻辑一致；时效性，要求数据具有时间上的新鲜度。

1. 准确性

（1）数据验证：对采集到的数据进行验证，确保数据的准确性和完整性。可以通过数据校验规则、重复数据检测等方法，发现和纠正数据中的错误。

（2）数据来源可靠性评估：评估数据来源的可靠性，选择可信度高的数据源。例如，优先选择官方机构、权威数据提供商等来源的数据。

2. 完整性

（1）数据完整性检查：检查采集到的数据是否完整，是否存在缺失值。对于缺失的数据，可以采取数据填充、插值等方法进行处理，确保数据的完整性。

（2）数据格式统一：确保采集到的数据格式统一，便于后续的数据处理和分析。可以制定数据格式规范，对数据进行标准化处理。

3. 一致性

（1）数据一致性验证：验证不同来源的数据是否一致。对于存在差异的数据，进行分析和处理，确保数据的一致性。

（2）数据更新同步：确保采集到的数据与数据源保持同步更新，避免数据过时。建立数据更新机制，定期检查和更新数据。

4．时效性

（1）数据采集频率：根据业务需求确定合适的数据采集频率，确保采集到的数据具有时效性。对于实时性要求高的业务，应采用实时数据采集技术。

（2）数据存储期限：确定合理的数据存储期限，及时清理过期数据，释放存储空间。同时，确保在存储期限内的数据可随时访问和使用。

2.1.5　业务数据采集相关工作任务综述

1．需求获取工作任务综述

在业务数据采集背景下获取需求可以按以下 3 个方面来实施。

（1）沟通环节：与业务部门和技术部门人员进行深入交流是关键。和业务部门人员深度访谈、开展小组会议，基层员工能说出实际操作中的数据需求，中层从业务目标关联角度、高层从战略角度来阐述需求。与技术人员交流时，能明确现有数据采集系统的能力和限制，探讨采集流程优化以平衡业务需求与系统稳定安全的关系。

（2）分析流程与数据：先梳理业务流程，绘制详细流程图，标记各环节的数据情况，找出痛点和瓶颈以挖掘潜在数据需求。然后剖析现有业务数据，从质量（准确性、完整性、一致性）方面入手，分析数据的使用频率和目的，进而确定需求的优先级。

（3）借鉴外部经验：研究竞争对手的数据采集和需求管理，通过公开渠道获取信息，学习其优势之处。积极参加行业论坛和研讨会，在交流中把握行业新兴的数据需求趋势，比如受新技术影响而产生的新需求。

2．原始业务数据采集工作任务综述

原始业务数据中的"原始"是指数据处于最初始、未经加工的状态。它直接来源于业务活动发生的源头，像销售中的交易记录、物流中的包裹信息等，完整地包含业务事件的基本信息，具有完整性。同时，它是对业务状况客观如实的记录，不存在主观的修改、调整，也没有经过推断或预估等人为处理，仅仅是对业务活动事实的纯粹记录。

原始业务数据的采集是构建高质量人工智能模型的关键步骤。原始业务数据来源广泛，形式多样，包括但不限于网页数据、传感器数据、语音视频数据等。通过有效的采集方法，可以获取丰富、准确的业务数据，为后续的数据分析和模型训练提供坚实基础。

原始业务数据采集需要遵循一定的原则和方法。首先，要明确数据采集的目标和需求，确定所需的数据类型、范围和质量标准。其次，选择合适的采集工具和技术，根据数据来源的特点和采集要求，灵活运用网络爬虫、传感器技术、多媒体采集设备等。同时，要注意数据的合法性和合规性，遵守相关法律法规和数据使用规范，确保数据采集活动的正当性。

对于不同类型的原始业务数据，采集方法也有所差异。例如，从网页爬取数据时，需要了解网页的结构和数据存储方式，选择合适的爬虫框架和技术，设置合理的爬取规则和频率，以避免对目标网站造成过大负担。而在进行语音视频同时采集时，要考虑音频和视频的同步性、采集设备的性能和参数设置、数据存储和传输的效率等问题。

3. 数据库内业务数据采集工作任务综述

在数据采集工作中，数据库内业务数据采集占据着重要地位。数据库是存储企业关键业务数据的核心场所，从中准确高效地采集数据对于后续的分析和决策至关重要。

数据库内业务数据采集通常采用特定的数据库操作语言和工具。以 Python 为例，通过使用相应的数据库连接工具，可以方便地与各种数据库进行交互，执行数据查询、提取和存储操作。虽然不同的数据库系统在语法和功能上可能存在一定差异，但基本的操作原理相似。

在进行数据库内业务数据采集时，首先需要明确采集的目标和需求，确定要获取的数据范围和条件。然后，建立与数据库的连接，编写合适的数据库查询语句，以准确地提取所需的数据。在数据采集过程中，要注意数据的完整性和准确性，避免因连接问题、查询错误等导致数据缺失或不准确。

同时，采集到的数据存储也是一个关键环节。需要根据数据的特点和后续的使用需求，选择合适的数据存储方式，如存储为文件、写入另一个数据库表或使用特定的数据存储格式。确保存储的数据易于访问和管理，为后续的数据分析和处理提供便利。

2.2 业务数据采集（实训）

在人工智能时代，大模型能够辅助写代码，由于最基础的语法内容可通过大模型轻松获取，答案较易得到，故本书实训案例不会聚焦于此，以免占用过多篇幅。目前，具备思路、能提问追问是重要能力，借此可快速做出有一定深度和实用价值的程序。同时需注意，根据经验，人类应逐渐成为专家，对模型生成的代码要尝试理解、判断，做批判者，将模型作为助手而非完全依赖。

2.2.1 训练目标

⊙技能目标

1. 能（会）熟练掌握爬虫技术进行文本数据采集。
2. 能（会）运用 pyAudio 通过麦克风完成语音数据采集。
3. 能（会）利用 openCV 和摄像头进行有效的图像和视频数据采集。

⊙知识目标

1. 掌握网页天气数据的特征和结构。
2. 掌握 pyAudio 的工作原理和参数设置。
3. 掌握 openCV 中图像和视频处理的基本概念。

⊙职业素养目标

1. 提高分析/解决生产实际问题的能力。
2. 养成良好的思维和学习习惯。
3. 保持积极的好奇心与求知欲，养成良好的团队合作精神。

4．提高职业技能和专业素养。

2.2.2 训练任务

本次数据采集训练任务聚焦于文本、语音、图像和视频这四个重要的数据类型，旨在培养学员在数据采集领域的实践能力和理论知识。

在文本数据采集方面，采用爬虫技术对天气数据进行爬取。学员将深入学习爬虫的原理和技术，掌握如何有效地从网络中获取所需的文本信息，并对数据进行筛选、整理和存储。这不仅要求学员具备一定的编程技能，还需要了解网络协议、数据格式以及反爬虫机制等相关知识。

语音数据采集则借助 pyAudio 并通过麦克风进行。学员将通过实际操作，熟悉音频采集的流程和参数设置，学会处理音频数据的输入和输出，以及如何优化采集质量。同时，了解音频信号处理的基本原理，为后续的语音分析和应用奠定基础。

对于图像和视频数据采集，基于 OpenCV 利用摄像头来实现。学员将掌握图像和视频的捕获方法，学会对采集到的数据进行预处理，如裁剪、缩放、色彩调整等。此外，还将学习图像和视频的特征提取、目标检测等基础知识，为后续的计算机视觉应用做好准备。

通过本次训练任务，学员将在数据采集领域获得全面的提升，为进一步的数据处理、分析和应用打下坚实的基础。

2.2.3 知识准备

（1）爬虫技术在采集数据时可能会面临哪些法律和道德风险，应如何避免？

（2）在 Open CV 中图像和视频数据预处理的常见方法有哪些？

（3）使用麦克风进行语音数据采集时，可能影响采集质量的因素有哪些？

2.2.4 训练活动

⚖ 活动一：知识抽查

要求：

老师对学员知识准备情况进行抽查，具体抽查内容见知识准备的问题。

抽查方式：√口答　　□试卷　　□操作

老师要记录学员回答问题的情况，必要时做简单的讲解。

⚖ 活动二：示范操作

内容一：深圳天气数据采集。

步骤一：分析需求。确定中国气象局天气预报网中深圳市天气数据的页面结构和数据格式。在定位要抓取的深圳市天气数据标签时，首先在浏览器中打开深圳市天气数据的页面。接着，按下 F12 键进入开发者模式。如图 2-1 所示，点击区域 1 后，在页面上使用鼠标进行导航，将鼠标指针移动至要抓取的数据标签附近。此时，在元素（Elements）选项卡中便能够看到相应的标签。通过这样的操作，可以快速准确地定位到所需抓取的天气数据标签，为后续的数据抓取工作奠定基础。这一过程利用了浏览器的开发者模式，能够有效地帮助用户在复杂的网页结构中找到特定的数据标签，以便进行数据采集和分析等工作。

图 2-1　定位到要抓取的数据标签

如图 2-2 所示，在使用浏览器的开发者模式时，能够同时看到网页的页面呈现以及相应的一系列开发者选项卡。这种设计为用户提供了极大的便利。

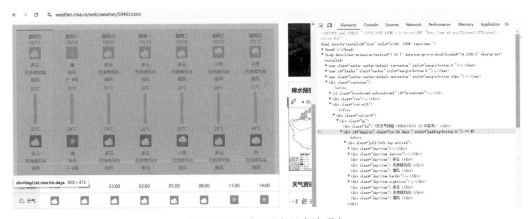

图 2-2　网页呈现和元素选项卡

定位到要抓取的数据标签后，为我们获取目标数据提供了思路。接着，我们选择合适的 Python 库来发送 HTTP 请求和解析 HTML 页面，例如 requests 和 BeautifulSoup。

步骤二：安装所需库。

```
pip install requests
pip install beautifulsoup4
```

步骤三：编写代码。

```
import requests
from bs4 import BeautifulSoup


# 目标URL
```

```
url = 'https://weather.cma.cn/web/weather/59493.html'

# 发送HTTP请求
response = requests.get(url)
response.encoding = 'utf-8'        # 根据网页编码设置编码，确保中文字符正确显示
# print(response.text)             # 打印获取到的网页内容，用于调试

# 解析网页
soup = BeautifulSoup(response.text, 'html.parser')  # 使用BeautifulSoup
解析HTML内容

# 找到天气预报的表格
forecast_table = soup.find('div', {'class': 'row hb days'})  # 根据class
属性查找天气预报的表格

# 找到包含天气预报的div
forecast_div = soup.find('div', {'id': 'dayList'})  # 根据id属性查找包含
天气预报的div

# 初始化一个列表来存储天气预报数据
forecast_data = []

# 定义可能的类名
classes_to_check = ['pull-left day', 'pull-left day actived']

# 遍历所有具有指定类名的div元素
for day_div in forecast_div.find_all('div', class_=classes_to_check):
# 查找所有符合条件的div元素
    # 提取日期和星期
    date_info = day_div.find('div',
class_='day-item').get_text(strip=True).split('\n')  # 提取日期和星期
    week_day = date_info[0]  # 星期几

    # 提取信息
    day_info = {
        'week_day': week_day,  # 存储星期几
        'day_weather': day_div.find_all('div',
class_='day-item')[2].get_text(strip=True),  # 白天天气状况
        'day_wind_direction': day_div.find_all('div',
class_='day-item')[3].get_text(strip=True),  # 白天风向
        'day_wind_strength': day_div.find_all('div',
class_='day-item')[4].get_text(strip=True),  # 白天风力
        'high_temp': day_div.find('div',
class_='high').get_text(strip=True),  # 最高温度
        'low_temp': day_div.find('div',
class_='low').get_text(strip=True),  # 最低温度
        'night_weather': day_div.find_all('div',
```

```
class_='day-item')[6].get_text(strip=True),  # 夜间天气状况
            'night_wind_direction': day_div.find_all('div',
class_='day-item')[7].get_text(strip=True),  # 夜间风向
            'night_wind_strength': day_div.find_all('div',
class_='day-item')[8].get_text(strip=True),  # 夜间风力
        }
        forecast_data.append(day_info)  # 将提取的信息添加到列表中


# 打印结果
for data in forecast_data:
    print(data)  # 遍历列表并打印每天的天气预报数据
```

图 2-3 为该程序的输出结果，其展示了深圳市未来七天的天气预报数据。

```
{'week_day': '星期五10/11', 'day_weather': '晴', 'day_wind_direction': '南风', 'day_wind_strength': '微风', 'high_temp': '25℃', 'low
{'week_day': '星期六10/12', 'day_weather': '晴', 'day_wind_direction': '北风', 'day_wind_strength': '微风', 'high_temp': '27℃', 'low
{'week_day': '星期日10/13', 'day_weather': '晴', 'day_wind_direction': '西北风', 'day_wind_strength': '微风', 'high_temp': '28℃', 'l
{'week_day': '星期一10/14', 'day_weather': '晴', 'day_wind_direction': '南风', 'day_wind_strength': '微风', 'high_temp': '24℃', 'low
{'week_day': '星期二10/15', 'day_weather': '多云', 'day_wind_direction': '无持续风向', 'day_wind_strength': '微风', 'high_temp': '22℃
{'week_day': '星期三10/16', 'day_weather': '晴', 'day_wind_direction': '西风', 'day_wind_strength': '3~4级', 'high_temp': '21℃', 'lc
{'week_day': '星期四10/17', 'day_weather': '晴', 'day_wind_direction': '无持续风向', 'day_wind_strength': '微风', 'high_temp': '20℃',
```

图 2-3　深圳市未来七天的天气预报数据

内容二：视频音频数据同时采集。

步骤一：环境准备。确保计算机已配置了可用的摄像头和麦克风，确保 Python 开发环境已经安装了 OpenCV 库、pyaudio 库和 moviepy 库，如果未安装，则可以通过以下命令使用 pip 安装：

```
pip install opencv-python pyaudio moviepy
```

该程序旨在实现视频和音频的采集与合并。用户对视频的直观性需求使得程序在主线程中进行视频采集，同时为保证两个动作并发执行，在音频录制线程中采集音频。通过一个全局变量"threading"来控制采集过程，当用户按下"q"键时，视频采集退出并将该全局变量设为"false"，进而使音频采集也结束。采集完成后，利用"moviepy"库将获得的视频数据和音频数据进行合并。如图 2-4 所示是视频音频数据同时采集程序的流程框图。

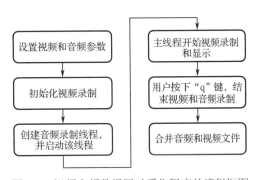

图 2-4　视频音频数据同时采集程序的流程框图

步骤二：代码实现。

```
import cv2
import pyaudio
import wave
import threading
import time
import moviepy.editor as mp
```

```
# 视频参数
video_filename = 'output_video.avi'  # 视频文件名
frame_width = 640  # 视频帧宽度
frame_height = 480  # 视频帧高度
fps = 20  # 视频帧率

# 音频参数
audio_filename = 'output_audio.wav'  # 音频文件名
chunk = 1024  # 音频录制缓冲区大小
sample_format = pyaudio.paInt16  # 音频采样格式
channels = 1  # 音频通道数
rate = 44100  # 音频采样率

# 初始化视频录制
cap = cv2.VideoCapture(0)  # 打开摄像头
fourcc = cv2.VideoWriter_fourcc(*'XVID')  # 设置视频编码格式
out = cv2.VideoWriter(video_filename, fourcc, fps, (frame_width,
frame_height))  # 创建 VideoWriter 对象

# 音频录制函数
def record_audio():
    p = pyaudio.PyAudio()  # 初始化 PyAudio
    stream = p.open(format=sample_format, channels=channels, rate=rate,
input=True, frames_per_buffer=chunk)  # 打开音频输入流
    frames = []  # 存储音频数据
    start_time = time.time()  # 开始录音时间

    while recording:  # 循环录制音频
        data = stream.read(chunk)  # 读取音频数据
        frames.append(data)  # 将音频数据添加到列表

    # 停止录音
    stream.stop_stream()  # 停止音频输入流
    stream.close()  # 关闭音频输入流
    p.terminate()  # 停止 PyAudio

    # 保存音频文件
    wf = wave.open(audio_filename, 'wb')  # 打开音频文件用于写入
    wf.setnchannels(channels)  # 设置音频通道数
    wf.setsampwidth(p.get_sample_size(sample_format))  # 设置音频采样宽度
    wf.setframerate(rate)  # 设置音频采样率
    wf.writeframes(b''.join(frames))  # 写入音频数据
    wf.close()  # 关闭音频文件

    end_time = time.time()  # 结束录音时间
    print(f"Audio Duration: {end_time - start_time}")  # 打印音频录制时长

# 视频录制和显示
```

```
def record_video():
    start_time = time.time()   # 开始录制时间
    while recording:   # 循环录制视频
        ret, frame = cap.read()   # 读取视频帧
        if ret:
            out.write(frame)   # 将视频帧写入 VideoWriter 对象
            cv2.imshow('Recording', frame)   # 显示视频帧

            if cv2.waitKey(1) & 0xFF == ord('q'):   # 按 "q" 键停止录制
                break
        else:
            break

    end_time = time.time()   # 结束录制时间
    print(f"Video Duration: {end_time - start_time}")   # 打印视频录制时长

# 同时录制音频和视频
recording = True   # 设置录制标志为 True
audio_thread = threading.Thread(target=record_audio)   # 创建音频录制线程
audio_thread.start()   # 启动音频录制线程

record_video()   # 开始视频录制和显示

# 停止录制
recording = False   # 设置录制标志为 False
audio_thread.join()   # 等待音频录制线程结束
cap.release()   # 释放摄像头资源
out.release()   # 释放 VideoWriter 对象
cv2.destroyAllWindows()   # 关闭所有 OpenCV 窗口

# 合并音频和视频
video_clip = mp.VideoFileClip(video_filename)   # 读取视频文件
audio_clip = mp.AudioFileClip(audio_filename)   # 读取音频文件

# 检查音频和视频的时长并同步
if audio_clip.duration > video_clip.duration:
    audio_clip = audio_clip.subclip(0, video_clip.duration)   # 截取音频片
段与视频时长一致
else:
    video_clip = video_clip.subclip(0, audio_clip.duration)   # 截取视频片
段与音频时长一致

    final_clip = video_clip.set_audio(audio_clip)   # 将音频设置为视频的音频轨道
    final_clip.write_videofile("final_output.mp4", codec="libx264",
audio_codec="aac")   # 保存合并后的视频文件
```

请注意，在实际运行代码时，请确保具有相应的权限，并根据具体需求进行必要的修改和调整。

♻ **活动三　根据所讲述和示范案例，完成下面任务。**

内容：数据采集实操题。

要求：

（1）选择一种常用的爬虫框架（如 Scrapy 或 requests + BeautifulSoup）。

（2）要爬取的特定网站为豆瓣网和目标文本数据（最近某部电影的影评）。

（3）编写爬虫代码，实现对目标文本数据的采集。

（4）对采集到的数据进行初步的清洗和整理，去除无关的字符和标记。

（5）将采集和处理后的数据保存为文本文件。

2.2.5　过程考核

表 2-1 所示为《业务数据采集》训练过程考核表。

表 2-1　《业务数据采集》训练过程考核表

姓名		学员证号				日期	年　　月　　日	
类别	项目	考核内容		得分	总分	评分标准		教师签名
理论	知识准备（100分）	1. 爬虫技术在采集数据时可能会面临哪些法律和道德风险，应如何避免？（20分）				根据完成情况打分		
		2. 简述 OpenCV 中图像和视频数据预处理的常见方法（30分）						
		3. 分析使用麦克风进行语音数据采集时，可能影响采集质量的因素（30分）						
实操	技能目标（60分）	1. 能（会）掌握爬虫技术进行文本数据采集（30分）	会□/不会□			1. 单项技能目标"会"该项得满分，"不会"该项不得分 2. 全部技能目标均为"会"记为"完成"，否则，记为"未完成"		
		2. 能（会）运用 pyAudio 通过麦克风完成语音数据采集（10分）	会□/不会□					
		3. 能（会）利用 OpenCV 和摄像头进行有效的图像和视频数据采集（20分）	会□/不会□					
		任务完成情况	完成□/未完成□					
	任务完成质量（40分）	1. 工艺或操作熟练程度（20分）				1. 任务"未完成"此项不得分 2. 任务"完成"，根据完成情况打分		
		2. 工作效率或完成任务速度（20分）						
	安全文明操作	1. 安全生产 2. 职业道德 3. 职业规范				1. 违反考场纪律，视情况扣 20～45 分 2. 发生设备安全事故，扣 45 分 3. 发生人身安全事故，扣 50 分 4. 实训结束后未整理实训现场扣 5～10 分		
评分说明								
备注		1. 评分表原则上不能出现涂改现象，若出现则必须在涂改之处签字确认 2. 每次考核结束后，及时上交本过程考核表						

2.2.6　参考资料

1. 爬虫技术原理及法律道德风险

（1）技术原理。

爬虫技术是一种按照一定的规则，自动地抓取万维网信息的程序或者脚本。其基本工作原理包括以下几个主要步骤。

① 发送请求：爬虫程序向目标网站发送 HTTP 请求，以获取网页的内容。

② 解析页面：接收到网页的响应后，爬虫使用解析器（如 BeautifulSoup、lxml 等）对网页的 HTML 或 XML 结构进行解析，提取出所需的信息，如文本、链接等。

③ 提取数据：通过特定的规则和算法，从解析后的页面中筛选出有价值的数据。

④ 存储数据：将提取到的数据存储到本地数据库或文件中，以便后续处理和分析。

（2）法律和道德风险。

① 侵犯著作权：未经授权爬取受版权保护的文本内容可能构成侵权。

② 违反网站使用条款：许多网站在其使用条款中明确禁止爬虫行为，违反这些条款可能导致法律责任。

③ 对网站造成负担：大量频繁的爬虫请求可能导致网站服务器过载，影响正常用户的访问体验。

④ 泄露个人隐私：如果爬取的文本数据包含个人隐私信息，可能会导致隐私泄露问题。

（3）规避风险的方法。

① 遵守网站规则：在爬取之前，仔细阅读并遵守目标网站的使用条款和隐私政策。

② 限制爬取频率：合理设置爬虫的请求频率，避免对网站造成过大的负担。

③ 尊重版权：不爬取受版权保护且未经授权的文本内容。

④ 避免收集个人隐私信息：在数据采集过程中，对可能涉及个人隐私的数据进行过滤和处理。

⑤ 获得授权：对于需要爬取商业或敏感数据的情况，尽量事先获得相关方的授权。

2. OpenCV 图像和视频数据采集

使用 OpenCV 和摄像头进行图像和视频数据采集的一般方法和流程如下。

（1）环境配置。

安装 OpenCV 库：可以通过各种方式安装，如使用包管理工具（如 pip）或者从 OpenCV 官方网站下载并编译安装。

（2）导入所需的库。

```
import cv2
```

（3）打开摄像头。

```
cap = cv2.VideoCapture(0)  # 0 通常表示默认的摄像头，如果有多个摄像头，则可以选择相应的编号
```

（4）检查摄像头是否成功打开。

```
if not cap.isOpened():
    print("无法打开摄像头")
```

```
        exit()
```

（5）循环采集图像或视频帧。

```
while True:
    ret, frame = cap.read()  # 读取一帧图像
    if not ret:
        print("无法获取帧")
        break
    # 在这里对获取的帧进行处理，如显示、保存、分析等
    cv2.imshow('Frame', frame)  # 显示帧

    if cv2.waitKey(1) & 0xFF == ord('q'):  # 按 "q" 键退出
        break
```

（6）释放资源。

```
cap.release()
cv2.destroyAllWindows()
```

在采集过程中，可以根据具体需求对获取的帧进行各种图像处理操作，例如裁剪、转换颜色空间、检测目标等。

3. 图像和视频数据的常见预处理方法

在 OpenCV 中，对采集到的图像和视频数据进行预处理的常见方法包括以下几种。

（1）图像读取与格式转换。使用 cv2.imread() 函数读取图像，并根据需要将图像转换为不同的颜色空间，如从 BGR 转换为灰度图像（cv2.cvtColor(image, cv2.COLOR_BGR2GRAY)）或 HSV 颜色空间等。

（2）图像裁剪与缩放。通过指定感兴趣区域（ROI）来裁剪图像，获取图像的特定部分。使用 cv2.resize() 函数对图像进行缩放，以适应后续处理的需求。

（3）图像平滑与去噪。应用均值滤波（cv2.blur()）、高斯滤波（cv2.GaussianBlur()）等方法来减少图像中的噪声。

（4）图像增强。利用直方图均衡化（cv2.equalizeHist()）可增强图像的对比度。调整亮度和对比度，例如，通过线性变换或伽马校正。

（5）边缘检测。使用 Canny 边缘检测算法（cv2.Canny()）来提取图像中的边缘信息。

（6）形态学操作。腐蚀（cv2.erode()）和膨胀（cv2.dilate()）操作可用于去除噪声、连接断开的部分或分离重叠的对象。

开运算（先腐蚀后膨胀）和闭运算（先膨胀后腐蚀）用于去除小的噪声区域或填充小的空洞。

（7）图像旋转与翻转。通过 cv2.rotate() 函数对图像进行旋转。使用 cv2.flip() 函数实现图像的水平、垂直或同时水平垂直翻转。

（8）颜色通道分离与合并。分离图像的不同颜色通道（如 B、G、R 通道），以便单独处理或分析。重新合并处理后的颜色通道。

这些预处理方法可以根据具体的应用场景和数据特点进行选择和组合，以提高后续图像处理和分析的效果与准确性。在实际应用中，需要根据数据的性质和处理目标来精细调

整参数，以获得最佳的预处理结果。

4．语音数据采集

以下是对语音数据采集的主要步骤的详细叙述，以及 PyAudio 库在其中的作用和可能影响语音数据采集质量的因素。

（1）麦克风拾音。这是语音数据采集的第一步，麦克风将声音的声波转换为模拟电信号。不同类型的麦克风（如动圈式、电容式等）具有不同的特性，会影响采集到的声音的质量和频率响应。

（2）模拟信号数字化。

① 采样：在这一过程中，连续的模拟信号在特定的时间间隔内进行测量，这些测量值成为样本。采样频率决定了每秒采集的样本数量，通常根据奈奎斯特采样定理，采样频率应至少是信号最高频率的两倍，以避免混叠失真。

② 量化：对每个采样得到的模拟值进行量化，将其转换为离散的数字值。量化精度（通常以位表示，如 16 位、24 位等）决定了声音的动态范围和精度。

在这个步骤中，PyAudio 库提供了接口来设置采样频率、量化精度等参数，以及控制数据的采集和传输。

（3）音频文件生成。采集到的数字化语音数据被组织和存储为特定格式的音频文件，如 WAV、MP3 等。

（4）PyAudio 库在整个流程中的作用。

① 初始化音频设备：PyAudio 帮助打开和配置麦克风设备，设置相关的参数，如采样率、通道数、量化精度等。

② 数据采集控制：它负责启动和停止数据采集的过程，确保数据的准确和稳定采集。

③ 数据传输和缓冲：管理采集到的数据在内存中的传输和缓冲，以避免数据丢失或错误。

（5）可能影响语音数据采集质量的因素。

① 麦克风质量：包括灵敏度、频率响应、噪声水平等特性。

② 环境噪声：周围环境中的噪声会混入采集到的语音信号中，降低信号的清晰度和可懂度。

③ 采样频率和量化精度：过低的采样频率或量化精度会导致信号失真和信息丢失。

④ 设备连接和驱动：不稳定的设备连接或不正确的驱动程序可能导致数据传输错误或丢失。

⑤ 计算机性能：如果计算机的处理能力不足，则可能无法及时处理和存储采集到的数据，导致数据丢失或延迟。

⑥ 音频缓冲区设置：缓冲区大小设置不当可能会导致数据溢出或不足，影响采集的连续性。

2.3　业务数据处理

⊙知识目标

1．掌握常见的数据处理技术和工具。

2．理解数据处理过程中的数据清洗、转换和整合原则。

⊙工作任务

业务数据整理归类、业务数据汇总。

2.3.1 常见的数据处理技术和工具

常见的数据处理技术和工具在当今数字化时代发挥着至关重要的作用。以下是对它们的全面梳理。

1．数据处理技术

（1）数据清洗：去除数据中的噪声、错误和不一致性。例如，通过检查数据的完整性、一致性和准确性，纠正拼写错误、处理缺失值等。这一步骤对于确保后续分析的可靠性至关重要。

（2）数据集成：将来自不同数据源的数据合并到一起。可能涉及到不同的数据格式、结构和语义的整合，需要解决数据冲突和重复的问题。

（3）数据转换：对数据进行变换，使其符合特定的分析要求。例如，将数据进行标准化、归一化处理，或者进行数据类型的转换。

（4）数据规约：在不影响数据完整性的前提下，减少数据的规模和复杂度，可以通过特征选择、数据采样等方法实现。

2．数据处理工具

（1）Excel：一款广泛使用的电子表格软件，具有强大的数据处理和分析功能，可以进行数据的输入、编辑、排序、筛选、计算等操作，还可以制作图表和报表。

（2）SQL（Structured Query Language）：用于管理关系型数据库的语言，可以进行数据的查询、插入、更新和删除等操作，以及进行数据的聚合、连接和子查询等复杂的数据分析任务。

（3）Python：一门强大的编程语言，拥有丰富的数据处理和分析库，如 Pandas、NumPy 和 Scikit-learn 等。可以进行数据的读取、清洗、转换、分析和可视化等操作。

（4）R：一种专门用于统计分析和数据可视化的语言，拥有众多的数据分析包，可以进行数据的描述性统计、假设检验、回归分析、聚类分析等操作。

（5）Tableau：一款数据可视化工具，可以将数据以直观的图表和仪表板的形式展示出来。它支持多种数据源的连接，方便用户进行数据分析和探索。

（6）Apache Spark：一个快速、通用的大数据处理框架，可以处理大规模的数据集，支持多种数据处理操作，如数据清洗、转换、聚合和机器学习等。

选择合适的数据处理技术和工具取决于数据的特点、分析的目的和个人的技能水平。在进行数据处理时，需要根据具体情况综合运用多种技术和工具，以确保数据的质量和分析的准确性。

2.3.2 数据处理过程中的数据清洗、转换和整合原则

在数据处理过程中，数据清洗、转换和整合是重要的环节，需遵循以下原则。

1．数据清洗原则

（1）准确性原则：确保数据准确反映实际情况，对明显错误的数据进行修正。例如，检查数值型数据是否在合理范围内，文本型数据是否符合特定格式要求。

（2）完整性原则：尽量使数据完整，处理缺失值。可以通过删除包含过多缺失值的记录、采用插值法或基于模型的方法填充缺失值等方式，保证数据的完整性。

（3）一致性原则：使数据在不同来源或不同时间段内保持一致。例如，统一单位、编码格式等，避免因不一致而导致的分析错误。

（4）有效性原则：去除无效数据，如重复数据、异常值等。重复数据可能会使分析结果产生偏差，可通过比较关键字段进行识别和删除；异常值则需要根据具体情况判断是否保留或进行处理。

2．数据转换原则

（1）目的性原则：明确数据转换的目的，根据分析需求进行转换。例如，为了进行特定的统计分析，可能需要将数据进行标准化或归一化处理。

（2）合理性原则：转换后的结果应具有合理性和可解释性。不能因为转换而使数据失去原本的意义或产生不合理的结果。

（3）可逆性原则：在某些情况下，需要保证数据转换是可逆的，以便在需要时能够恢复原始数据。这对于后续的验证和审计非常重要。

（4）稳定性原则：数据转换过程应尽量稳定，避免因小的变化而导致结果的大幅波动。例如，在进行数据缩放时，应选择合适的缩放方法，确保结果的稳定性。

3．数据整合原则

（1）相关性原则：整合的数据应具有相关性，能够为特定的分析目标服务。避免整合无关或冗余的数据，以免增加数据处理的复杂性和成本。

（2）兼容性原则：不同来源的数据在整合时应考虑兼容性问题，包括数据格式、数据类型、编码方式等方面的兼容性，确保数据能够顺利整合。

（3）一致性原则：整合后的数据应保持一致性。例如，统一数据的时间戳、单位等，避免因不一致而导致的分析错误。

（4）可扩展性原则：数据整合方案应具有可扩展性，能够适应未来可能出现的新数据来源或分析需求的变化。预留一定的灵活性，以便在需要时能够方便地进行扩展和调整。

2.3.3　业务数据整理归类

业务数据整理归类是一项关键任务，以下是具体的指导步骤。

1．数据预处理

（1）数据清洗：去除数据中的噪声、错误和不一致性。检查数据的完整性，处理缺失值和异常值。例如，对于数值型数据，可以通过统计方法确定合理的取值范围，超出范围的值可视为异常值进行处理；对于文本型数据，检查是否存在拼写错误或不规范的表述。

（2）数据标准化：统一数据的格式、单位和编码方式等，以便后续的分类操作。比如将日期格式统一为特定的标准格式，将不同单位的数值数据统一转换为相同单位。

2．确定分类体系

（1）分析业务特点：深入了解业务流程、业务对象和业务规则，确定数据的主要特征和分类维度。例如，如果是销售业务数据，可以从产品类别、销售区域、客户类型等维度进行分析。

（2）制定分类标准：根据业务特点和需求，制定明确的分类标准和规则。分类标准应具有客观性、可操作性和可扩展性。比如，对于产品类别，可以根据产品的功能、用途、价格区间等制定分类标准。

（3）建立分类层次结构：根据分类标准，建立多层次的分类体系。可以采用树形结构或其他合适的结构，以便清晰地展示数据的分类关系。例如，先按照大类进行划分，再在大类下细分小类。

3．进行数据分类

（1）依据分类标准：按照确定的分类标准和规则，对收集到的业务数据进行逐一分类。可以使用数据处理工具或编写脚本进行自动化分类，提高效率。

（2）人工分类与自动化辅助：对于一些复杂或不确定的数据，可以采用人工分类的方式，结合业务知识和经验进行判断。同时，利用自动化工具进行辅助，提高分类的准确性和一致性。

4．验证和调整

（1）数据验证：对分类后的结果进行验证，检查分类的准确性和完整性。可以随机抽取部分数据进行核对，或者与业务部门进行沟通确认。例如，检查分类结果是否符合业务预期，是否存在漏分或错分的情况。

（2）调整优化：根据验证结果，对分类体系和分类结果进行调整和优化。不断完善分类标准和规则，提高数据分类的质量。如果发现分类不准确的地方，应及时进行修正，并对分类体系进行调整。

5．文档记录和维护

（1）文档记录：对数据整理归类的过程进行详细记录，包括分类体系的设计、分类标准和规则、数据来源、处理方法等，以便后续查阅和维护。

（2）定期维护：随着业务的发展和变化，数据的特点和需求也可能会发生改变。因此，需要定期对分类体系进行维护和更新，确保数据分类的有效性和适应性。例如，当有新的业务类型出现时，及时对分类体系进行扩展和调整。

2.3.4 业务数据汇总

1．明确汇总目的和需求

首先要确定业务数据汇总的具体目的是什么，是为了进行业绩评估、制定战略决策、生成报告还是其他特定的业务需求？同时，了解相关利益方对汇总数据的期望和要求，以便确定汇总的范围、粒度和格式。

2．选择汇总方法

（1）确定汇总维度：根据汇总目的，确定合适的汇总维度。常见的汇总维度包括时间、地点、产品、客户、业务部门等。选择的维度应能够有效地反映业务情况和满足汇总需求。

（2）选择汇总指标：确定要汇总的具体指标，如销售额、利润、数量、增长率等。指标的选择应与汇总目的紧密相关，并能够提供有价值的信息。

（3）选择汇总方法：根据数据特点和汇总需求，选择合适的汇总方法。常见的汇总方法包括求和、平均值、计数、最大值、最小值等。可以使用电子表格软件、数据库查询语言或数据分析工具来进行汇总操作。

3．进行数据汇总

（1）执行汇总操作：使用选定的汇总方法和工具，对数据进行汇总。确保汇总过程准确无误，并对结果进行验证和检查。

（2）处理异常情况：在汇总过程中，可能会遇到异常情况，如数据不一致、缺失值影响汇总结果等。要及时识别和处理这些异常情况，可以通过数据调整、补充信息或与相关人员沟通来解决。

4．结果分析和报告

（1）分析汇总结果：对汇总后的数据进行分析，提取有价值的信息和洞察。可以使用图表、图形或数据分析技术来可视化汇总结果，以便更好地理解业务情况。

（2）生成报告：根据汇总结果和分析，生成详细的报告。报告应包括汇总目的、方法、结果以及对业务的建议和决策支持。确保报告清晰、准确、易于理解。

5．验证和审核

（1）验证汇总结果：对汇总结果进行验证，确保其准确性和可靠性。可以通过与其他数据源进行对比、进行抽样检查或请相关人员审核来验证汇总结果。

（2）审核汇总过程：对整个数据汇总过程进行审核，确保方法正确、操作规范、数据质量可靠。及时发现和纠正可能存在的问题和错误。

2.4　业务数据质量检测

⊙知识目标

1．理解数据质量评估的方法和指标。
2．掌握数据质量问题的识别和解决方法。

⊙工作任务

1．对预处理后业务数据进行审核。
2．梳理业务数据采集规范。
3．梳理业务数据处理规范。

2.4.1 数据质量评估的方法和指标

1．方法

（1）数据抽样：从预处理后的业务数据中抽取一定比例的数据样本进行检查和评估。通过对样本数据的分析，可以推断整体数据的质量情况。

（2）数据对比：将预处理后的数据与可靠的数据源进行对比，如历史数据、标准数据或其他权威数据。通过对比可以发现数据的差异和潜在问题。

（3）数据可视化：通过图表、图形等可视化方式展示数据，以便更直观地发现数据的分布、趋势和异常情况。

2．指标

（1）准确性：数据是否准确反映了实际情况。可以通过与实际业务情况对比、检查数据的逻辑关系等方式来评估准确性。

（2）完整性：数据是否完整，是否存在缺失值。可以统计数据中的缺失值比例来评估完整性。

（3）一致性：数据在不同来源或不同时间点上是否保持一致。可以对比不同数据源的数据、检查数据的格式和编码是否一致等方式来评估一致性。

（4）时效性：数据是否及时更新，是否反映了当前的业务状态。可以检查数据的时间戳、与实际业务时间的对应关系等方式来评估时效性。

2.4.2 数据质量问题的识别和解决办法

1．识别

（1）异常值检测：通过统计方法或数据可视化，识别出明显偏离正常范围的数据值，这些可能是数据质量问题的表现。

（2）重复数据检测：查找数据中的重复记录，重复数据可能导致分析结果不准确。

（3）数据格式错误：检查数据的格式是否符合要求，如日期格式、数值格式等。

（4）逻辑错误：检查数据之间的逻辑关系是否合理，如销售额不能为负数、客户年龄不能为负数等。

2．解决办法

（1）数据清洗：对于不准确、不完整或不一致的数据，可以进行清洗操作，如删除异常值、填充缺失值、纠正错误数据等。

（2）数据验证：建立数据验证规则，在数据录入或处理过程中对数据进行验证，确保数据符合质量要求。

（3）数据追溯：当发现数据质量存在问题时，能够追溯到问题的源头，以便及时进行修正和改进。

（4）建立数据质量管理流程：制定数据质量管理的流程和规范，明确各环节的数据质量责任，确保数据质量得到持续的监控和改进。

2.4.3 对预处理后业务数据进行审核

对预处理后的业务数据进行审核是确保数据质量的重要环节。

（1）确定审核目标：明确审核的目的是确保数据质量符合业务需求，为后续的分析和决策提供可靠的数据支持。

（2）选择审核方法和指标：根据数据的特点和审核目标，选择合适的数据质量评估方法和指标。

（3）执行审核操作：按照选定的方法和指标，对预处理后的业务数据进行审核。可以使用数据处理工具或编写脚本进行自动化审核，也可以进行人工审核。

（4）识别数据质量问题：根据审核结果，识别出数据中存在的质量问题。对问题进行分类和记录，以便后续解决。

（5）解决数据质量问题：针对识别出的数据质量问题，采取相应的解决办法进行处理。处理后，再次进行审核，确保问题得到有效解决。

（6）生成审核报告：对审核过程和结果进行总结，生成审核报告。报告应包括审核目标、方法、结果、发现的问题及解决办法等内容。

（7）持续监控和改进：建立数据质量监控机制，对业务数据进行持续的监控和审核。及时发现新的质量问题，并采取措施进行解决，不断提高数据质量。

通过采用科学的方法和指标进行评估，及时识别和解决数据质量问题，并建立持续的监控和改进机制，可以为业务决策提供高质量的数据支持。

2.4.4 业务数据采集规范

以下是业务数据采集规范的全面梳理。

1．明确采集目的

在进行业务数据采集之前，必须明确采集的目的是什么，是为了分析市场趋势、评估业务绩效、了解客户需求，还是其他特定的业务目标？明确目的有助于确定所需数据的类型、范围和精度。

2．确定数据来源

（1）内部数据源：包括企业内部的各种业务系统，如销售管理系统、客户关系管理系统、生产管理系统等。这些系统中存储着大量与业务相关的数据，是数据采集的重要来源。

（2）外部数据源：可以从外部渠道获取数据，如市场调研公司、行业协会、政府机构等发布的报告和数据；社交媒体平台、网络爬虫等获取的公开数据；合作伙伴提供的数据等。

3．制订采集计划

（1）确定采集时间：根据业务需求和数据的时效性，确定数据采集的时间频率。例如，对于实时性要求较高的数据，可以进行实时采集；对于周期性的数据，可以按日、周、月等周期进行采集。

（2）明确采集范围：确定要采集的数据范围，包括数据的字段、表格、数据库等。同时，要考虑数据的完整性和准确性，避免采集不必要或错误的数据。

（3）选择采集方法：根据数据来源和采集目的，选择合适的采集方法。常见的采集方法包括数据库查询、文件导入、API接口调用、网络爬虫等。

4．确保数据质量

（1）数据准确性：采集的数据应准确反映实际业务情况，避免数据错误和偏差。可以通过数据验证、数据清洗等方法来提高数据的准确性。

（2）数据完整性：确保采集的数据完整无缺，不遗漏重要信息。可以通过设置数据完整性约束、进行数据校验等方法来保证数据的完整性。

（3）数据一致性：采集的数据应在不同来源和不同时间点上保持一致。可以通过数据标准化、数据整合等方法来提高数据的一致性。

（4）数据时效性：采集的数据应具有时效性，及时反映业务的最新情况。可以通过定期采集、实时采集等方法来保证数据的时效性。

5．数据安全与隐私保护

（1）数据安全：在数据采集过程中，要确保数据的安全性，防止数据泄露、篡改和丢失。可以采用加密技术、访问控制、备份恢复等措施来保障数据安全。

（2）隐私保护：对于涉及个人隐私的数据，要严格遵守相关的隐私保护法规和政策，采取匿名化、加密等技术手段来保护个人隐私。

6．数据存储与管理

（1）选择存储方式：根据数据的规模、类型和使用需求，选择合适的存储方式，如数据库、文件系统、数据仓库等。

（2）建立数据目录：对采集到的数据进行分类和整理，建立数据目录，方便数据的查询和使用。

（3）数据备份与恢复：定期对数据进行备份，以防止数据丢失。同时，要建立数据恢复机制，确保在数据丢失或损坏时能够及时恢复数据。

7．数据验证与审计

（1）数据验证：对采集到的数据进行验证，确保数据的准确性和完整性。可以采用数据校验、数据比对等方法来进行数据验证。

（2）数据审计：定期对数据采集过程进行审计，检查数据采集的合规性和有效性。发现问题及时进行整改，确保数据采集工作的规范和可靠。

总之，业务数据采集规范是确保数据质量和可用性的重要保障。在进行业务数据采集时，必须严格遵守相关规范，确保采集到的数据准确、完整、一致、及时、安全，并能够为业务决策提供有力支持。

2.4.5　业务数据处理规范

以下是业务数据处理规范的全面梳理。

1．目标与原则

业务数据处理的目标是确保数据准确、完整、一致、可用，为业务决策和分析提供可靠支持。在处理过程中需遵循以下原则。

（1）准确性原则：保证数据如实反映实际情况，避免错误和偏差。从数据采集源头开始严格把控，对输入的数据进行多次校验，确保每一个数据点都是准确的。

（2）完整性原则：确保数据不遗漏重要信息。在数据采集阶段，要全面覆盖所需的数据字段，在处理过程中及时发现并处理缺失值，保证数据的完整性。

（3）一致性原则：处理后的数据在不同系统或环节中应保持一致。无论是数据格式、单位还是数值，都要统一标准，避免出现矛盾的情况。

（4）安全性原则：保护数据安全，防止数据泄露、篡改和丢失。建立严格的数据访问权限制度，对敏感数据进行加密存储，定期进行安全检查和漏洞修复。

（5）时效性原则：及时处理数据，保证数据的时效性。对于实时性要求高的数据，采用快速处理技术，确保数据能够及时为业务决策提供参考。

2．数据采集与输入

（1）明确数据来源：确定业务数据的具体来源渠道，可能包括内部业务系统、外部合作伙伴提供的数据、公开数据平台等。对每个数据源进行评估，了解其数据质量和可靠性。

（2）规范数据采集方法：根据数据来源的特点，选择合适的数据采集方法。如对于数据库中的数据，可以使用数据库查询语句进行采集；对于文件形式的数据，可以采用文件导入工具。同时，要确保采集过程的稳定性和可靠性。

（3）数据输入校验：在数据输入环节，设置多种校验规则。例如，对数值型数据进行范围校验，对文本型数据进行格式校验。可以采用自动校验工具，也可以进行人工审核，确保输入的数据符合要求。

3．数据预处理

（1）数据清洗：去除数据中的噪声、错误和不一致性。通过数据去重，删除重复的数据记录；处理缺失值，可以采用均值填充、中位数填充或者根据业务规则进行填充；纠正错误数据，对明显不符合逻辑的数据进行修正。

（2）数据转换：对数据进行各种形式的转换，使其符合后续处理的要求，包括格式转换，如将日期格式统一为特定格式；单位转换，确保不同来源的数据单位一致；编码转换，将不同编码体系的数据转换为统一编码。

（3）数据集成：将来自不同数据源的数据进行整合。解决数据冲突问题，比如同一字段在不同数据源中有不同的值，需要根据业务规则进行判断和整合；去除重复数据，确保集成后的数据是唯一的。

4．数据存储与管理

（1）选择合适的数据存储方式：根据数据的规模、类型和使用需求，选择合适的数据库、数据仓库或文件系统进行存储。对于大规模数据，可以选择分布式数据库；对于需要快速查询的数据，可以选择内存数据库。

（2）建立数据目录和索引：为方便数据的查询和使用，建立清晰的数据目录，对数据进行分类和标识。同时，建立索引，提高数据的检索速度。

（3）数据备份与恢复：定期对数据进行备份，防止数据丢失。可以采用全量备份和增量备份相结合的方式，降低备份成本。同时，建立数据恢复机制，确保在数据出现问题时能够及时恢复。

5．数据分析与处理

（1）明确分析目标：根据业务需求，确定数据分析的具体目标和问题。例如，分析销售数据以提高销售额、分析客户行为以优化营销策略等。

（2）选择合适的分析方法和工具：根据数据的特点和分析目标，选择合适的数据分析方法和工具，如统计分析方法、数据挖掘算法、机器学习模型等。同时，选择合适的数据分析软件和平台，提高分析效率。

（3）数据处理与计算：按照分析方法的要求，对数据进行处理和计算，可能包括数据聚合、分组、排序、筛选等操作，以及进行复杂的数学计算和模型训练。

6．数据质量监控

（1）建立数据质量指标体系：确定数据质量的评估指标，如准确性、完整性、一致性、时效性等。为每个指标设定具体的标准和阈值，以便进行量化评估。

（2）定期进行数据质量检查：对业务数据进行定期检查，评估数据质量是否符合要求。可以采用自动化工具进行数据质量监测，也可以进行人工抽样检查。

（3）问题反馈与处理：当发现数据质量问题时，及时反馈给相关部门和人员。制定问题处理流程，采取措施进行修复和改进，确保数据质量不断提升。

7．数据安全与保密

（1）数据访问控制：建立严格的数据访问权限管理制度，限制对敏感数据的访问。根据用户的角色和职责，分配不同的访问权限，确保只有经过授权的人员才能访问特定的数据。

（2）数据加密：对重要数据进行加密存储和传输，防止数据泄露。采用先进的加密算法，确保数据在存储和传输过程中的安全性。

（3）数据保密协议：与涉及数据处理的人员签订保密协议，明确保密责任和义务。加强对员工的安全培训，提高保密意识。

8．文档与记录管理

（1）数据处理文档：对数据处理的过程和方法进行详细记录，形成文档，包括数据采集的来源和方法、预处理的步骤和算法、分析的方法和结果等，以便后续查阅和审计。

（2）操作记录：记录数据处理过程中的每一个操作步骤，包括数据采集、预处理、分析等环节。记录操作的时间、操作人员、操作内容等信息，以便追溯和问题排查。

2.5 数据处理方法优化

⊙知识目标

1. 掌握数据处理方法和工具的最新发展趋势。
2. 理解数据处理效率和效果的优化原则。

⊙工作任务

1. 不断优化数据采集、数据处理方法和流程。
2. 提高数据处理效率和质量。

2.5.1 数据处理方法和工具的最新发展趋势

数据处理方法和工具的最新发展趋势呈现出多方面的特点，具体如下。

1. 与人工智能深度融合

（1）自动化数据处理流程：人工智能技术能够自动识别数据模式、异常值和趋势，实现数据预处理、清洗、分类和标注等任务的自动化。例如，通过机器学习算法可以自动检测和纠正数据中的错误，提高数据质量和准确性，减少人工干预和处理时间。

（2）智能数据分析与预测：利用深度学习算法和神经网络，对大规模数据进行深度分析和挖掘，发现隐藏在数据中的复杂关系和模式。这有助于企业进行更准确地预测和决策，如市场趋势预测、销售预测、风险评估等。例如，在金融领域，人工智能可以分析大量的交易数据和市场信息，预测股票价格走势和风险。

（3）增强数据可视化：人工智能与数据可视化工具相结合，能够根据用户的需求和数据特点，自动生成更具洞察力和交互性的可视化图表和报告。用户可以通过自然语言提问的方式获取数据可视化结果，更直观地理解数据背后的含义。

2. 云计算与分布式处理的持续发展

（1）云计算平台的数据处理服务：云计算提供了强大的计算资源和存储能力，使得企业可以将数据处理任务迁移到云端，实现弹性扩展和按需使用。云服务提供商提供了各种数据处理工具和平台，如 Google Cloud Dataflow、Amazon EMR 等，方便用户进行大规模数据的处理和分析。

（2）分布式计算框架的优化：分布式计算框架如 Hadoop、Spark 等不断优化和改进，提高了数据处理的效率和性能。这些框架能够在大规模集群上并行处理数据，支持海量数据的存储和计算，并且具有高可靠性和容错性。同时，新的分布式计算框架和技术也在不断涌现，以满足不同场景下的数据处理需求。

（3）边缘计算与云计算的协同：随着物联网设备的普及，边缘计算逐渐成为数据处理的重要方式。边缘计算将数据处理能力下沉到设备边缘，减少数据传输延迟和带宽占用，提高数据处理的实时性。边缘计算与云计算相互协同，形成了一种"云边协同"的模式，在数据处理中发挥各自的优势。

3. 实时数据处理的需求增加

（1）实时数据流处理技术：随着物联网、传感器网络和社交媒体等应用的不断发展，实时数据的产生速度越来越快，对实时数据处理的需求也日益迫切。实时数据流处理技术能够在数据产生的同时进行实时处理和分析，提供即时的反馈和决策支持。例如，在智能交通系统中，实时数据流处理可以实时监测交通流量和路况，及时调整交通信号和路线规划。

（2）低延迟的数据处理架构：为了实现实时数据处理，需要构建低延迟的数据处理架构。这包括采用高效的算法和数据结构、优化网络通信和数据传输、使用内存计算等技术，以减少数据处理的延迟时间，提高系统的响应速度。

4. 数据安全和隐私保护的强化

（1）数据加密技术的发展：随着数据泄露事件的频繁发生，数据加密技术成为数据处理中不可或缺的一部分。数据在传输、存储和处理过程中都需要进行加密，以防止数据被窃取和篡改。新的加密算法和技术不断涌现，如同态加密、差分隐私等，能够在保证数据安全的同时，支持数据的处理和分析。

（2）隐私保护技术的应用：隐私保护技术如数据脱敏、匿名化、访问控制等，能够在数据处理过程中保护用户的隐私信息。这些技术可以确保数据在被使用和分析的过程中，不泄露用户的个人身份信息和敏感数据。同时，相关的法律法规也在不断完善，加强了对数据安全和隐私保护的监管。

5. 多模态数据处理的兴起

（1）多源数据的融合处理：企业和组织拥有的数据类型越来越多样化，包括文本、图像、音频、视频等多模态数据。多模态数据处理技术能够将不同类型的数据进行融合和关联分析，挖掘出更丰富的信息和知识。例如，在智能医疗领域，结合患者的病历文本、医学影像和生理信号等多模态数据，可以更准确地诊断疾病和制定治疗方案。

（2）跨模态数据的转换和理解：为了实现多模态数据的融合处理，需要进行跨模态数据的转换和理解。例如，将图像数据转换为文本描述，或者将文本数据转换为图像表示，以便不同模态的数据能够进行相互比较和分析。这需要借助深度学习和人工智能技术，构建跨模态的数据转换模型和理解模型。

6. 数据处理的可解释性和透明性

（1）可解释性算法的研究：在一些对决策结果要求较高的领域，如医疗、金融、法律等，数据处理算法的可解释性变得越来越重要。可解释性算法能够让用户理解算法的决策过程和依据，提高决策的可信度和可靠性。研究人员正在探索各种可解释性算法和技术，如模型解释方法、规则提取等，以增强数据处理算法的可解释性。

（2）数据处理过程的透明化：数据处理过程的透明化也是一个重要的发展趋势。企业和组织需要向用户和监管机构展示数据处理的过程和结果，以证明数据的合法性和公正性。这需要建立数据处理的审计机制和追溯系统，记录数据处理的每一个步骤和操作，确保数据处理过程的可追溯和可审计。

2.5.2 数据处理效率和效果的优化原则

以下是数据处理效率和效果的优化原则。

1. 做好数据预处理

（1）清理数据：去掉重复内容，处理缺失值，纠正错误数据，让数据更准确干净。
（2）标准化数据：对数值型数据统一尺度，对分类变量进行编码，方便后续处理。

2. 选对算法并优化

（1）合适算法：根据数据特点和目标选择算法，考虑算法的复杂程度，选效率高的。
（2）调整参数：针对算法调整参数，用交叉验证寻找最优参数组合。

3. 用好硬件和资源

（1）硬件升级：选高性能硬件，大规模数据可用分布式集群。
（2）合理分配资源：按任务优先级分配，优化内存管理。

4. 优化数据存储和访问

（1）选好存储格式：权衡存储大小、读写速度等选择合适格式，大规模数据用分布式存储。
（2）用好索引和缓存：建立索引加快查询，利用缓存提高访问速度。

5. 监控和评估

（1）性能监控：实时监测处理进度和资源使用等，及时发现问题。
（2）效果评估：用明确指标评估，对比不同方案选择最优。

2.5.3 优化数据采集、数据处理方法和流程

以下是关于不断优化数据采集和数据处理的方法。

1. 数据采集优化

（1）明确目标与需求。在进行数据采集之前，要明确采集数据的目的是什么，需要哪些具体的数据来支持分析和决策。例如，如果是为了了解市场趋势，就需要收集与市场规模、消费者行为、竞争对手等相关的数据。

根据目标和需求，制订详细的数据采集计划，确定采集的数据源、采集频率、数据格式等。

（2）选择合适的数据源。评估不同数据源的可靠性、准确性和时效性。例如，官方统计数据通常比较可靠，但可能更新不及时；社交媒体数据则时效性强，但数据质量可能参差不齐。

结合多种数据源，以获取更全面、准确的数据。例如，同时收集企业内部数据和外部市场数据，可以更好地了解企业的运营情况和市场环境。

（3）优化采集工具和技术。选择高效的数据采集工具，如网络爬虫、传感器、数据接

口等。确保采集工具能够稳定、快速地获取数据，并且能够适应不同的数据格式和数据源。

采用自动化采集技术，减少人工干预，提高采集效率。例如，设置定时任务自动采集数据，或者使用脚本自动处理采集到的数据。

（4）数据质量控制。在采集过程中，对数据进行初步的质量检查，如数据完整性、准确性、一致性等。对于不符合质量要求的数据，可以及时进行修正或重新采集。

建立数据质量评估机制，定期对采集到的数据进行质量评估，发现问题及时改进采集方法和流程。

2. 数据处理优化

（1）数据清洗。

去除重复数据，确保数据的唯一性。可以使用数据去重工具或算法，对数据进行快速筛选和去除重复项。

处理缺失值，根据数据的特点和分析需求，选择合适的方法填充缺失值，如均值填充、中位数填充、插值法等。

纠正错误数据，对数据中的错误进行识别和修正，如格式错误、数据类型错误、逻辑错误等。可以使用数据验证工具或编写脚本进行数据检查和修正。

（2）数据转换与标准化。

对数据进行格式转换，使其符合分析工具的要求。例如，将不同格式的日期数据转换为统一的格式，或者将文本数据转换为数值型数据。

进行数据标准化处理，使不同变量的数据具有相同的尺度和范围。常用的标准化方法有 z-score 标准化、Min-Max 标准化等。

（3）选择合适的分析方法和工具。

根据数据的特点和分析目标，选择合适的数据分析方法和工具。例如，对于大规模数据，可以选择分布式计算框架和机器学习算法；对于时间序列数据，可以使用时间序列分析工具。不断学习和掌握新的数据分析技术和工具，以提高数据处理的效率和准确性。

（4）性能优化。

优化数据处理算法，提高算法的执行效率。可以通过改进算法的时间复杂度和空间复杂度，减少数据处理的时间和资源消耗。

合理分配计算资源，根据数据处理任务的优先级和资源需求，动态调整计算资源的分配。例如，对于重要的任务可以分配更多的内存和 CPU 资源。

（5）结果验证与反馈。

对数据处理结果进行验证，确保结果的准确性和可靠性。可以使用多种方法进行结果验证，如交叉验证、对比分析等。

根据结果验证的反馈，不断改进数据采集和处理的方法与流程，提高数据质量和分析效果。

2.5.4 提高数据处理效率和质量的方法

以下是提高数据处理效率和质量的方法。

1．数据处理效率提升

（1）优化数据存储。选择合适的数据存储格式，如 CSV、JSON、Parquet 等，根据数据特点和处理需求权衡存储大小、读写速度与兼容性。对于大规模数据，可采用分布式文件系统或数据库，提高存储容量和访问效率。

（2）选用高效算法和工具。

根据数据类型和处理任务，选择时间复杂度低、执行速度快的算法。例如，对于大规模矩阵运算，可选用专门的线性代数库。

利用成熟的数据处理工具和框架，如 Hadoop、Spark 等，它们能在大规模数据上实现并行处理，提高效率。

（3）硬件升级与资源利用。

配备高性能硬件，如多核处理器、大容量内存和高速硬盘，以加快数据处理速度。对于大规模数据处理，可考虑使用分布式计算集群，充分利用多台计算机的资源。

（4）数据预处理。

在数据处理前进行数据清洗，去除重复数据、处理缺失值和纠正错误数据，减少后续处理中的问题。对数据进行标准化和归一化处理，使不同数据具有相同尺度，便于算法处理。

2．数据处理质量提高

（1）数据质量监控。在数据采集和处理过程中，建立数据质量监控机制，实时监测数据的完整性、准确性和一致性。对异常数据进行及时预警和处理，确保数据质量稳定。

（2）数据验证与审核。对处理后的数据进行验证，通过与已知标准或参考数据进行对比，确保数据的准确性。建立数据审核流程，由专业人员对重要数据进行审核，提高数据可信度。

（3）算法选择与调优。选择适合数据特点和处理目标的算法，避免因算法不恰当导致结果不准确。对算法进行参数调优，通过实验和评估找到最佳参数组合，提高算法性能和结果质量。

（4）数据可视化与解释。通过数据可视化工具将处理结果以直观的图表形式展示，便于发现数据中的规律和问题。对数据处理结果进行解释和说明，使决策者能够理解数据的含义和价值，提高数据的可用性。

2.6 数据处理与数据汇总（实训）

在人工智能训练师的职业生涯中，数据处理和数据汇总至关重要。它能将杂乱数据转化为有价值信息，为模型训练提供准确依据；去除错误冗余数据，提高质量；整合分散数据，展现趋势特征，是实现精准训练和有效决策的关键环节。

2.6.1 训练目标

⊙技能目标

1．能（会）熟练掌握 Excel 中数据筛选、排序、分类汇总等操作技巧，以高效完成手工处理与汇总任务。

2．能（会）运用 Python 的 openpyxl 库读取、处理和写入 Excel 数据，实现程序处理与汇总。

3．能（会）解决在处理与汇总过程中出现的数据格式错误、缺失值等问题。

⊙知识目标

1．掌握 Excel 中数据处理与汇总的原理和逻辑，包括函数的运用和各种数据结构的概念。

2．掌握 Python 中 openpyxl 库的基本语法和常用方法。

3．掌握数据处理与汇总在实际工作中的应用场景和重要性，以及如何根据不同需求选择合适的处理与汇总方式。

⊙职业素养目标

1．提高分析/解决生产实际问题的能力。

2．养成良好的思维和学习习惯。

3．保持积极的好奇心与求知欲，养成良好的团队合作精神。

4．提高职业技能和专业素养。

2.6.2　训练任务

本次训练任务专注于 Excel 数据的处理与汇总技巧，涵盖手工处理与汇总和程序处理与汇总两大部分。在手工处理与汇总方面，通过运用 Excel 的多样操作技能，培养对数据的直观操作能力；而在程序处理与汇总方面，则借助 Python 的 openpyxl 库，提升通过编程处理数据的能力。这两种训练方式旨在使参与者能够熟练掌握不同的数据处理与汇总方法，深入理解数据处理与汇总的基本原理和逻辑，从而在实际工作中有效应对数据处理与汇总的需求，提高工作效率和数据处理的准确性。通过这样的训练，参与者将增强在数据处理与汇总方面的专业技能。

2.6.3　知识准备

（1）在 Excel 中，如果要对多个工作表中的相同位置数据进行汇总，使用何种函数或操作可以实现？

（2）当使用 Python 的 openpyxl 库处理大型 Excel 文件（例如超过 10 万行数据）时，可能会遇到哪些性能问题，以及如何优化？

（3）假设在数据汇总过程中，部分数据需要根据复杂的条件（如同时满足多个不同列的特定条件）进行筛选和汇总，在 Excel 和 Python 中分别应如何实现？

2.6.4　训练活动

↕活动一：知识抽查

要求：

老师对学员知识准备情况进行抽查，具体抽查内容见知识准备的问题。

抽查方式：√口答　　□试卷　　□操作

老师要记录学员回答问题的情况，必要时做简单的讲解。

↕活动二：示范操作

内容一：通过 Excel 完成手工数据汇总。

案例背景：

假设有一家销售公司，有一份销售数据表格，包含了产品名称、销售地区、销售数量、销售单价、销售日期等信息。现在需要对这些数据进行筛选、排序、分类汇总，以了解不同产品在不同地区的销售情况。

步骤一：数据准备。打开 Excel 软件，新建一个工作表。将销售数据粘贴或输入到工作表中，确保每列数据的格式正确，并且列标题清晰明确。

步骤二：数据筛选。选中数据区域中的任意一个单元格。在"数据"选项卡中，点击"筛选"按钮。点击"产品名称"列的筛选箭头，选择需要筛选的产品，例如"手机"。点击"销售地区"列的筛选箭头，选择特定的销售地区，例如"华东地区"。

步骤三：数据排序。保持筛选后的结果，选中数据区域中的任意一个单元格。在"数据"选项卡中，点击"排序"按钮。在"排序"对话框中，选择"主要关键字"为"销售数量"，排序方式为"降序"。点击"添加条件"按钮，选择"次要关键字"为"销售单价"，排序方式为"升序"。点击"确定"按钮，完成排序。

步骤四：数据分类汇总。取消筛选状态，选中整个数据区域。在"数据"选项卡中，点击"分类汇总"按钮。在"分类汇总"对话框中，"分类字段"选择"产品名称"，"汇总方式"选择"求和"，"选定汇总项"勾选"销售数量"和"销售金额"。点击"确定"按钮，完成分类汇总。

内容二：使用 Python 的 openpyxl 库读取、处理和写入 Excel 数据。

案例背景：

有一个 Excel 文件，包含了学生的各科成绩，需要计算每个学生的总成绩并写入新的工作表中。

步骤一：准备工作。确保已经安装了 openpyxl 库。如果未安装，则可以使用以下命令通过 pip 安装：

```
pip install openpyxl
创建一个Python文件，例如excel_processing.py
```

步骤二：导入所需的库。

在 Python 文件的开头，导入 openpyxl 库：

```
from openpyxl import load_workbook, Workbook
```

步骤三：读取 Excel 文件。

（1）使用 load_workbook 函数读取 Excel 文件：

```
workbook = load_workbook('students_scores.xlsx')
```

（2）获取要操作的工作表：

```
sheet = workbook.active
```

步骤四：处理数据。

（1）获取标题行和数据行：

```
headers = [cell.value for cell in sheet[1]]
data_rows = list(sheet.iter_rows(min_row=2, values_only=True))
```

（2）计算每个学生的总成绩：

```
total_scores = []
for row in data_rows:
    student_name = row[0]
    scores = row[1:]
    total_score = sum(scores)
    total_scores.append((student_name, total_score))
```

步骤五：写入新的 Excel 文件。

（1）创建一个新的工作簿：

```
new_workbook = Workbook()
new_sheet = new_workbook.active
```

（2）写入标题行和计算后的总成绩数据：

```
new_sheet.append(headers + ['总成绩'])
for student_name, total_score in total_scores:
    new_sheet.append([student_name] + [total_score])
```

（3）保存新的 Excel 文件：

```
new_workbook.save('students_total_scores.xlsx')
```

内容三：使用 pandas 库实现 Excel 数据汇总。

案例背景：

假设有一个销售数据的 Excel 文件 sales_data.xlsx，包含列 Product（产品）、Region（地区）、Quantity（数量）、Price（价格）和 Date（日期）。我们想要筛选出特定地区（例如华东和华南）在特定时间段（例如 2024 年 1 月 1 日至 2024 年 6 月 30 日）内销售数量大于 100 的产品，并计算每个产品的总销售额。

步骤一：导入所需的库。

```
import pandas as pd
import datetime
```

步骤二：读取 Excel 文件。

```
data = pd.read_excel('sales_data.xlsx')
```

步骤三：筛选特定地区和时间段的数据。

```
start_date = datetime.date(2024, 1, 1)
end_date = datetime.date(2024, 6, 30)

filtered_data = data[(data['Region'].isin(['华东', '华南'])) & (data
['Date'] >= start_date) & (data['Date'] <= end_date) & (data['Quantity'] > 100)]
```

步骤四：计算每个产品的总销售额（数量*价格）。

```
filtered_data['Total_Sales'] = filtered_data['Quantity'] * filtered_
data['Price']
```

步骤五：按产品进行汇总计算总销售额。

```
summary_data = filtered_data.groupby('Product')['Total_Sales'].sum()
print(summary_data)
```

内容四：使用 Python 实现对数据的重组。

案例背景：

某大学新建专业需采购一批专业实训设备，专业负责人针对各实训机房配置设备并以
Excel 表格提交至采购中心。采购中心要求按不同分类打包，如基础配套设备、AI 实训设
备、电子通信实验室核心设备等。数据量大时，手工操作易出错，需采用程序方法解决。
作者在编写程序时虽基于大模型辅助编程进行改写，但大模型生成的程序难以一次性顺利
实现数据重组。此时，掌握一定基础知识、具备较强编程能力尤为重要。

步骤一：对原始数据进行简单处理。如图 2-5 所示，原始 Excel 数据文件有 8 个工作
表，其中第一个为汇总数据可暂不考虑，另外 7 个工作表是针对不同类型实训室的采购清
单。采购中心希望按不同设备类型打包，如将不同机房的教学电脑、高端电脑等分别打包。
为此，需先进行基本处理，在第二个至第七个工作表的每张工作表中，设置设备类型（J
列）和倍数（K 列）。若有两间实训机房，则倍数设为 2，且只需填写一遍。如图 2-6 所示
为简单处理后的结果。

图 2-5　原始数据

序号	设备名称	详细参数	单位	数量	单价	总价	备注		设备类型	倍数
1	讨论机房教学电脑	Intel酷睿i7（六核3.0GHz）/Q670主板芯片组/16GB-DDR4内存/256GB SSD+1TB硬盘/集成显卡/180W电源/USB键鼠/Win11 home/5年上门保修	套	44	6000.00	264000.00	包安装调试		教学电脑	2
2	多媒体网络教室软件	1、教师机：屏幕录制、全屏广播、窗口广播、语音广播、网络影院、视频…	套	1	2500.00	2500.00			基础配套设备	
3	触控协作终端	1、整机采用一体化设计、集成触摸显示屏、扬声器等部件，采用全功率…	台	2	25000.00	50000.00			基础配套设备	
4	中控	1、机柜式终端，标准1U机架式设计，适合安装于各类型机柜之中。内置定制LINUX操作系统，支持第三方平台对接。2、内置视频广播硬解码模块，需实现主机接收到视频信号后自动开启大屏/投影教学设备，实现无人值守智能化视频广播功能，视频广播需支持…	台	1	11000.00	11000.00			基础配套设备	
5	触控面板	1、外壳采用工程塑料一次成型，具备高分辨率7英寸工业触摸屏，支持…	个	1	3200.00	3200.00			基础配套设备	
6	灯光控制模块	1、标准触摸86型开关面板，需通过无线方式与智能融合终端系统连接。2、需通过平台软件远程控制用电设备，及检测用电设备使用情况。	个	2	600.00	1200.00			基础配套设备	
7	电源控制器	1、壁挂式安装，需通过无线或有线（RS-232）两种方式与智能融合终端系统连接。2、需通过平台软件远程控制用电设备，及检测用电设备使用情况。3、内置能耗计量芯片，可实时检测用电设备运行状态并上报能耗数据。	台	4	800.00	3200.00			基础配套设备	
8	电源时序器	28.1、电源：AC 110V/AC 220V 28.2、总容量：Maximal 50A 28.3、输出：Channel 1~12 16A 万…	台	1	2500.00	2500.00			基础配套设备	
9	光能书写板	1、外形尺寸（mm）：长 1290Y 高原触控协作终端配套。	块	1	5000.00	5000.00			基础配套设备	
10	白板软件	1、支持通过数字账号、微信二维码硬件扫码方式登录教师个人账号。	套	1	4500.00	4500.00			基础配套设备	
11	机柜	1米机柜，前后网门	台	1	1300.00	1300.00			基础配套设备	
12	网络电子时钟	1、一体化外观设计，采用TFT LCD显示屏、显示分辨率为：2560x800，包…	个	1	2500.00	2500.00			基础配套设备	
13	交换机	1、★交换容量≥336Gbps，包…	台	3	2900.00	8700.00			基础配套设备	

图 2-6　对原始数据做设备类型分类及添加倍数

步骤二：梳理数据处理与汇总流程。数据处理与汇总的流程可以分为以下几个小步骤。

（1）读取 Excel 文件。使用 pandas 库的 ExcelFile 函数读取指定路径下的 Excel 文件"用于统计的基础信息.xlsx"。

（2）初始化数据存储结构。创建一个空字典 data_dict，用于存储每个设备类型的数据。

（3）遍历工作表。遍历 Excel 文件中的所有工作表（跳过第一个汇总表），从第二个工作表开始处理。

（4）读取和处理每个工作表的数据。对于每个工作表，读取其数据到 DataFrame 对象 df 中。

尝试读取 K 列（第 11 列）第二行的"倍数"，如果读取成功，则将其转换为数值类型；如果失败，则将"倍数"默认为 1。

（5）数据聚合。遍历工作表中的每一行数据，对于每一行，检查"设备类型"是否已存在于 data_dict 中，如果不存在，则在 data_dict 中为该设备类型创建一个新的 DataFrame。

对于每个设备，如果"设备名称"已存在于 data_dict 中，则累加该设备的数量和总价；如果不存在，则添加新行。

（6）保存重组后的数据。使用 ExcelWriter 将 data_dict 中的数据写入新的 Excel 文件"重组后的数据.xlsx"，每个设备类型对应一个工作表。

（7）读取重组后的数据并计算总价。

再次使用 ExcelFile 读取刚刚保存的"重组后的数据.xlsx"文件。

使用 ExcelWriter 创建一个新的 Excel 文件"重组后的数据（总价累加）.xlsx"用于保存带有总价的工作表。

遍历每个工作表，如果工作表中存在"总价"列，则计算该列的总和，并在工作表末尾添加一行包含总价的 DataFrame。

（8）输出完成信息。

打印一条消息，通知用户数据重组已完成，并将结果保存到"重组后的数据（总价累加）.xlsx"文件中。

整个程序的目的是将一个包含多个工作表的 Excel 文件中的数据按设备类型重组，并计算每个设备类型的总价，然后将结果保存到新的 Excel 文件中。

步骤三：程序调试与运行。代码如下：

```python
import pandas as pd

# 读取Excel文件
file_path = '用于统计的基础信息.xlsx'
xls = pd.ExcelFile(file_path)

# 创建一个字典来存储每个设备类型的数据
data_dict = {}

# 遍历每个工作表（跳过第一个汇总表）
for sheet_name in xls.sheet_names[1:]:
    df = pd.read_excel(xls, sheet_name=sheet_name)

    # 尝试读取K列第二行的"倍数"，"倍数"在第11列（索引10）
    try:
        # 打印当前工作表的前几行，以确认数据结构
        print(f"工作表 '{sheet_name}' 的前几行数据：")
        print(df.head())

        # 先以字符串形式读取
        multiple_str = df.iloc[0, 10]
        multiple = pd.to_numeric(multiple_str, errors='coerce')  # 尝试转
换为数值类型
        print(multiple)
    except ValueError:
        # print(f"工作表 {sheet_name} 的K列第二行没有有效的倍数。")
        multiple = 1  # 如果没有有效的倍数，则默认为1

    # 确保数据类型正确
    df['设备类型'] = df['设备类型'].astype(str)
    df['设备名称'] = df['设备名称'].astype(str)

    # 遍历每一行数据
    for index, row in df.iterrows():
        device_type = str(row['设备类型'])  # 确保设备类型是字符串
        device_name = str(row['设备名称'])  # 确保设备名称是字符串

        # 如果设备类型不在字典中，则添加它
        if device_type not in data_dict:
            data_dict[device_type] = pd.DataFrame(
                columns=['序号', '设备名称', '详细参数', '单位', '数量', '单价
', '总价'])
```

```
            # 如果设备名称已存在，则累加数量和总价
            if device_name in data_dict[device_type]['设备名称'].values:
                data_dict[device_type].loc[data_dict[device_type]['设备名称']
== device_name, '数量'] += row['数量']*multiple
                data_dict[device_type].loc[data_dict[device_type]['设备名称']
== device_name, '总价'] += row['总价']*multiple
            else:
                # 否则，添加新行
                new_row = pd.DataFrame({
                    '序号': [len(data_dict[device_type]) + 1],
                    '设备名称': [device_name],
                    '详细参数': [row['详细参数']],
                    '单位': [row['单位']],
                    '数量': [row['数量']*multiple],
                    '单价': [row['单价']],
                    '总价': [row['总价']*multiple]
                })
                data_dict[device_type] = pd.concat([data_dict[device_type],
new_row], ignore_index=True)

    # 将重组后的数据保存到新的Excel文件
    with pd.ExcelWriter('重组后的数据.xlsx', engine='openpyxl') as writer:
        for device_type, data in data_dict.items():
            # 确保工作表名称不为空且不超过31个字符
            sheet_name = str(device_type)[:31]
            data.to_excel(writer, sheet_name=sheet_name, index=False)

    # 使用pandas读取Excel文件
    xls = pd.ExcelFile('重组后的数据.xlsx')
    # 创建一个Excel写入器，用于将所有修改后的工作表保存到一个文件中
    output_file_path = '重组后的数据（总价累加）.xlsx'  # 输出文件的路径

    # 使用with语句确保ExcelWriter在结束时自动保存文件
    with pd.ExcelWriter(output_file_path, engine='openpyxl') as writer:
        # 遍历每个工作表
        for sheet_name in xls.sheet_names:
            # 读取当前工作表
            df = pd.read_excel(xls, sheet_name=sheet_name)
            # 在这里处理每个工作表的数据
            # 检查是否存在'总价'列
            if '总价' in df.columns:
                # 计算总价列的总和
                total_sum = df['总价'].sum()

                # 创建一个包含总和的DataFrame
                total_row = pd.DataFrame({'Total Price': [total_sum]},
index=[len(df)])

                # 将总和行添加到工作表的最后一行
                df = pd.concat([df, total_row])
                # 将修改后的工作表保存到写入器中
```

```
            df.to_excel(writer, sheet_name=sheet_name, index=False)

    print("数据重组完成，结果已保存到 '重组后的数据（总价累加）.xlsx'")
```

图 2-7 是调试通过后的程序的运行结果，其中 4.0 是倍数。

```
重组设备数据
1.0
工作表 'AI实训设备4间' 的前几行数据：
    序号          设备名称  ...   设备类型   倍数
0  1.0  人工智能自动驾驶小车组件包  ...  AI实训设备  4.0
1  2.0          小车跑道  ...  AI实训设备  NaN
2  3.0           障碍物  ...  AI实训设备  NaN
3  4.0           充电器  ...  AI实训设备  NaN
4  5.0           分道线  ...  AI实训设备  NaN

[5 rows x 11 columns]
4.0
数据重组完成，结果已保存到 '重组后的数据（总价累加）.xlsx'
```

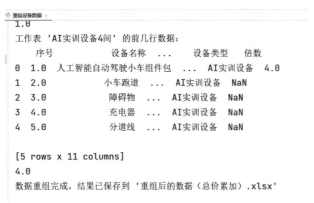

图 2-7　程序的运行结果

图 2-8 是程序执行后输出的新数据表格，从该图可以看到，在忽略了“nan”工作表后，实训机房的采购设备被分成了 4 个包，当前显示的是教学电脑采购包的情况。

序号	设备名称	详细参数	单位	数量	单价	总价	Total Price
1	讨论机房教学电脑	Intel酷睿i7（六核3.(	套	88	6000	528000	
2	普通机房教学电脑	Intel酷睿i7（六核3.(	套	528	6000	3168000	
3	硬件机房电脑	内存容量：16GB及以上	台	66	6000	396000	
							4092000

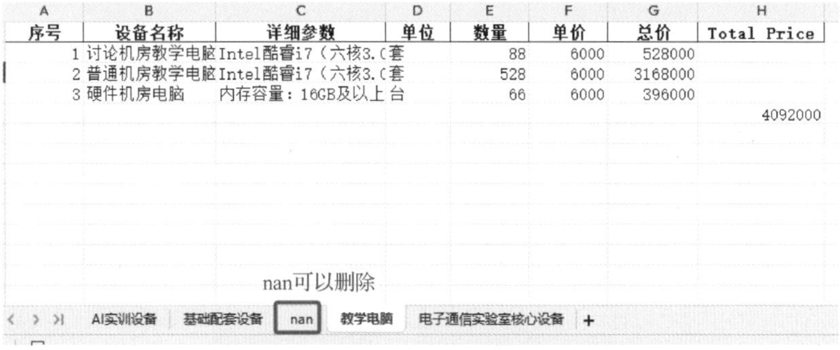

图 2-8　程序执行后输出的新数据表格

♁活动三　根据所讲述和示范案例，完成下面任务。

内容：数据汇总实操题。

实操题 1：

有一个 Excel 文件，其中包含了员工的基本信息（姓名、部门、职位、工资）。请使用 Excel 的操作技巧，完成以下任务：

（1）筛选出工资大于 8000 元且职位为经理的员工信息。

（2）对筛选后的结果按照工资从高到低进行排序。

（3）将排序后的结果复制到一个新的工作表中，并命名为“高薪经理”。

实操题 2：

给定一个包含学生考试成绩（科目、分数、学生姓名）的 Excel 文件，使用 Python 的 openpyxl 库完成以下操作：

（1）读取 Excel 文件，找出数学和英语成绩都大于 85 分的学生。

（2）将这些学生的姓名和平均成绩（所有科目的平均分）写入一个新的 Excel 文件中。

2.6.5 过程考核

表 2-2 所示为《数据处理与汇总》训练过程考核表。

表 2-2 《数据处理与汇总》训练过程考核表

姓名		学员证号			日期	年 月 日	
类别	项目	考核内容	得分	总分	评分标准		教师签名
理论	知识准备（100分）	1. 在 Excel 中，如果要对多个工作表中的相同位置数据进行汇总，使用何种函数或操作可以实现？（20分）			根据完成情况打分		
		2. 当使用 Python 的 openpyxl 库处理大型 Excel 文件（例如超过 10 万行数据）时，可能会遇到哪些性能问题，以及如何优化？（30分）					
		3. 假设在数据汇总过程中，部分数据需要根据复杂的条件（如同时满足多个不同列的特定条件）进行筛选和汇总，在 Excel 和 Python 中分别应如何实现？（30分）					
实操	技能目标（60分）	1. 能（会）熟练掌握 Excel 中数据筛选、排序、分类汇总等操作技巧，以高效完成手工汇总任务（30分）	会□/不会□		1. 单项技能目标"会"该项得满分，"不会"该项不得分		
		2. 能（会）运用 Python 的 openpyxl 库读取、处理和写入 Excel 数据，实现程序汇总（10分）	会□/不会□		2. 全部技能目标均为"会"记为"完成"，否则，记为"未完成"		
		3. 能（会）解决在汇总过程中出现的数据格式错误、缺失值等问题（20分）	会□/不会□				
		任务完成情况	完成□/未完成□				
	任务完成质量（40分）	1. 工艺或操作熟练程度（20分）			1. 任务"未完成"此项不得分		
		2. 工作效率或完成仼务速度（20分）			2. 任务"完成"，根据完成情况打分		
	安全文明操作	1. 安全生产 2. 职业道德 3. 职业规范			1. 违反考场纪律，视情况扣 20～45 分 2. 发生设备安全事故，扣 45 分 3. 发生人身安全事故，扣 50 分 4. 实训结束后未整理实训现场扣 5～10 分		
评分说明							
备注		1. 评分表原则上不能出现涂改现象，若出现则必须在涂改之处签字确认 2. 每次考核结束后，及时上交本过程考核表					

2.6.6　参考资料

1. 多个工作表相同位置数据汇总

要解决在 Excel 中对多个工作表相同位置数据进行汇总的问题，可以使用以下方法。

方法一：使用 SUM 函数结合引用多个工作表。

假设要将"Sheet1""Sheet2""Sheet3"等多个工作表中相同位置（例如 A1 单元格）的数据汇总到"汇总表"的 A1 单元格。

（1）确认各表格中的产品种类顺序是一致的。若不一致，则需要调整使其保持一致。

（2）在"汇总表"的 A1 单元格中输入公式：=SUM(Sheet1:Sheet3!A1)。这里的"Sheet1:Sheet3"表示从"Sheet1"到"Sheet3"的所有工作表，如果有更多工作表，可以相应地扩展这个范围，如"Sheet1:Sheet10"。"!A1"表示指定工作表中的 A1 单元格。输入完公式后，按回车键确认。

（3）通过自动填充功能，将 A1 单元格的公式向下和向右拖动，以应用到其他需要汇总的单元格，这样就可以完成多个工作表相同位置数据的汇总。

方法二：使用合并计算功能。

（1）点击"数据"选项卡。

（2）在数据工具栏中找到"合并计算"功能。

（3）在合并计算窗口中，将函数设置为"求和"。

（4）点击"引用位置"旁边的箭头，然后依次选择需要汇总的工作表及其相应的数据区域。

（5）勾选"最左列"（如果数据区域包含标题行且标题行的内容相同）。

（6）点击"确定"按钮，即可完成多个工作表相同位置数据的汇总。

这些方法可以帮助你在 Excel 中实现多个工作表相同位置数据的快速汇总。具体使用哪种方法，可以根据你的 Excel 版本、数据结构和个人偏好来决定。同时，处理大型 Excel 文件或复杂的数据汇总时，可能需要注意文件的性能和计算时间，避免出现卡顿或运行缓慢的情况。以下是一些优化 Excel 文件性能的建议。

● 数据分析与清洗：删除不必要的数据和格式，确保数据的准确性和一致性。

● 分割文件：如果文件过大，则可以考虑将其分割成多个较小的文件，以提高处理和加载速度。可以根据数据的逻辑关系或者时间范围进行分割。

● 禁用自动计算：在处理大型文件时，则可以禁用自动计算功能，只在需要时手动计算，以减少计算的时间和资源消耗。

● 使用数据透视表：数据透视表是 Excel 中强大的数据分析工具，可以对大量数据进行汇总和分析，提供更直观的数据展示和分析结果。

● 避免引用整列/行数据：在公式中尽量明确指定使用的数据范围，而不是引用整列或整行，以减少计算量。

● 大文件保存为 xlsb 格式：xlsb 格式是 Excel 二进制文件，计算机可以直接识别，省略了转换步骤，能让读取速度更流畅。

2．Python 的 openpyxl 库简介

openpyxl 是一个用于读写 Excel xlsx/xlsm/xltx/xltm 文件的 Python 库。它提供了一系列的类和方法，使得在 Python 中操作 Excel 文件变得相对简单和直观。

使用 openpyxl 库处理大型 Excel 文件时，可能会遇到以下性能问题。

（1）内存消耗：读取和处理大型 Excel 文件可能会消耗大量的内存，特别是当文件包含大量的数据和复杂的格式时。

（2）读取和写入时间：处理大型文件可能需要较长的时间来读取数据、进行计算和写入结果。

（3）计算复杂度：某些复杂的操作或大量的计算可能会导致性能下降。

为了优化性能，可以采取以下措施。

（1）分批处理数据：不是一次性读取整个文件，而是分批次读取和处理数据，减少内存占用。

（2）只读取和处理需要的部分：避免读取和操作不需要的行、列或工作表。

（3）简化数据结构：在处理数据时，尽量使用简单的数据结构来存储和操作数据，避免复杂的数据类型。

（4）优化计算逻辑：检查和优化处理数据的算法和逻辑，减少不必要的计算。

（5）关闭文件及时释放资源：在完成操作后及时关闭文件，释放相关资源。

（6）考虑使用其他库或工具：根据具体需求，可能有更适合处理大型 Excel 文件的库或工具，如 pandas 结合 xlrd/xlwt 等。

3．根据复杂条件做筛选和汇总的思路

在 Excel 中，可以使用"高级筛选"功能来根据复杂条件筛选数据，并使用"分类汇总"或"数据透视表"功能来汇总数据。以下是具体步骤。

（1）高级筛选。

① 在数据区域外的空白单元格中，输入筛选条件。例如，如果要筛选"成交金额大于 300 元小于 500 元的数据"，可以在一个单元格中输入"成交金额"，在其下方的单元格中输入">300"，再在下方的单元格中输入"<500"。

② 选择数据区域，包括列标题。

③ 在"数据"选项卡中，点击"高级"按钮。

④ 在"高级筛选"对话框中，选择"将筛选结果复制到其他位置"。

⑤ 选择"列表区域"为数据区域。

⑥ 选择"条件区域"为步骤①中输入的筛选条件。

⑦ 选择"复制到"为目标区域的左上角单元格。

⑧ 点击"确定"按钮。

（2）分类汇总。

① 选择数据区域。

② 在"数据"选项卡中，点击"分类汇总"按钮。

③ 在"分类汇总"对话框中，选择要汇总的列和汇总方式（如求和、计数等）。

④ 点击"确定"按钮。

（3）数据透视表。

① 选择数据区域。

② 在"插入"选项卡中，点击"数据透视表"按钮。

③ 在打开的"创建数据透视表"对话框中，选择要放置数据透视表的位置。

④ 在"数据透视表字段列表"中，将需要的字段拖放到相应的区域（如行、列、值等）。

在 Python 中，可以使用 pandas 库来根据复杂条件筛选和汇总数据。pandas 是 Python 的核心数据分析支持库，在前面的任务中我们已经接触过它，它提供了快速、灵活、明确的数据结构，旨在简单、直观地处理关系型、标记型数据。以下是一个示例代码，演示如何使用 pandas 进行多条件筛选和汇总求和：

```python
import pandas as pd
# 创建示例数据
data = {'成交金额': [100, 200, 300, 400, 500],
        '利润': [50, 60, 70, 80, 90]}
df = pd.DataFrame(data)

# 多条件筛选
filtered_df = df[(df['成交金额'] > 250) & (df['利润'] < 80)]

# 汇总求和
summary_df = filtered_df.groupby('成交金额')['利润'].sum()
print(summary_df)
```

在上述代码中，首先创建了一个示例数据 DataFrame 对象 df，然后使用 loc 函数根据多个条件筛选数据，得到筛选后的 DataFrame 对象 filtered_df，最后使用 groupby 函数和 sum 函数对筛选后的数据进行汇总求和，得到汇总后的 DataFrame 对象 summary_df。

请注意，以上只是一个简单的示例，实际应用中可能需要根据具体情况进行更多的条件判断和数据处理。

2.7 复习题

2.7.1 单选题

1. 以下哪种不属于内部业务系统数据采集的常用方法？（　　）。

　　A. 直接从数据库中提取数据　　　　　B. 通过系统自带的导出功能生成数据文件

　　C. 人工手动抄写屏幕上的数据　　　　D. 利用系统提供的 API 接口获取数据

2. 在业务数据采集的质量控制标准中，以下关于数据一致性的描述，正确的是（　　）。

　　A. 数据一致性是指采集的数据格式都必须相同，如全部为文本格式

　　B. 数据一致性意味着同一指标在不同数据源中的数据值完全相同，且数据更新时间相同

　　C. 数据一致性仅要求数据的单位保持一致，如金额数据统一为人民币单位

　　D. 数据一致性是指数据在逻辑关系上不相互矛盾，如客户的收货地址与配送记录中的地址相符

3. 在使用 MoviePy 同时进行视频和音频数据采集程序的实现中，以下哪种多线程相关操作是保障视频和音频同步采集的重要手段？（　　）。

　　A. 分别为视频采集和音频采集分配独立线程，且不做任何协调

　　B. 在同一线程中先采集视频，再采集音频

C. 为视频采集和音频采集分配独立线程，并通过共享变量来协调它们的开始和结束时间

D. 只使用一个线程，让视频和音频采集任务交替执行

2.7.2 多选题

1. 在数据清洗过程中，以下关于准确性、完整性、一致性和有效性原则的说法正确的有（   ）。

A. 准确性原则要求数据能正确反映所描述的业务对象或事件，对于数值型数据，可以通过检查数据的范围是否合理来部分验证准确性

B. 完整性原则不仅包括数据记录的完整，还包括数据字段的完整，如在客户信息表中，所有客户记录都应有联系方式字段且非空

C. 一致性原则主要体现在同一数据集内部数据格式一致，例如，日期格式在整个数据集中都必须是"YYYY-MM-DD"这种格式

D. 有效性原则是指数据符合预先定义的规则和约束，如年龄字段的值不能为负数，且数据类型正确（如整数型年龄字段不能出现字符型数据）

E. 若一个数据集部分数据不符合完整性原则，根据一致性原则，可以将这部分数据统一修改为符合完整性的固定值（如缺失值全部填充为0），这种操作不会违反任何清洗原则

2. 以下关于数据汇总方法的说法中，正确的有（   ）。

A. 使用电子表格软件（如Excel、WPS表格）进行数据汇总时，函数（如SUM、COUNT、AVERAGE）是实现简单统计汇总的有效方式，且可以通过数据透视表功能对复杂数据结构进行多维度汇总

B. 在使用数据库查询语言（如SQL）进行数据汇总时，GROUP BY子句可以根据一个或多个列对数据进行分组汇总，并且可以和聚合函数（如SUM、MAX、MIN）一起使用来计算每组的汇总值

C. 专门的数据分析工具（如Python中的pandas库）进行数据汇总时，groupby方法类似于SQL中的GROUP BY子句，用于分组汇总，但不能像SQL一样直接在数据库中执行，而是在内存中对数据进行处理

D. 当使用电子表格软件汇总数据时，如果数据量过大（例如百万行以上），电子表格软件的性能可能会下降，此时更适合使用数据库查询语言或者分布式数据处理工具来进行汇总

E. 无论使用哪种数据汇总方法，数据的准确性完全取决于原始数据的质量，与汇总方法本身无关，所以在汇总之前不需要对原始数据进行任何检查

3. 以下关于数据质量评估方法的说法中，正确的有（   ）。

A. 数据抽样评估数据质量时，分层抽样可以使样本更具代表性，例如，在评估客户数据质量时，可按客户类型（如个人客户、企业客户）分层抽取样本

B. 数据对比方法不仅可以用于对比同一数据在不同时间点的差异，还可以对比不同数据源之间同一指标的数据差异，以评估数据的准确性和一致性

C. 数据可视化在数据质量评估中主要用于直观展示数据质量问题，如通过柱状图展示数据缺失值的比例，箱线图展示数据的异常值分布情况

D. 当使用数据抽样方法时，如果样本量过小，则可能会导致评估结果不准确，但样本量越大，评估结果就越精确，所以应该尽可能抽取大量样本进行评估

E. 在数据对比过程中，若发现两个数据源对于同一指标的数据存在较大差异，这一定意味着至少有一个数据源的数据质量存在问题

第 3 章

数据标注

在人工智能训练师相关知识中，第 3 章的核心聚焦于数据标注。这包括对原始数据进行清洗与标注，还要对标注后的数据展开分类与统计、归类与定义工作。除此之外，数据审核也是重要环节，需检查数据是否准确、完整，并进行其他筛选操作。要知道，数据标注在整个流程里至关重要，因为只有经过标注的数据，才可以成为监督学习所需的数据。在监督学习中，标注数据为模型训练提供了明确的指导，能让模型依据标注信息学习数据特征和规律，从而更好地完成后续的预测等任务。大家在学习过程中要重点掌握数据标注的方法和流程，深入理解其对于监督学习的意义，后续学习和实践中也要严格遵循规范的操作步骤，保证数据质量。

3.1 原始数据清洗与标注

⊙知识目标

1. 掌握数据清洗和标注的基本原则与方法。
2. 理解数据标注的重要性和作用。

3.1.1 数据清洗的基本原则和方法

原始数据包含多种类型，如文本类型、图像类型、视频类型、声音类型，此外还有数值类型、时间序列类型等。在对原始数据进行标注之前，都需要开展数据清洗工作。尽管数据类型丰富多样，但清洗数据的原则与方法存在相通之处。这些原则和方法是保证数据质量，为后续标注和分析等操作提供可靠数据基础的关键所在。

1. 数据清洗的基本原则

通过第 2 章的学习，我们已经知道数据清洗是通过检查数据的完整性、一致性和准确性，去除数据中的噪声、错误和不一致性。

2. 数据清洗的方法

下面我们结合案例加以阐述其具体操作方法。

（1）数据审核。数据审核是数据清洗的初步步骤，目的是识别原始数据集中的问题。这包括检查数据的完整性、一致性和准确性。例如，假设我们有一个客户信息表，其中包含客户的姓名、电话号码和电子邮件地址。在数据审核过程中，我们可能会发现以下问题：

● 某些记录的电话号码字段为空，这意味着我们无法联系这些客户。

● 某些记录的电子邮件地址格式不正确，如"example@.com"（域名部分缺少域名类型前的内容）或"example@abc"（没有域名类型后缀）。

● 某些记录的姓名字段中包含数字或特殊字符，这可能是数据输入错误。

为了解决这些问题，我们需要对数据进行进一步的清洗。

（2）删除重复值。

在数据集中，重复的记录可能会导致数据分析结果存在偏差。例如，在一个销售数据集中，我们可能会发现同一客户在同一天购买了同一产品多次，但实际上这可能是由于数据重复录入造成的错误。为了确保数据的准确性，我们需要识别并删除这些重复的记录。当需要删除重复记录时，若数据量庞大，切勿依赖手工操作。因为手工操作存在诸多弊端，其效率低下，且结果不一定可靠。在这种情况下，必须运用软件方法来解决删除重复记录的问题。在实际操作中，我们可以使用数据处理软件或编程语言（如 Python 的 pandas 库）来自动识别和删除重复项。

（3）处理缺失值。缺失值是数据集中常见的问题，它们会影响数据分析的结果。处理缺失值的方法有很多，包括删除含有缺失值的记录或填充缺失值。以医疗记录为例，如果患者的身高数据缺失，我们就可以选择用该年龄段的平均身高来填充这个缺失值，这样就不会丢失这个患者的其他重要信息。另一种方法是，如果缺失值的数量不多，我们就可以选择删除这些记录，以保证数据集的完整性。

（4）修正错误。数据中的错误可能包括拼写错误、逻辑错误、数据一致性错误等。以员工信息表为例，如果员工的职务被错误地拼写为"Manger"而不是"Manager"，这不仅会影响数据的可读性，还可能影响数据分析的准确性。在这种情况下，我们可以通过设置拼写检查规则或进行人工审核来识别并修正这些错误。例如，我们可以编写一个脚本来自动检测常见的拼写错误，并提出修正建议。逻辑错误表现为数据间的关系不符合实际逻辑。例如，在记录一个人的出生年月和入学时间时，如果出生年月是 2010 年，入学时间是 2008 年，这就出现了逻辑矛盾。数据一致性错误指在关联数据中，相关数据不一致。例如，在订单数据里，订单金额和订单明细计算出来的金额不相符。

（5）处理异常值。异常值是指在数据集中与其他值显著不同的数据点。处理异常值对数据分析的准确性至关重要。以气温记录为例，如果在一个气温数据集中，大部分日子的气温都在 20℃至 30℃之间，但有一天的记录显示为 50℃，这显然不符合常理，可能是由于测量错误或数据录入错误造成的。在这种情况下，我们需要进一步调查这个异常值的来源，并决定是删除这个数据点，还是将其修正为一个合理的值。必须明确的是，异常值并不一定等同于错误值。例如，在学科竞赛中，满分为 100 分，大部分同学的成绩在 30～40 分，然而存在个别同学能取得 90 多分。此处的 90 多分属于异常值，但不是错误值，在这种情境下，它不能被当作错误值来看待。这种情况表明我们在判断数据时，不能简单地将异常值认定为错误值，要根据数据的产生背景和实际意义来综合判断。但数据超出了规定范围则必然是一个数据范围错误。例如，在记录学生成绩时，出现了 1000 分这样超出 0～

100 分规定范围的数据。

（6）数据格式化。数据格式化是指将数据转换为统一的格式和结构，以便于统一分析和处理。数据格式化问题主要包含数据格式化错误和数据格式化不一致这两种情形。例如，在要求输入日期格式为"年-月-日"（如2024-10-03）的系统中，如果用户输入了"10-03-2024"，这种不符合既定格式要求的输入就属于数据格式化错误。数据格式化不一致的情形，例如，如果我们有一个包含多个国家数据的日期字段，日期格式可能因国家而异，如"YYYY/MM/DD"、"MM/DD/YYYY"等。为了统一这些数据，我们需要将所有日期格式转换为一种标准格式，如"YYYY-MM-DD"。这样，无论是在数据分析还是数据存储时，都能保证数据的一致性和可比性。

（7）数据完整性校验。数据完整性校验是确保数据集中的记录是完整和准确的。例如，在库存数据中，我们可能会对比产品的库存数量与实际盘点的数量。如果发现某个产品的库存数量与实际盘点的数量不一致，这可能表明数据完整性存在问题。在这种情况下，我们需要进一步调查并修正这些不一致，以确保数据的准确性。

以上主要关注的是文本数据清洗。而视觉数据清洗有其独特的关注点。视觉数据通常以图像或视频的形式存在。

首先，要处理图像或视频中的噪声，这些噪声可能是在采集过程中由于设备问题或环境干扰产生的，如图片中的椒盐噪声、高斯噪声等，可通过滤波算法来减轻其影响。对于图像的分辨率问题，如果分辨率过高或过低影响后续处理，可能需要进行调整，包括下采样或上采样操作。下采样是降低图像分辨率的过程。以数字图像为例，若原始图像具有较高的像素数量，下采样操作可减少其像素总数。例如，原始图像尺寸为 $M \times N$ 像素，通过特定的下采样算法可将其转换为 $(M/k) \times (N/k)(k>1)$ 的图像。下采样通常通过对像素的合并来实现，常见的方法包括均值下采样、最大下采样等。均值下采样是将相邻的多个像素的值取平均后合并为一个新像素，如在 2×2 的像素块中，新像素的值为这四个像素值的平均值。最大下采样则是选取 2×2 像素块中的最大值作为新像素的值。下采样在减少数据量方面具有重要意义，当在某些对图像细节要求不高的场景中，例如，图像的快速浏览、图像数据在网络传输且带宽有限时，下采样能够有效降低数据传输量和存储需求。上采样是提升图像分辨率的操作，如图 3-1 所示。当原始图像分辨率较低，需要增加其像素数量以满足特定需求时使用。比如，将一个小尺寸的低分辨率图像放大显示在高分辨率的显示设备上。上采样通过特定算法在原始像素间插入新的像素。一种简单的方法是基于临近像素插值，即根据原始图像中周围像素的值来确定新插入像素的值。然而，这种方法存在一定局限性，由于新像素是通过估计生成的，可能导致图像在视觉上出现模糊或不自然的现象，因为新生成的像素并非原始图像真实的细节信息。在高质量的图像放大处理中，会使用更复杂的算法来尽量减少这种视觉上的缺陷，以提高上采样后图像的质量。

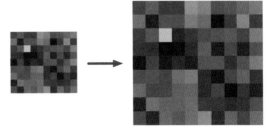

图 3-1　上采样示例

在色彩方面，视觉数据可能存在色彩偏差，这时需要校准操作来清洗，使图像色彩符合真实情况或统一标准。在视觉数据中，也可能存在图像的部分缺失、损坏情况，比如图像文件在传输过程中丢失了部分像素数据，需要进行修复或剔除。另外，视觉数据中可能存在大量相似或重复的图像，这也需要甄别和处理。

语音数据清洗也有其独特关注点。首先是噪声问题，语音在采集过程中易受环境噪声干扰，如在嘈杂的街道或有机器轰鸣声的工厂采集的语音，需通过滤波等技术去除背景噪声，提升语音质量。其次是语音的音量问题，不同采集条件下语音音量可能差异巨大，要对音量进行归一化处理，确保音量处于合适范围。再者是语音的完整性，要检查是否存在语音片段缺失或截断情况，对于有问题的语音需进行修复或舍弃。还有语音的清晰度，若语音存在模糊、失真等问题，如因设备故障导致的音频质量下降，需要甄别并处理，以保证语音数据能满足后续标注、分析等处理要求。

通过上述一系列步骤所展示的方法，我们可以有效地清洗数据，提高数据的质量，为后续的数据标注或处理提供可靠的数据支持。

3.1.2 数据标注的基本原则和方法

数据标注是指给数据或数据的局部添加标签的操作。例如，对于一段文本数据，将其标记为新闻类型，或者对图像中的某个区域标记为车辆等都属于数据标注的范畴。需要注意的是，不同的数据类型其标注方法有很大差异，像对文本、视觉、语音等数据类型进行标注时，我们会针对每种不同类型展开详细阐述，这是学习数据标注相关知识的重点内容。因为不同数据类型在特征表现形式、数据结构等方面均有所不同，所以标注方法也各有特点，在后续学习过程中要着重理解和掌握这些针对不同类型数据的标注方法，以便更好地完成数据标注工作，为后续基于标注数据的分析、模型训练等相关工作奠定基础。

1. 数据标注的基本原则

数据标注的基本原则如下。

（1）准确性原则。

标注内容准确：标注结果必须与数据所反映的真实信息完全相符。例如，在图像标注中，如果是对一个苹果进行标注，那么标注的位置、形状、颜色等信息要准确地反映出苹果在图像中的实际情况；在文本标注中，对文本的语义理解和标注要符合文本的真实含义，不能出现理解偏差导致的错误标注。

避免主观猜测：标注员不能根据自己的主观猜测或预设的想法对数据进行标注，只能依据数据本身呈现的信息进行客观的标注。比如在语音标注中，如果遇到一些模糊不清的语音，但根据上下文和已有的信息仍然无法确定具体内容时，不能随意猜测其含义进行标注，而应按照规定标记为不确定或无效。

（2）一致性原则。

标注标准一致：对于同一类型的数据，在不同的时间、不同的标注员之间，都要遵循相同的标注标准和规范。例如，对于一个物体的分类标注，如果一开始规定将红色的圆形物体标注为"A 类"，那么在后续的标注过程中，所有符合这一特征的物体都要标注为"A 类"，不能出现有的标注为"A 类"，有的标注为"B 类"等不一致的情况。

团队内部一致：在一个数据标注团队中，所有成员都要对标注标准和规范有统一的理解和认识，确保标注结果的一致性。团队在开展标注工作之前，需要进行充分的培训和沟通，让每个成员都清楚地了解标注的要求和标准。

（3）完整性原则。

信息全面标注：标注结果要包含所有能够反映数据特征和属性的信息，不能遗漏重要的信息。比如在对一段文本进行情感标注时，不仅要标注出文本的主要情感倾向（如积极、消极、中性），还要标注出情感的强度、情感的具体指向等相关信息，以便为后续的数据分析和模型训练提供全面的信息支持。

标注边界清晰：对于一些需要划分边界或范围的数据，标注的边界要清晰明确，不能模糊不清。例如在图像分割标注中，对于不同物体之间的边界，要准确地进行划分和标注，使得每个物体都有明确的边界范围，以便模型能够准确地识别和区分不同的物体。

（4）规范性原则。

操作流程规范：数据标注需要按照既定的操作流程进行，包括数据的收集、整理、标注、审核等环节，每个环节都要按照规定的步骤和要求进行操作，以确保标注工作的有序进行和标注结果的质量。

标注格式规范：标注的结果要符合规定的格式要求，包括标签的命名、数据的存储格式、标注文件的格式等。例如，对于文本标注，标签的命名要具有明确的含义和规范性，便于后续的数据处理和分析；对于图像标注，标注文件的格式要与所使用的标注工具和模型相兼容。

（5）可追溯性原则。

标注记录可查：在数据标注过程中，要对每一个数据的标注过程进行详细的记录，包括标注的时间、标注员、标注的内容、修改的历史等信息，以便在需要时能够对标注结果进行追溯和查询。这对于发现和解决标注过程中的问题、验证标注结果的准确性等都具有重要的意义。

数据来源可溯：对于所标注的数据，要能够追溯到其原始的来源，以便对数据的真实性和可靠性进行验证。如果数据的来源不可靠或存在问题，那么标注的结果也将失去意义。

（6）保密性原则。

数据安全保密：标注的数据可能涉及到个人隐私、商业机密等敏感信息，标注员和相关的工作人员要严格遵守保密规定，确保数据的安全和保密。在数据的传输、存储和使用过程中，要采取相应的加密、访问控制等安全措施，防止数据泄露。

标注信息保密：对于标注过程中所涉及到的标注规则、标注方法等信息，也要进行保密，不能将其泄露给无关的人员或机构，以保护数据标注项目的知识产权和商业利益。

2. **数据标注的基本方法**

（1）手工标注。

① 定义。手工标注是指在数据标注过程中，完全依靠人力对数据进行解读、分析并赋予相应标签的标注方法。标注人员依据事先确定好的标注规范，运用自身的知识和判断力来完成标注工作，不借助任何自动化工具或算法。

② 操作方式。

文本标注：标注员仔细阅读文本内容，根据标注要求确定文本的各类属性。比如在进行词性标注时，明确每个词语是名词、动词、形容词等；在命名实体识别中，找出文本中的人物、地点、组织等实体并加以标注。对于情感分析，判断文本表达的是积极、消极还是中性情感。

图像标注：通过肉眼观察图像，使用特定的标注工具。如对图像中的物体进行分类标注，确定是汽车、树木、建筑物等；对于目标检测任务，要标注出物体的位置和大小，通过绘制边界框（矩形框或多边形框）等方式来表示物体在图像中的范围。

语音标注：聆听语音片段，将语音内容准确地转写成文本。同时，根据需要标注语音的其他特征，如说话人的性别、年龄范围、语音的情感状态，以及标注语音中的特殊音效或背景噪声等。

③ 优点。

准确性高：人类标注员能够深入理解数据的复杂语义和上下文情境信息。对于一些模糊、歧义的数据，能够凭借自身的经验和知识进行准确判断。例如，在艺术作品的图像标注中，对于抽象艺术作品中独特的表达形式和元素，人类标注员可以更好地理解和标注。

灵活性强：可以适应各种类型的数据标注任务，不受数据格式、领域等限制。无论是专业性很强的医学图像标注还是具有文化内涵的古籍文本标注，都可以通过人工完成。而且在标注过程中，可以根据实际情况灵活调整标注策略。

④ 缺点。

效率低下：人工标注速度有限，尤其是处理大规模数据时，耗费的时间和人力成本极高。李飞飞团队的 ImageNet 项目从 2007 年开始，借助亚马逊众包平台，由来自 167 个国家的近 5 万名工作者参与，历经两年半时间，最终在 2009 年 6 月完成。该数据集包含超过 1400 万张图片，涵盖 2 万多个类别。虽然标注员的时薪中位数只有 2 美元左右，但考虑到参与人数众多且标注工作持续时间长，这依然是一项巨大的工程。

易受主观因素影响：不同的标注员可能对标注规则的理解存在差异，导致标注结果不一致。同时，人的情绪、疲劳等因素也可能导致标注错误，影响标注质量。

（2）半自动化标注。

① 定义。半自动化标注是一种结合了人工和机器算法的标注方法。在标注过程中，机器算法先对数据进行部分处理或预标注，然后由人工标注员对机器处理的结果进行审核、修改和完善，以达到准确标注数据的目的。

② 操作方式：

智能辅助标注：机器利用图像识别、自然语言处理等算法对数据进行初步分析。在图像标注中，算法可以检测出图像中物体的可能位置和类别，为标注员提供参考框和初步的类别判断。在文本标注中，算法可以提取文本的关键词、语义信息等，辅助标注员理解文本。标注员在此基础上，结合自己的判断对标注信息进行调整和确认。

已有算法预标注：利用已有的成熟算法模型对数据进行预标注。例如，在文本分类任务中，使用经过大规模语料训练的分类模型对新的文本数据进行分类标注。然后，标注员对预标注结果进行检查，对于标注错误的部分进行修正。同时，对于新出现的、模型未学习到的情况进行重新标注。

算法迭代标注：随着标注工作的进行，将新标注的数据反馈给算法模型，使模型不断更新和优化。例如在图像标注中，随着更多标注数据的加入，图像识别算法能够不断改进对物体特征的提取和识别能力，从而提高下一轮预标注的准确性。

③ 优点。

提高效率：利用机器算法的快速处理能力，可以快速完成大量数据的初步标注，减少了人工标注的工作量。例如，在处理大规模的电商商品图像标注时，可以快速为标注员提供初步标注结果，大大缩短了标注时间。

保证质量：人工标注员对机器标注结果进行审核和修改，结合了人的判断力和机器的计算能力。对于机器标注不准确的部分可以进行纠正，保证了标注数据的准确性。特别是对于一些复杂的数据和任务，人工的介入可以处理机器难以理解的情况。

④ 缺点。

依赖技术和模型：需要有合适的算法和模型作为基础，如果模型性能不佳或不适合当前数据类型，可能会导致预标注结果错误率较高，增加人工修改的工作量。

仍需较多人工干预：对于复杂数据和特殊情况，机器标注的结果可能与实际情况相差较大，需要人工进行深度处理，无法完全实现自动化。

（3）自动化标注。

① 定义。自动化标注是一种完全由机器算法自动完成数据标注的方法。通过使用大量的标注数据训练机器学习或深度学习模型，使模型学习到数据的特征和模式，进而对新的数据进行自动标注，无须人工直接参与标注过程。

② 操作方式。

模型训练：首先收集大量的已标注数据，这些数据涵盖了各种可能的情况和特征。然后，使用机器学习或深度学习算法，如卷积神经网络（CNN）用于图像数据、循环神经网络（RNN）及其变体用于文本和语音数据等，对模型进行训练。在训练过程中，模型不断调整参数，以最小化预测结果与真实标注之间的差异。

自动标注：利用训练好的模型对新的未标注数据进行处理。对于图像数据，模型直接输出图像中物体的类别、位置等信息；对于文本数据，模型可以完成词性标注、命名实体识别、情感分析等任务；对于语音数据，模型自动将语音转换为文本，并标注语音的相关属性。

③ 优点。

高效处理大规模数据：可以在短时间内处理海量的数据，极大地提高了标注速度。对于需要处理大量数据的应用场景，如互联网大数据分析、卫星图像分析等，自动化标注能够满足快速标注的需求。

标注一致性高：不受人为因素的影响，如疲劳、情绪、个体差异等，能够保证标注结果的一致性。相同的数据输入，模型输出的标注结果是稳定的，有利于模型的训练和后续的数据分析。

④ 缺点。

依赖高质量训练数据：模型的性能和标注的准确性在很大程度上取决于训练数据的质量。如果训练数据存在偏差、错误或不全面，那么模型可能会学习到错误的模式，导致标注结果不准确。

缺乏对复杂情况的理解能力：对于一些复杂、模糊的数据情况，尤其是需要人类专业知识和上下文理解的情况，自动化标注可能会出现错误。例如，在具有文化隐喻或特殊情境的文本标注中，模型可能无法准确理解其含义。

3. 数据标注流程和涉及的角色

数据标注的全面流程及各环节涉及的角色如下，如图 3-2 所示。

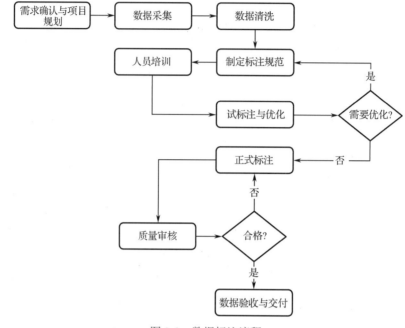

图 3-2　数据标注流程

（1）需求确认与项目规划。

角色： 项目经理、业务需求方。

具体工作： 项目经理与业务需求方进行深入沟通，明确标注任务的具体目标、范围、应用场景等，确定所需标注数据的类型（如文本、图像、音频、视频等）、规模以及预期的标注精度要求等。例如，在自动驾驶项目中，需明确对车辆、行人、交通标志等目标的标注具体需求。

根据需求制订项目的时间计划、预算安排以及资源分配方案，确定项目的里程碑和交付节点。

（2）数据采集（可参考第 2 章）。

角色： 数据采集员。

具体工作： 根据项目需求，通过各种渠道和方式收集原始数据。数据来源可以是内部数据库、传感器设备（如摄像头、麦克风等）的实时采集，也可以从公开数据集、第三方数据供应商处获取。例如，对于图像标注项目，通过摄像头在不同场景下拍摄照片；对于音频标注项目，使用录音设备录制语音。

对采集到的数据进行初步筛选，去除明显不符合要求的数据，如模糊不清、不完整或与主题不相关的图像、音频片段等。

（3）数据清洗。

角色： 数据清洗人员。

具体工作： 参考本章 3.1.1。

（4）制定标注规范。

角色：标注专家、项目经理。

具体工作：标注专家结合项目需求和数据特点，制定详细的标注规范和标准，明确标注的对象、属性、类别以及标注的方法和规则等。例如，在图像标注中，规定不同物体的标注方式，如对于车辆，需要标注其轮廓、颜色、品牌等属性；对于文本标注，确定情感分析的分类标准、关键词提取的规则等。

项目经理对标注规范进行审核和确认，确保其合理性、准确性和可操作性。同时，将标注规范文档化，以便标注员和审核员能够清晰地理解和遵循。

（5）人员培训。

角色：培训师。

具体工作：培训师根据标注规范，对标注员进行系统的培训。培训内容包括标注工具的使用方法、标注的标准和要求、常见问题的处理等。

通过案例分析、实际操作演练等方式，让标注员熟悉标注流程和规范，掌握标注的技巧和方法，确保标注员能够准确、高效地进行标注工作。培训结束后，进行考核，只有考核合格的标注员才能正式参与标注项目。

（6）试标注与优化。

角色：标注员、审核员、项目经理。

具体工作：标注员按照标注规范对一小部分数据进行试标注，以检验标注规范的可行性和标注员的理解程度。

审核员对试标注的数据进行审核，检查标注的准确性和一致性，发现问题及时反馈给标注员和项目经理。

项目经理根据试标注和审核的结果，对标注规范进行优化和调整，对标注流程进行改进，确保正式标注工作的顺利进行。

（7）正式标注。

角色：标注员。

具体工作：标注员根据标注规范，使用专业的标注工具对经过清洗和试标注的数据进行大规模的标注工作。在标注过程中，严格按照要求对数据进行分类、标记、注释等操作，确保标注的质量和准确性。

标注员需要保持良好的工作状态和工作效率，按时完成标注任务。对于标注过程中遇到的问题或不确定的情况，及时与审核员或项目经理沟通。

（8）质量审核。

角色：审核员。

具体工作：审核员对标注员完成的标注数据进行全面的审核。检查标注的准确性、完整性、一致性，确保标注结果符合标注规范和项目要求。

对于审核不合格的数据，记录问题并反馈给标注员，要求其进行修改。审核员需要对修改后的标注数据进行再次审核，直到数据合格为止。

（9）数据验收与交付。

角色：项目经理、业务需求方。

具体工作：项目经理对经过审核合格的数据进行验收，确保数据的质量和数量满足项目需求。验收内容包括数据的准确性、完整性、格式的正确性等。

验收合格后，将标注数据交付给业务需求方，同时提供相关的标注文档和说明，以便业务需求方能够正确地使用和理解标注数据。

整个数据标注流程是一个不断循环、优化的过程，每个环节都需要严格把控，以确保最终标注数据的质量和可用性。

4. 文本数据标注

（1）文本数据标注的定义。文本数据标注是对文本内容添加特定标记或标签的过程。它是自然语言处理（NLP）等相关领域中一项关键的基础性工作。通过人工或半自动、自动的方式，依据一定的规则和标准，为文本中的字、词、句、段乃至整篇文档赋予相应的标识，这些标识能够反映文本的语法、语义、语用等多方面的信息。

在语言学和自然语言处理领域，文本的语法、语义和语用是三个核心概念，它们共同构成了语言理解的基础。以下对这三个概念做简要解释。

语法（Syntax）：语法是指语言中词、短语和句子的结构规则。它关注如何将词汇组合成合乎规则的句子，但不涉及这些句子的实际意义。语法规则决定了哪些句子是"正确"的，哪些是"错误"的。

例子：

正确的句子："猫坐在垫子上。"

错误的语法："垫子坐在猫上。"（虽然这个句子在语义上可能仍然可以理解，但从语法角度来看，它是错误的，因为主语和宾语的位置颠倒了。）

语义（Semantics）：语义关注语言单位（如词、短语、句子）所传达的意义。它研究的是语言如何表达现实世界的概念和关系，以及这些概念和关系如何通过语言来表达。

例子：

句子"猫坐在垫子上"的语义是指一个具体的情境，即一只猫位于一个垫子的上方。

语用（Pragmatics）：语用是研究语言在特定情境中的使用和解释。它不仅涉及语言的字面意义，还包括说话人的意图、语境、隐含意义以及语言的社会功能。

例子：

假设在一个寒冷的冬日，一个人说："今天真冷。"这句话的字面意思是描述天气，但从语用学的角度来看，这可能是在寻求共鸣或暗示需要保暖措施，比如关窗或增加衣物。

语法、语义和语用三个概念之间的差异：语法关注的是句子结构的正确性，而不涉及意义。语义关注的是句子所表达的具体意义，即句子所描述的事实或状态。语用关注的是语言在实际交流中的使用，包括说话人的意图和语境的影响。

综上所述，语法、语义和语用是理解语言的三个不同维度。语法提供了语言的结构框架，语义赋予了语言意义，而语用则涉及语言在实际交流中的动态应用。这三个概念相互关联，共同构成了对语言全面理解的基础。在自然语言处理和语言学中，深入理解这三个概念对于掌握语言的复杂性和多样性至关重要。

（2）文本数据标注的目的。

① 为机器学习模型提供训练数据。在 NLP 任务中，如文本分类、情感分析、命名实体识别等，模型需要大量带有准确标注的文本数据来学习文本特征与相应标签之间的关系，从而能够对新的未标注文本进行准确地预测和处理。

② 构建语料库。高质量的标注文本可以组成具有代表性和针对性的语料库，这对于语言研究、信息检索系统的开发等都有着重要意义。例如，在构建特定领域（如医学、法律）的语料库时，标注可以明确文本中专业术语的属性等。

（3）文本数据标注的主要类型。

① 实体标注。识别文本中的命名实体，如人名、地名、组织机构名、时间、日期等，并进行标注。例如，在句子"总经理张三于 2024 年 11 月 3 日在上海参加了会议"中，"张三"标注为人名，"2024 年 11 月 3 日"标注为日期，"上海"标注为地名。"总经理"由于是泛指，不属于命名实体，不需也不能标注。

② 词性标注。给文本中的每个词语标注其词性，如名词、动词、形容词、副词等。例如，"美丽的花朵"中，"美丽的"标注为形容词，"花朵"标注为名词。

③ 语义角色标注。确定句子中各个成分在语义层面上所扮演的角色，如施事者、受事者、时间、地点等。例如，在"小明打了篮球"中，"小明"是施事者，"篮球"是受事者。

④ 情感标注。对文本所表达的情感倾向进行标注，如积极、消极和中性。比如"这部电影太棒了！"标注为积极情感，"这个结果令人失望啊！"标注为消极情感。

⑤ 文本分类标注。将文本划分到不同的类别中，如新闻可以分为政治、经济、娱乐等类别，邮件可以分为垃圾邮件和正常邮件等。

5. 视觉数据标注

（1）视觉数据标注的定义。视觉数据标注是针对图像、视频等视觉形式的数据进行标记与注释的处理方式。对于图像，可通过特定符号、文字等形式确定其中物体的类别、位置等信息，如用边界框标记物体范围或用标签注明物体种类。在视频标注中，除了单帧图像标注内容外，还涉及对物体在连续帧中运动轨迹的标注，以此来描述物体的动态信息。

（2）视觉数据标注的目的。视觉数据标注的目的主要是为机器学习和深度学习算法服务。通过对视觉数据准确标注，为模型训练提供依据。模型依据大量标注数据学习物体特征、模式和相互关系。比如在安防监控领域，准确标注的图像和视频数据能让模型学会识别异常行为和目标；在图像识别软件中，标注可以帮助模型区分不同物体类别，从而提高识别准确率。

（3）类型。视觉数据标注类型多种多样，可以从不同角度划分。按标注内容分，有分类标注（即明确物体所属类别，如区分动物图像中的猫、狗等）、定位标注（确定物体在图像中的坐标位置或用边界框圈定物体）和语义分割标注（将图像划分为不同语义区域）等。按数据类型分，有图像标注和视频标注，视频标注在图像标注基础上增加了时间维度的标注内容如图 3-3 所示，如物体运动轨迹和动作识别标注，在动作识别中，一个简单的动作如"走路"涉及一系列连续的帧，每一帧展示了步行过程中的不同阶段。

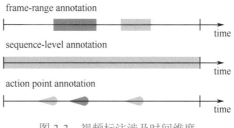

图 3-3　视频标注涉及时间维度

6. 语音数据标注

（1）语音数据标注的定义。语音数据标注是对语音信息进行加工处理的一种操作，它通过人工或借助特定算法为语音数据添加具有明确语义或特征的标签。这些语音数据可以是自然语言对话、特定场景下的语音记录、语音指令等多种形式。标注人员需要依据既定的标注规则和标准，对语音的各个要素，如发音内容、语音语调、说话人身份、情感倾向等进行准确标识，将抽象的语音信息转化为结构化、可识别的数据，为后续的语音处理技术提供基础支持。

（2）语音数据标注的目的。语音数据标注有着重要的目的。从技术层面来看，它是训练语音识别系统的关键环节。准确的标注能让系统学习语音与文本之间的映射关系，提高语音转文字的准确率，使其能够精准地识别不同语音内容。对于语音合成技术，标注有助于理解语音的韵律特征，如重音、语调等，从而合成更加自然流畅的语音。在情感分析领域，通过标注语音中的情感信息，能够让机器感知说话人的情绪状态，如高兴、悲伤、愤怒等，提升情感识别的精度。此外，在多人说话场景下，标注说话人身份可以实现说话人分离和识别，更好地处理复杂语音交互环境。

（3）语音数据标注的类型。语音数据标注类型丰富多样，这些不同类型的标注满足了不同语音技术应用场景的需求。

按标注内容可分为文本转录标注、语音属性标注和情感标注等。文本转录标注是把语音内容准确地转化为文字形式，这是最基本也是最常用的一种语音标注，广泛应用于语音输入法、语音助手等产品的开发。语音属性标注包括对语音的音色、音高、音长等声学属性的标注，这种标注对于语音合成和语音质量评估有重要意义。情感标注是根据语音中传达的情感信息进行分类标注，比如积极、消极、中性等情感类别，有助于构建情感分析模型。

从标注的层级来看，有词汇级标注、语句级标注和段落级标注等。词汇级标注针对每个词汇进行详细标注，语句级标注侧重于语句的整体特征和语义，段落级标注则关注语音段落的主题、意图等更高层次的信息。

按说话人相关特征又可分为说话人识别标注以及说话人属性标注。说话人识别标注明确不同语音片段所属的说话人。说话人属性标注包括如年龄、性别等信息的标注。

3.2 数据清洗（实训）

接下来我们将正式开启数据清洗实训，通过实际操作进一步理解和掌握数据清洗的流程与方法。

3.2.1 训练目标

⊙技能目标

1. 能（会）熟练使用至少一种工具或编程语言进行文本数据的清洗操作，如 Python 的相关库（如 re、pandas 等）。

2. 能（会）掌握常见的图像数据清洗技术，如裁剪、旋转、去噪等，并能使用相关图像处理软件（如 OpenCV 等）实现。

3. 能（会）针对给定的复杂数据集，制定有效的清洗策略，提高数据质量，同时保持数据的关键特征和信息。

⊙知识目标

1．掌握文本数据和图像数据中常见的噪声和异常类型，如错别字、缺失值、重复数据、图像模糊、色彩失真等。

2．掌握正则表达式在文本数据清洗中的应用原理，以及图像处理中的基本概念，如像素、分辨率、色彩空间等。

3．掌握数据清洗对后续数据分析和模型训练的重要性，以及不当清洗可能带来的影响。

⊙职业素养目标

1．提高分析/解决生产实际问题的能力。

2．养成良好的思维和学习习惯。

3．保持积极的好奇心与求知欲，养成良好的团队合作精神。

4．提高职业技能和专业素养。

3.2.2　训练任务

在当今数字化时代，数据的质量对于有效分析和决策至关重要。文本数据和图像数据作为常见的数据类型，常常包含噪声、错误或不相关的信息，这就需要进行清洗以提高其质量和可用性。

文本数据清洗旨在处理诸如拼写错误、语法错误、标点不一致、多余的空格、特殊字符、重复内容、缺失值等问题。通过运用正则表达式、自然语言处理技术以及相关的编程工具和库，如 Python 中的 re 模块、pandas 库等，可以实现对文本数据的清理、转换和标准化。这有助于提高后续文本分析、机器学习模型训练等任务的准确性和效率。

图像数据清洗则侧重于处理图像中的噪声、模糊、亮度不均、色彩偏差、几何失真等问题。利用图像处理软件和库，如 OpenCV 等，采用裁剪、旋转、缩放、去噪、增强等操作，能够改善图像的质量，突出关键特征，使图像更适合用于目标检测、图像分类、图像识别等应用。

本训练任务将系统地介绍文本数据和图像数据清洗的理论知识和实践技能。通过实际案例和练习，参与者将学会识别和解决不同类型数据中的常见问题，掌握有效的清洗方法和工具，从而能够为数据分析和处理提供高质量、可靠的数据基础，提升工作中的数据处理能力和决策水平。

3.2.3　知识准备

（1）请简述至少三种可能导致文本数据产生脏数据的原因。

（2）列举并简要说明两种常见的文本数据清洗方法。

（3）说一说图像数据清洗中常用的操作及其作用。

3.2.4　训练活动

♕活动一：知识抽查

要求：

老师对学员知识准备情况进行抽查，具体抽查内容见知识准备的问题。

抽查方式：√口答　　□试卷　　□操作

老师要记录学员回答问题的情况，必要时做简单的讲解。

⚓ 活动二：示范操作

内容一：使用 Python 的 re 模块中的 sub 函数进行文本数据清洗。

原始文本数据：

今天是 2024 年 07 月 28 日，去年的这个时候是 2023/08/01，还有一些不规范的日期格式如 2022-9-9 和 2021.1.1。另外，文本中还有一些多余的空格和特殊字符@#￥%……&*。

清洗目标：

（1）将日期格式统一为"YYYY-MM-DD"。

（2）删除多余的空格。

（3）移除特殊字符。

步骤一：导入 re 模块。

```
import re
```

步骤二：定义一个函数，用于将不规范的日期格式转换为"YYYY-MM-DD"。

```
def format_date(match):
    date_str = match.group()
    # 处理不同格式的日期
    if '/' in date_str:
        parts = date_str.split('/')
    elif '-' in date_str:
        parts = date_str.split('-')
    elif '.' in date_str:
        parts = date_str.split('.')
    else:
        return date_str  # 如果不是预期的日期格式，则返回原字符串
    # 补齐月份和日期的前导0
    parts = [str(int(part)).zfill(2) for part in parts]
    return '-'.join(parts)
```

步骤三：使用 re.sub 替换日期格式。text = "今天是 2024 年 07 月 28 日，去年的这个时候是 2023/08/01，还有一些不规范的日期格式如 2022-9-9 和 2021.1.1。另外，文本中还有一些多余的空格和特殊字符@#￥%……&*。"

```
date_pattern = r'\d{2,4}[./-]\d{1,2}[./-]\d{1,2}|\d{4}年\d{1,2}月\d{1,2}日'
text = re.sub(date_pattern, format_date, text)
```

步骤四：删除多余的空格。

```
text = re.sub(r'\s+', ' ', text).strip()
```

步骤五：移除特殊字符。

```
special_chars_pattern = r'[^0-9a-zA-Z\u4e00-\u9fa5\s]'
text = re.sub(special_chars_pattern, '', text)
```

```
print(text)
```

输出结果：

今天是 2024-07-28，去年的这个时候是 2023-08-01，还有一些不规范的日期格式如 2022-09-09 和 2021-01-01。另外，文本中还有一些多余的空格。

内容二：使用 pandas 库实现文本数据清洗。

我们有一个包含用户评论的数据集，需要清洗以下几项内容：

（1）删除缺失值。

（2）转换所有文本为小写。

（3）删除非字母字符。

（4）删除短于 3 个字符的评论。

（5）删除常见的停用词。

（6）去除评论中的多余空格。

步骤一：导入必要的库。

```
import pandas as pd
import numpy as np
import re
```

步骤二：创建示例数据。

```
# 创建示例DataFrame
data = {
    'user_id': [1, 2, 3, 4, 5],
    'comment': [
        "I love this product! It's great.",
        "Not bad, could be better.",
        np.nan,  # 缺失值
        "Worst thing ever!@@@",
        "ok"  # 短评论
    ]
}
df = pd.DataFrame(data)
```

步骤三：删除缺失值。

```
df.dropna(subset=['comment'], inplace=True)
```

步骤四：转换所有文本为小写。

```
df['comment'] = df['comment'].str.lower()
```

步骤五：删除非字母字符。

```
df['comment'] = df['comment'].apply(lambda x: re.sub(r'[^a-z\s]', '',x))
```

步骤六：删除短于 3 个字符的评论。

```
df = df[df['comment'].str.len() > 3]
```

步骤七：定义停用词列表并删除这些词。

```
stop_words = ['i', 'this', 'it', 'is', 'the', 'and', 'a', 'to', 'of', 'in',
'on', 'for', 'with', 'not', 'be', 'could']
df['comment'] = df['comment'].apply(lambda x: ' '.join([word for word in
x.split() if word not in stop_words]))
```

步骤八：去除评论中的多余空格。

```
df['comment'] = df['comment'].apply(lambda x: ' '.join(x.split()))
```

输出结果如图 3-4 所示。

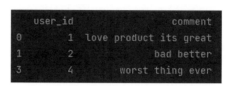

图 3-4　使用 pandas 库实现文本数据清洗的输出结果

内容三：使用 OpenCV 实现图像数据清洗

假设我们有一系列包含车辆的图像数据，我们需要针对每一张图片清洗以下几项内容：

（1）调整图像大小。

（2）灰度化处理。

（3）使用高斯模糊去除噪声。

（4）应用边缘检测算法提取车辆轮廓。

（5）使用形态学操作去除小的噪点。

（6）阈值处理以分割车辆和背景。

（7）裁剪出包含车辆轮廓的最小矩形区域。

步骤一：导入必要的库。

```
import cv2
import numpy as np
```

步骤二：读取图像。

```
# 假设我们有一个图像文件名为 'car_image.jpg'
image = cv2.imread('car_image.jpg')
```

步骤三：调整图像大小。

```
# 假设我们将图像大小调整为 640x480
resized_image = cv2.resize(image, (640, 480))
```

步骤四：灰度化处理。

```
gray_image = cv2.cvtColor(resized_image, cv2.COLOR_BGR2GRAY)
```

步骤五：使用高斯模糊去除噪声。

```
blurred_image = cv2.GaussianBlur(gray_image, (5, 5), 0)
```

步骤六：应用边缘检测算法提取车辆轮廓。

```
edges = cv2.Canny(blurred_image, 50, 150)
```

步骤七：使用形态学操作去除小的噪点。

```
kernel = np.ones((3, 3), np.uint8)
dilated_edges = cv2.dilate(edges, kernel, iterations=1)
eroded_edges = cv2.erode(dilated_edges, kernel, iterations=1)
```

步骤八：阈值处理以分割车辆和背景。

```
_, thresh = cv2.threshold(eroded_edges, 127, 255, cv2.THRESH_BINARY)
```

步骤九：查找轮廓。

```
contours, _ = cv2.findContours(thresh, cv2.RETR_TREE, cv2.CHAIN_APPROX_SIMPLE)
```

步骤十：找到最大的轮廓（假设它就是车辆）。

```
# 找到最大的轮廓
max_contour = max(contours, key=cv2.contourArea)
```

步骤十一：裁剪出包含车辆轮廓的最小矩形区域。

```
x, y, w, h = cv2.boundingRect(max_contour)
cropped_image = resized_image[y:y+h, x:x+w]
```

⇕ 活动三　根据所讲述和示范案例，完成下面任务。

内容：数据清洗实操题。

1. 文本数据清洗实操题

给定一个包含用户评论的文本文件 comments.txt，其中包含了拼写错误、语法错误、标点使用不当以及大量的重复评论等问题。

任务要求：

（1）去除所有重复的评论。

（2）修正常见的拼写错误（例如，"hte"改为"the"，"yuor"改为"your"等）。

（3）规范标点使用，将多个连续的感叹号或问号改为一个。

（4）去除所有的 HTML 标签（如果存在）。

2. 图像数据清洗实操题

给定一组包含各种瑕疵的图片文件夹 image_set，其中图片存在噪声、亮度不均、色彩偏差等问题。

任务要求：

（1）对所有图片进行去噪处理。

（2）调整图片的亮度和对比度，使其看起来更加清晰和自然。

（3）校正图片的色彩偏差，使颜色显示更加准确。

3.2.5 过程考核

表 3-1 所示为《数据清洗》训练过程考核表。

表 3-1 《数据清洗》训练过程考核表

姓名		学员证号			日期	年　月　日	
类别	项目	考核内容		得分	总分	评分标准	教师签名
理论	知识准备（100 分）	1. 请简述至少三种可能导致文本数据产生脏数据的原因（20 分）				根据完成情况打分	
		2. 列举并简要说明两种常见的文本数据清洗方法（30 分）					
		3. 说一说图像数据清洗中常用的操作及其作用（30 分）					
实操	技能目标（60 分）	1. 能（会）熟练使用至少一种工具或编程语言进行文本数据的清洗操作，如 Python 的相关库（如 re、pandas 等）（30 分）	会□/不会□			1. 单项技能目标"会"该项得满分，"不会"该项不得分　　2. 全部技能目标均为"会"记为"完成"，否则，记为"未完成"	
		2. 能（会）掌握常见的图像数据清洗技术，如裁剪、旋转、去噪等，并能使用相关图像处理软件（如 OpenCV 等）实现（10 分）	会□/不会□				
		3. 能（会）针对给定的复杂数据集，制定有效的清洗策略，提高数据质量，同时保持数据的关键特征和信息（20 分）	会□/不会□				
	任务完成情况		完成□/未完成□				
	任务完成质量（40 分）	1. 工艺或操作熟练程度（20 分）				1. 任务"未完成"此项不得分　　2. 任务"完成"，根据完成情况打分	
		2. 工作效率或完成任务速度（20 分）					
	安全文明操作	1. 安全生产　2. 职业道德　3. 职业规范				1. 违反考场纪律，视情况扣 20～45 分　　2. 发生设备安全事故，扣 45 分　　3. 发生人身安全事故，扣 50 分　　4. 实训结束后未整理实训现场扣 5～10 分	
评分说明							
备注	1. 评分表原则上不能出现涂改现象，若出现则必须在涂改之处签字确认　2. 每次考核结束后，及时上交本过程考核表						

3.2.6 参考资料

1．产生文本"脏数据"的原因

产生文本"脏数据"的原因如下。

（1）数据输入错误：例如，在一份客户信息表中，客户姓名被输入为"张三明"，正确的应该是"张三铭"，这就是拼写错误导致的数据输入错误。

（2）数据格式不一致：比如在一组日期数据中，有的格式是"年/月/日"（如 2024/7/28），有的是"年-月-日"（如 2024-7-28），格式不统一。

（3）噪声数据：像是在一段商品描述文本中，出现了大量无意义的乱码"%$#@"等。

（4）缺失值：比如在学生成绩表中，某些学生的数学成绩字段为空。

（5）重复数据：比如在一份销售记录中，同一笔交易被重复记录了两次。

（6）数据不一致：比如在员工信息表中，对于同一员工的职位，有的记录是"经理"，有的是"部门经理"。

2．文本数据清洗方法

文本数据清洗方法主要有基于模式层的和基于实例层的。

基于模式层的文本数据清洗方法，主要依据预先设定好的规则、模式或模板来进行数据清洗。之所以称为"模式层"，是因为它侧重于从整体的模式和规则角度出发，对数据进行筛选和处理，以确保数据符合既定的规范和标准。

基于实例层的文本数据清洗方法，则是通过对具体的实例数据进行分析和处理来实现清洗的。"实例层"强调的是针对每个具体的数据实例进行个性化的处理和调整，以适应数据的特点和需求。这种方法更加注重个体数据的特点和差异，从而采取相应的清洗策略。

基于模式层的文本数据清洗方法示例如下：

假设我们有一批包含用户评论的文本数据，模式层的文本数据清洗方法可能包括：

（1）设定规则去除所有包含特定关键词（如脏话、敏感词）的评论。

（2）按照固定的格式要求，将所有日期统一为"年-月-日"的格式。例如，把"2024.7.18"统一转换为"2024-07-18"。

（3）规定所有的数字必须为整数形式，若有小数则进行取整处理。

基于实例层的文本数据清洗方法示例如下：

同样以用户评论为例：

（1）对于某一条评论中多次出现的重复词语，只保留一个。比如"好好好好"，处理为"好"。

（2）对于某一特定用户的评论风格，如总是使用大量的表情符号，根据具体情况决定是保留还是去除。

（3）发现某一条评论中存在部分难以理解的表述，通过上下文或其他相关信息来推测其真实意图，并进行相应的修改或调整。

3．re.sub()函数的使用方法

在 Python 中，re.sub()函数用于在字符串中替换匹配正则表达式的部分。其语法格式如下：

```
re.sub(pattern, repl, string, count=0, flags=0)
```

各个参数的说明如下。

pattern：表示模式字符串，由要匹配的正则表达式转换而来。

repl：表示替换的字符串或一个函数。如果是字符串，其中的任何反斜杠转义字符都会被处理；如果是函数，它会被传递匹配对象，并必须返回一个用于替换的字符串。

string：表示要被查找替换的原始字符串。

count：可选参数，表示模式匹配后替换的最大次数，默认值为 0，表示替换所有的匹配。

flags：可选参数，表示标志位，用于控制匹配方式，如是否区分字母大小写等。常用的标志位有以下几种。

re.I 或 re.IGNORECASE——忽略大小写匹配。

re.M 或 re.MULTILINE——使^和$匹配每一行的开头和结尾，而不仅仅是整个字符串的开头和结尾。

re.S 或 re.DOTALL——让.匹配包括换行符在内的所有字符。

以下是一些示例代码，展示了 re.sub() 的用法。

示例 1：简单替换

```python
import re

text = "Hello, World!"
new_text = re.sub(r"World", "Python", text)
print(new_text)
# 输出: Hello, Python!
```

在上述示例中，使用 r"World"作为模式字符串，将 text 中所有的 World 替换为 Python。

示例 2：使用函数进行替换

```python
import re

def add_exclamation(match):
    return match.group() + "!"

text = "Hello World, 123"
new_text = re.sub(r"\d+", add_exclamation, text)
print(new_text)
# 输出: Hello World, 123!
```

这里定义了一个名为 add_exclamation 的函数，它接受一个匹配对象作为参数，并返回该匹配对象的值加上一个感叹号。然后，使用 re.sub() 将 text 中的所有数字替换为对应的函数返回值。

示例 3：限制替换次数

```python
import re

text = "abcdeabcdeabcde"
new_text = re.sub(r"a", "A", text, count=2)
```

```
print(new_text)
# 输出: AbcdeAbcdeabcde
```

在这个例子中，只替换前两个匹配到的 a 为 A。

示例 4：使用标志位（忽略大小写）

```
import re

text = "Hello, WORLD!"
new_text = re.sub(r"hello", "Hi", text, flags=re.I)
print(new_text)
# 输出: Hi, WORLD!
```

通过指定 flags=re.I，使匹配不区分大小写，将所有的 hello（不区分大小写）替换为 Hi。

示例 5：引用匹配的组

```
import re
text = "hello123world456"
new_text = re.sub(r"hello(\d+)", r"\1hello", text)
print(new_text)
# 输出: 123hello world456
```

在模式字符串 r"hello(\d+)" 中，使用括号 () 创建了一个组，匹配后面的一个或多个数字。在替换字符串 r"\1hello" 中，\1 表示引用第一个匹配的组（即这里的数字部分），然后再加上 hello。这样就实现了将 hello 和后面的数字位置进行调换的效果。

4. 图像数据清洗中常用操作

图像数据清洗是机器学习和计算机视觉任务中一个非常重要的步骤，它能够帮助提高数据质量，从而提升模型性能。以下是一些在图像数据清洗中常用的操作及其作用。

（1）去除噪声（Noise Removal）。

作用：减少图像中的随机噪声，提高图像质量。

常用方法：高斯模糊、中值滤波、双边滤波等。

（2）图像增强（Image Enhancement）。

作用：改善图像的视觉效果，使图像更清晰，对比度更高。

常用方法：直方图均衡化、对比度增强、锐化等。

（3）图像裁剪（Cropping）。

作用：去除图像中不必要的部分，聚焦于感兴趣的区域。

应用场景：去除边界、突出目标等。

（4）图像缩放和调整大小（Resizing）。

作用：统一图像的尺寸，便于模型处理。

注意事项：保持宽高比，避免失真。

（5）旋转（Rotation）。

作用：调整图像方向，有时用于数据增强。

应用场景：纠正图像方向，使目标对象直立。

（6）翻转（Flipping）。

作用：用于数据增强，增加样本多样性。

常见操作：水平翻转、垂直翻转。

（7）归一化（Normalization）。

作用：将像素值缩放到特定范围（通常是 0 到 1），加快模型收敛速度。

方法：将像素值除以 255（如果是 8 位图像）。

（8）去除不相关区域（Removing Unrelated Areas）。

作用：去除背景或其他不相关的区域，专注于关键信息。

方法：使用图像分割技术，如阈值分割、边缘检测等。

（9）颜色校正（Color Correction）。

作用：校正图像的颜色偏差，使图像更真实。

应用场景：消除光源变化引起的影响。

（10）填充和补全（Padding and Completion）。

作用：填补图像中的缺失部分，确保图像尺寸一致。

方法：使用周围像素的均值、中值或特定颜色进行填充。

（11）数据增强（Data Augmentation）。

作用：通过应用一系列变换增加训练数据的多样性，提高模型的泛化能力。

常用操作：随机裁剪、旋转、缩放、颜色抖动等。

（12）图像过滤（Filtering）。

作用：使用特定滤波器强调图像中的某些特征或去除不需要的特征。

常用滤波器：Sobel 滤波器、Laplacian 滤波器等。

这些操作的具体选择和应用取决于具体的数据集和任务需求。通过合适的图像数据清洗步骤，可以显著提高图像数据的质量，进而提升后续图像分析和识别任务的准确性和鲁棒性。

3.3　数据标注（实训）

在本次训练任务中，我们将进行数据标注。数据标注是一项对实践要求极高的任务。为了保障训练具备良好的可执行性，我们选用开源或易于获取的软件来演示其基本操作流程。标注软件的复杂程度各不相同，例如，CVAT 平台，其功能丰富，涉及多种标注类型和流程，相对比较复杂；而 Labelme 操作较为简易，上手容易。对于企业而言，可以在消化吸收这些开源软件的基础上，研发自己的标注软件。此外，网络上还有大量标注软件，包括在线版本等。

3.3.1　训练目标

⊙技能目标

1. 能（会）熟练使用 Labelme 或 CVAT 工具进行准确、高效的图像标注，包括但不限于目标检测、图像分类等标注任务。

2．能（会）熟练掌握 Yedda 软件的操作，对各种类型的文本进行精确标注，例如，情感分析、信息抽取等。

3．能（会）运用 Praat 软件完成复杂的语音标注工作，如语音分割、音素标注等，确保标注的准确性和一致性。

⊙知识目标

1．掌握图像标注、文本标注和语音标注的基本原理和方法，以及它们在人工智能领域中的重要性。

2．掌握不同标注工具的特点和适用场景，能够根据实际需求选择合适的工具。

3．掌握标注数据的质量控制方法和评估标准，确保标注结果的可靠性和有效性，以提高模型训练的效果。

⊙职业素养目标

1．提高分析/解决生产实际问题的能力。

2．养成良好的思维和学习习惯。

3．保持积极的好奇心与求知欲，养成良好的团队合作精神。

4．提高职业技能和专业素养。

3.3.2　训练任务

本次培训任务涵盖了图像标注、文本标注和语音标注这三个重要领域。在图像标注方面，我们将借助 Labelme 和 CVAT 这两款工具，深入学习如何对图像中的各种元素进行准确标识，为计算机视觉模型的训练提供高质量的数据支持。文本标注则选用 Yedda 软件，通过对大量文本的精细标注，使我们能够更好地挖掘文本中的潜在信息，为自然语言处理模型的优化奠定基础。而在语音标注环节，利用 Praat 软件，对语音数据进行精确分析和标注，为语音识别和语音合成等技术的发展贡献力量。

通过此次全面而系统的培训，学员们将不仅熟练掌握各类标注工具的操作技巧，更能深刻理解标注工作在推动人工智能技术发展中的关键作用。我们期待通过这次培训，提升学员们在数据标注领域的专业素养和实践能力，为相关领域的研究和应用提供更优质、更精准的数据标注服务。

3.3.3　知识准备

（1）请阐述您认为数据标注在人工智能发展中的重要作用。

（2）图像标注、文本标注和语音标注分别可能应用在哪些具体的场景或领域？

（3）思考一下，不同类型的数据标注（图像、文本、语音）在方法和重点上可能存在哪些差异？

3.3.4　训练活动

⇧活动一：知识抽查

要求：

老师对学员知识准备情况进行抽查，具体抽查内容见知识准备的问题。

抽查方式：√口答　　□试卷　　□操作

老师要记录学员回答问题的情况，必要时做简单的讲解。

⚲ 活动二：示范操作

内容一：Labelme 图像标注。

Labelme 是一个用于图像标注的开源工具，它支持多种标注类型，包括框选（Bounding Boxes）、多边形（Polygons）、打点（Points）等。以下是如何使用 Labelme 来进行图像数据标注的详细步骤，涉及框选、多边形标注和打点标注。

步骤一：安装 Labelme。首先，确保已经安装了 Labelme。如果还没有安装，则可以通过以下命令进行安装，如图 3-5 所示：

```
pip install labelme==5.2.1
```

在本次安装中，我们使用的版本是 5.2.1。就基本功能而言，版本的新旧并无明显影响。但需要注意的是，当使用 5.2.1 版本的 Labelme 进行标注后，在生成 Coco 数据集或 VOC 数据集时，必须使用对应版本的工具进行生成，即要使用与标注时同样版本的工具。

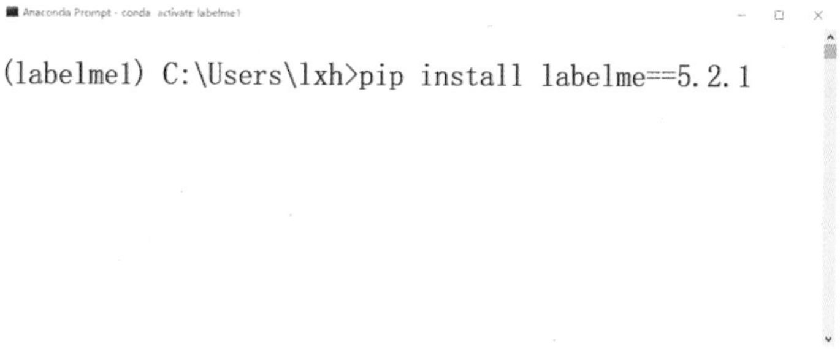

图 3-5　通过 Anaconda 提示窗口在虚拟环境中安装 labelme

步骤二：启动 Labelme GUI。在命令行中运行以下命令来启动 Labelme 的图形用户界面：

```
labelme
```

步骤三：打开待标注的图像。在 Labelme 界面中，选择"Open"或按 Ctrl+O 快捷键打开待标注的单张图像，或者选择"Open Dir"或按 Ctrl+U 快捷键打开待标注目录下的所有图像。在通常情况下，使用"Open Dir"功能的情况较多。这是因为该操作可实现批量标注，能有效提高标注效率。如图 3-6 所示，此为打开某文件夹下所有带标注图片时的界面状态。

为实现更精准地标注，需尽量在可视范围内扩大待标注区域，Labelme 软件提供了一些功能来达成此目的。这些功能位于"View"菜单中（如图 3-7 所示），若要熟练操作，掌握其快捷键很有必要。例如，放大图像（Zoom in）的快捷键是"Ctrl + +"；缩小图像显示的快捷键是"Ctrl + -"；若要使图像回到 1:1 的原始尺寸大小，快捷键为"Ctrl + 0"。

"Fit Width"功能是让客户区的宽度和图像的宽度一致，若图像较长，可能会出现上下滚动条。"Fit Window"功能是将整幅图片在客户区完整显示出来，保证所有信息都呈现在客户区内，在需要最大化呈现整幅图像时可使用此功能。若文件夹内图片尺寸相似，可选中"Keep Previous Scale"，这样当把某张图片调整到合适比例后，查看其他图片时可自动使用该比例，非常便捷实用。

图 3-6　打开某文件夹下所有带标注图片时的界面状态

为加快标注速度，需要设置自动保存（通过点击"File"菜单下的"Save Automatically"子菜单）。此外，标注员还需掌握图像浏览的两个快捷键，按"D"键浏览下一张图像（Next Image），按"A"键浏览上一张图像（Prev Image），请参考图 3-8。

图 3-7　Labelme 的"View"菜单

图 3-8　labelme 的 File 菜单

步骤四：进行框选标注。点击工具栏中的"Create Rectangle"按钮（形状像矩形）。在图像上拖动鼠标来创建一个矩形框选区域。

释放鼠标后，会弹出一个对话框，让你输入框选区域的标签（例如"carplate"）。

输入标签后，点击"OK"按钮确认。如图 3-9 所示，我们对车牌区域进行矩形框标注，但没有标好。从"Polygon Labels"可以看出，我们在当前图片上标注了两个矩形区域，这两个区域打的标签都是 carplate，所以我们看到"Label List"里面只有一个标签。矩形框标注要求其贴合目标区域，即目标区域须在矩形框内部，且矩形框不应过多包含非目标区域像素。但是若目标区域是倾斜的，如图 3-9 所示情况，则矩形框会不可避免地包含较多非目标像素。当前标注存在问题：第一个矩形区域需调整，第二个矩形区域完全标错，该区域并无车牌区域，应予以删除。为编辑或删除已有矩形框，需先进入标注的编辑状态。进入编辑状态的方法有两种：一是使用鼠标右键点击图片任意位置，在弹出的右键菜单中选择"Edit Polygons"命令，如图 3-10 所示；二是按快捷键"Ctrl + J"。

图 3-9　对车牌区域进行矩形框标注但没有标好

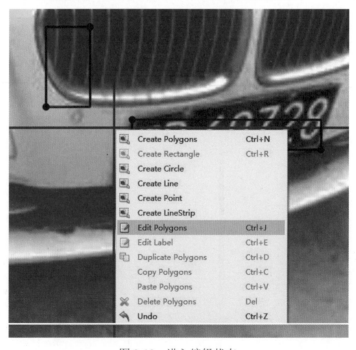

图 3-10　进入编辑状态

进入标注编辑状态后,使用鼠标在图片上滑动,当鼠标指针进入矩形框内部时,其形状会变为手形,表示可对该矩形框进行操作。例如,此时在矩形框内部右键单击,可选择删除矩形框(即"Delete Polygons")命令如图 3-11 所示,之后需进行一次确认,在确认界面选择"yes"如图 3-12 所示,即可将矩形框删除。

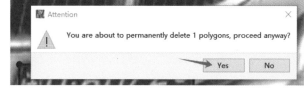

图 3-11　删除当前选中的矩形框　　　　图 3-12　确认删除矩形框

对于标注不够准确的第二个矩形框,可通过拖动其对角线上的两个顶点至合适位置,使矩形框恰好包含车牌区域,且该区域内非车牌像素最少,完成此操作后,拖动顶点的操作结束。如图 3-13 所示,矩形框右下角点处于拖动状态。

步骤五:进行多边形标注。点击工具栏中的"Create Polygons"按钮(形状像多边形)。在图像上点击来创建多边形的顶点,至少需要点击三次。如图 3-14 所示,对白色交通标识线进行多边形标注时,沿着标识线周边打点,使点形成的多边形与标识线形状相贴合,当最后一个点与第一个点重合时,完成一次多边形勾勒。在进行打点标注过程中,若出现某些标注点位置不准确的情况,可使用"Ctrl + Z"组合键执行撤销操作,以重新调整标注点位置,确保标注的准确性。在交通标识线形状变化剧烈的位置,应多打点。这样能更精准地贴合标识线复杂变化的形状,保证标注的准确性,使标注出的多边形可以更好地反映标识线在这些特殊部位的轮廓。当标识线边缘为直线时,可适当减少打点数量。因为直线部分形状简单,较少的点即可勾勒出其形状,同时也能在保证标注质量的前提下提高标注效率。

图 3-13　右下角点处于拖动状态下　　　　图 3-14　进行多边形标注

完成多边形勾勒的方法还包括双击最后一个顶点或按 Enter 键。

多边形勾勒完成后还需输入标签（例如"line"）并点击"OK"按钮确认。

步骤六：进行打点标注。点击工具栏中的"Create Point"按钮（形状像点）。在图像上点击你想要标注的点位置。输入标签（例如"1"）并点击"OK"按钮确认。

打点标注的典型应用场景是人脸打点标注。对人脸进行打点标注时，沿着人脸轮廓、五官等关键部位周边打点，使点形成的多边形或特定形状与脸部特征相贴合，当完成所有特征点标注且符合相关要求后，完成一次人脸打点标注。

常见的人脸打点标注从小往大的点数依次为：5 点标注、21 点标注、49 点标注、68 点标注、81 点标注、83 点标注、85 点标注和 106 点标注等。

在 49 点人脸标注练习中，重点是掌握标注规则，即打点顺序与打点位置，之前虽然学过操作，但掌握此规则是关键，这关乎标注的准确和有效。49 点人脸标注的具体规则如图 3-15 所示。

图 3-15　人脸打点标注 49 点点位分布

由图 3-15 可知，人脸各部位对应标注点如下：

左眉毛：1～5 号点；

右眉毛：6～10 号点；

鼻梁：11～14 号点；

鼻子下沿：15～19 号点；

左眼眶：20～25 号点；

右眼眶：26～31 号点；

上嘴唇：32～38 号点、44～46 号点；

下嘴唇：39～43 号点、47～49 号点。

眼睛点注意事项：

（1）闭眼时上下沿的点要重合。

（2）看不清楚时通常眼睛区域是黑色的，不好判断是闭眼时的眼睫毛还是睁眼，遇到这种情况就看黑色区域大小，区域大就按睁眼来标，区域小就按闭眼来标。

（3）两只眼睛都被遮挡时，眼睛点当成睁眼来标。

（4）一只眼被遮挡时，按另一只的睁闭状态来标（即同睁同闭）。

（5）戴眼镜的时候，由于反光，镜片上会出现亮斑、遮挡等情况，这些点都需要脑补。

嘴巴点注意事项：

（1）闭嘴时内嘴唇上下沿的点要重合，外嘴唇按实际情况标。

（2）嘴巴被遮挡时，嘴巴点当成闭嘴来标。

（3）张嘴的时候，外唇点标在嘴唇外边缘，内唇点在嘴巴闭上时应该刚好重合。

如图 3-16 所示，是一个人脸 49 点标注示例。

步骤七：保存标注。在 Labelme 界面中，选择"Save"或按"Ctrl+S"快捷键。选择保存格式，默认格式是"JSON"。选择保存位置并输入文件名，默认保存位置是原图像文件所在目录，默认保存文件名是"原图像名.json"，然后点击"Save"按钮。

如果已经设置了自动保存，则在切换图片时会按照默认设置自动保存。

步骤八：查看标注结果。保存的 JSON 文件包含了图像的标注信息。你还可以进一步通过命令将 JSON 文件转换为其他格式，例如 COCO 格式，这会生成一个包含多个文件的文件夹，其中包含图像、标注掩码、标注信息等。

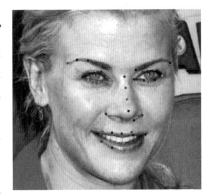

图 3-16　人脸 49 点标注示例

内容二：人脸打点自动化标注。

本项目需求如下：在程序运行过程中，设置按下"a"键时执行人脸打点标注操作。每完成一次标注，需存储一张原始彩图以及与之对应的标注信息 JSON 文件。当按下"q"键时，结束整个标注流程。

编程构想：在当前编程场景下，大模型可作为编程助手。然而存在一个难点，即大模型虽易于生成看似格式相近的 JSON 文件，但这些文件往往无法被标注工具识别与打开。为解决此问题，可先手工标注一张人脸图片，将其作为范例提供给大模型，随后指示大模型依据该范例生成相应代码。尽管大模型生成的代码可能仍存在部分缺陷，但采用这种方式能够显著缩短编程所需时间，提高编程效率并推动项目进展。

在完成以上任务时，需安装特定的 19.7.0 版本的 dlib，经测试，此版本仅能在 Python 3.6 环境下成功安装，因此需提前搭建好 Python 3.6 环境以便顺利安装并开展程序任务。

dlib 是一个强大的 C++ 开源工具库，其中包含了用于人脸打点标注（特征点定位）的功能。它主要通过训练好的模型来检测人脸，并定位出人脸关键特征点，像眼角、嘴角、鼻尖等位置。使用时，先加载预训练模型，再将包含人脸图像的数据输入模型，就可以得到人脸特征点的坐标。这些坐标能够用于后续的多种任务，例如，面部表情分析、人脸对齐和人脸识别等。dlib 的优点是准确性较高，并且有高效的实现算法，不过其性能也会受到图像质量、角度等因素的影响。

参考代码如下：

```python
import cv2
import dlib  # 版本19.7.0，需要在Python 3.6环境下安装
import json

# 初始化文件名，用于保存图像和JSON文件
file_name = "0000"

# 使用OpenCV打开默认摄像头
cap = cv2.VideoCapture(0)

# 初始化dlib的人脸检测器
detector = dlib.get_frontal_face_detector()
# 加载dlib的形状预测器，用于检测面部特征点
predictor = dlib.shape_predictor("shape_predictor_68_face_landmarks.
dat")

while True:
    # 读取摄像头的当前帧
    ret, frame = cap.read()
    if not ret:
        break
    # 复制原始帧，用于保存未标注的图像
    origin = frame.copy()
    # 将当前帧转换为灰度图像，用于人脸检测
    gray = cv2.cvtColor(frame, cv2.COLOR_BGR2GRAY)

    # 检测灰度图像中的人脸
    faces = detector(gray)
    shapes = []

    # 遍历检测到的每个人脸
    for face in faces:
        # 提取人脸的边界框坐标
        x1 = face.left()
        y1 = face.top()
        x2 = face.right()
        y2 = face.bottom()

        # 使用形状预测器获取面部特征点
        landmarks = predictor(gray, face)

        # 遍历68个面部特征点
        for n in range(0, 68):
            label = n + 1
            x = landmarks.part(n).x
```

```
            y = landmarks.part(n).y
            # 在原始帧上绘制每个特征点
            cv2.circle(frame, (x, y), 2, (255, 0, 0), -1)
            # 将特征点信息添加到shapes列表中
            shapes.append({
                "label": str(label),
                "points": [[x, y]],
                "group_id": None,
                "description": "",
                "shape_type": "point",
                "flags": {}
            })

    # 创建JSON结构，用于保存标注信息
    data = {
        "version": "5.2.1",
        "flags": {},
        "shapes": shapes,
        "imagePath": file_name+".jpg",
        "imageData": None,
        "imageHeight": frame.shape[0],
        "imageWidth": frame.shape[1]
    }

    # 等待按键事件，参数1表示等待时间为1毫秒
    k = cv2.waitKey(1) & 0xFF

    # 如果按下'a'键，则对当前帧进行标注
    if k == ord('a'):
        cv2.imwrite(file_name + ".jpg", origin)  # 保存当前帧的彩图
        # 保存当前帧的标注JSON文件
        with open(file_name + ".json", "w") as json_file:
            json.dump(data, json_file, indent=4)

        # 将文件名字符串转换为整数，递增，然后再转换回字符串，并格式化为4位数的字符串
        file_name = str(int(file_name) + 1).zfill(4)

    # 显示带有面部标志点的帧
    cv2.imshow("Frame", frame)

    # 如果按下'q'键，则退出循环
    if k == ord('q'):
        break

# 释放摄像头资源并销毁所有OpenCV窗口
cap.release()
cv2.destroyAllWindows()
```

以上代码的主要处理流程：

（1）初始化阶段。创建人脸检测器，命名为 detector，其作用是用于检测视频帧中的人脸。

创建面部特征点预测器，命名为 predictor，该预测器是基于 68 点的面部特征点模型（shape_predictor_68_face_landmarks.dat）进行创建的，旨在对检测出的人脸预测其相应的 68 个面部特征点。

（2）视频帧处理阶段。针对视频中的每一帧画面执行以下操作。

人脸检测：利用已创建的人脸检测器 detector，检测当前视频帧中存在的人脸，确定画面里有哪些人脸。

特征点预测：对于上一步检测出的每一张人脸，运用面部特征点预测器 predictor 去预测其对应的 68 个面部特征点。

特征点绘制：针对预测出的每一个面部特征点，使用相应的绘图操作（画蓝色实心圆）将其绘制在对应的人脸部位，以此实现可视化展示特征点的效果。

图 3-17　人脸 68 特征点自动打点程序运行界面

（3）按键响应保存阶段。当用户按下"a"键时，会执行以下两个保存操作。

保存彩图：保存当前帧的彩图，且该彩图要求是未绘制特征点的原始画面，确保其仅为单纯的视频帧图像内容。

保存标注文件：同时保存一个标注的 JSON 文件，此 JSON 文件采用的是 Labelme 5.2.1 版本的格式来进行保存，其目的是对当前帧画面中人脸及相应特征点等相关标注信息进行存储，方便后续使用及分析。

图 3-17 是该程序运行时的界面。

内容三：文本标注。

假设我们有一批新闻文本数据，需要标注其中的实体词。

在文本标注领域，实体词具有明确的判定要点，即必须为特指具体事物或人物的词汇。例如"总统"这一称谓，其内涵具有广泛的泛指性，无法确切指向特定个体，不能被认定为实体词。因为它可能指代众多不同国家、不同时期的总统人物，如美国奥巴马总统、特朗普总统或拜登总统等，所指对象不明确。与之相反，"特朗普"、"奥巴马"这类词汇则属于实体词，它们精准地对应特定的、独一无二的人物个体，具有明确且唯一的所指对象，在文本标注过程中应依据此类标准对实体词进行准确判别与标注，以确保文本标注的精确性与规范性，提升数据标注质量，为后续基于标注数据的各类分析、处理及应用提供坚实可靠的基础。

步骤一：数据导入与准备。启动 Yedda 软件。把新闻文本数据以 TXT（utf-8）等格式导入到 Yedda 中。

步骤二：制定标注规则和标签。明确各类实体词的定义和特征。

PER（人物）：指具体的人名。

ORG（组织机构）：如公司、政府部门、学校等。

LOC（地点）：城市、国家、具体的地址等。

TIME（时间）：具体的日期、时刻、时间段等。

确定标注的方式，例如，使用不同的颜色或特定的标记符号来区分不同类型的实体词。

步骤三：开始标注。逐行读取文本。当遇到符合定义的实体词时，选中该词并选择对应的标签（PER、ORG、LOC、TIME）进行标注。

例如，"张三 2024 年 7 月 8 日在深圳参加了华为公司的新品发布会。"标注为："张三"（PER）、"深圳"（LOC）、"华为公司"（ORG）、"2024 年 7 月 8 日"（TIME）。

步骤四：检查与修正。完成一轮标注后，从头开始检查标注结果。

查看是否有漏标或错标的实体词，进行修正和完善。

该软件的标注界面如图 3-18 所示。使用该软件时需注意以下几点：一是文本文件必须为 UTF-8 格式，若为 ANSI 格式需先转换为 UTF-8 格式；二是完成快捷键对照表录入后要点击"更新词典"按钮来使快捷键生效；三是通常需点击"开启推荐"按钮，如此在完成首次标注后，后续再出现相同内容便会自动标注，且自动标注的结果皆为绿色，例如图 3-18中的"华大九天"在第一行标注为机构（ORG）后，后续便会自动标注。

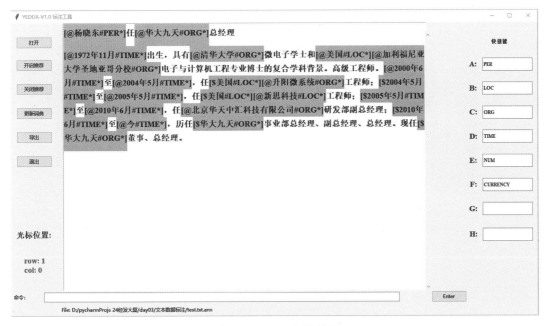

图 3-18　Yedda 标注界面

内容四：语音标注。

步骤一：准备与导入。安装并打开 Praat 软件，收集整理待标注的语音数据，确保格式支持。在 Praat 菜单栏中选择"Open"，导入语音文件。

步骤二：创建标注层级。为语音数据转写创建一个层级（text），边播放边逐句转写文字。

此外，再创建 point、用户身份（speaker）、emotion（含噪声叠音）等标注层级。这个过程可参考图 3-19。

图 3-19　Praat 创建标注层级的过程

标注界面如图 3-20 所示。

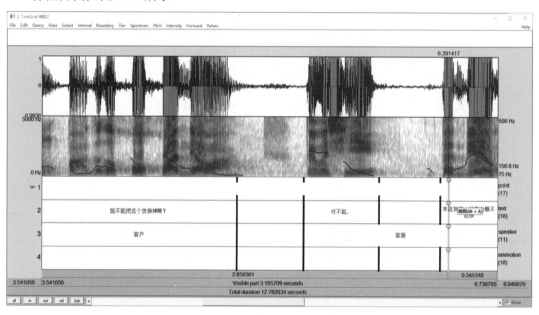

图 3-20　Praat 标注界面

步骤三：进行详细标注。在用户身份层级，依据已知信息标注相应段落的用户身份。听到噪声时，在 emotion 层级标注噪声出现的时段和类型。遇到叠音部分，在 emotion 层级标注时段和叠音情况。

步骤四：检查与修正。重新播放语音，同时查看标注结果。检查标注的准确性、完整性，修正发现的问题。

步骤五：保存与导出。保存标注的 TextGrid 文件。根据需要，可将标注结果转换为合适的格式（如 CSV 等）。

⑆ 活动三　根据所讲述和示范案例，完成下面任务。

内容：数据标注实操题。

（1）图像标注实操题。

① 提供一组风景图片，进行语义分割标注，将天空、草地、树木、建筑物等不同区域进行像素级标注。

② 给出一组人物照片，标注出人物的面部五官关键点（如眼睛、鼻子、嘴巴等的位置）。

（2）文本标注实操题。

① 给定一批电商商品评论，进行情感分析标注，判断每条评论是积极、消极还是中性的。

② 提供一篇新闻文章，进行命名实体识别标注，标记出其中的人名、地名和组织机构名。

（3）语音标注实操题。

① 给出一段演讲语音，进行语音转写标注，将语音内容准确转换为文字。

② 提供一段包含不同情感的语音，进行语音情感标注，判断其情感类别（如高兴、愤怒、悲伤等）。

3.3.5　过程考核

表 3-2 所示为《数据标注》训练过程考核表。

表 3-2　《数据标注》训练过程考核表

姓名		学员证号			日期	年　月　日	
类别	项目	考核内容		得分	总分	评分标准	教师签名
理论	知识准备（100分）	1. 请阐述您认为数据标注在人工智能发展中的重要作用（20分）				根据完成情况打分	
		2. 图像标注、文本标注和语音标注分别可能应用在哪些具体的场景或领域？（30分）					
		3. 思考一下，不同类型的数据标注（图像、文本、语音）在方法和重点上可能存在哪些差异？（30分）					
实操	技能目标（60分）	1. 熟练使用 Labelme 或 CVAT 工具进行准确、高效的图像标注，包括但不限于目标检测、图像分类等标注任务（30分）	会□/不会□			1. 单项技能目标"会"该项得满分，"不会"该项不得分 2. 全部技能目标均为"会"记为"完成"，否则，记为"未完成"	
		2. 能（会）熟练掌握 Yedda 软件的操作，对各种类型的文本进行精确标注，例如情感分析、信息抽取等（10分）	会□/不会□				
		3. 运用 Praat 软件完成复杂的语音标注工作，如语音分割、音素标注等，确保标注的准确性和一致性（20分）	会□/不会□				
	任务完成情况	完成□/未完成□					

类别	项目	考核内容	得分	总分	评分标准	教师签名
实操	任务完成质量（40分）	1. 工艺或操作熟练程度（20分）			1. 任务"未完成"此项不得分 2. 任务"完成"，根据完成情况打分	
		2. 工作效率或完成任务速度（20分）				
	安全文明操作	1. 安全生产 2. 职业道德 3. 职业规范			1. 违反考场纪律，视情况扣20～45分 2. 发生设备安全事故，扣45分 3. 发生人身安全事故，扣50分 4. 实训结束后未整理实训现场扣5～10分	
评分说明						
备注	1. 评分表原则上不能出现涂改现象，若出现则必须在涂改之处签字确认 2. 每次考核结束后，及时上交本过程考核表					

3.3.6 参考资料

1. 数据标注概述

数据标注是指对原始数据进行处理和标记的过程，其目的是给机器学习算法提供有意义和高质量的训练数据，以帮助模型学习和理解数据中的模式、特征和规律。

数据标注是构建智能系统的关键环节。在当今数字化和信息化的时代，大量的数据不断产生，但这些原始数据往往是无结构、无标签的，难以直接被机器学习算法所理解和利用。通过数据标注，我们赋予这些数据明确的含义和分类，使其能够成为训练模型的有效输入。

数据标注的分类主要包括以下几种。

图像标注：针对图像数据进行的标注工作。这包括但不限于对图像中的物体、人物、场景等进行边界框标注（用于目标检测）、像素级标注（例如，语义分割）、分类标注（判断图像所属类别）等。图像标注在自动驾驶、医学影像分析、安防监控等领域有着广泛应用。

文本标注：主要针对文本数据。常见的文本标注类型有情感分析标注（判断文本的情感倾向，如积极、消极、中性）、信息抽取标注（提取文本中的关键信息，如人名、地名、机构名等）、文本分类标注（将文本归入不同的类别，如新闻、小说、科技文章等）等。文本标注在自然语言处理、信息检索、舆情监测等方面发挥着重要作用。

语音标注：针对语音数据的标注。它包括对语音的内容进行转写、对语音中的说话人进行识别、对语音中的情感进行判断等。语音标注常用于语音识别系统、语音合成、语音情感分析等领域。

数据标注的质量和准确性直接影响到机器学习模型的性能和效果。因此，在进行数据标注时，需要遵循严格的标注规范和流程，确保标注结果的一致性和可靠性。

2. 图像数据标注

图像数据标注是对图像中的各种元素进行标记和注释，以赋予其可被计算机理解和处理的信息的重要过程。

图像数据标注在众多领域中发挥着关键作用，特别是在计算机视觉和机器学习的发展中。它为模型提供了学习和识别图像中模式、特征和对象的基础。

常见的图像数据标注类型包括目标检测标注、语义分割标注、实例分割标注等。

目标检测标注：在图像中框出特定的物体，并为其添加类别标签。例如，在交通场景图像中框出汽车、行人、自行车等，并标注其所属类别。

语义分割标注：将图像中的每个像素分配到特定的类别。这有助于模型精确理解图像中不同区域的语义信息。

实例分割标注：不仅要区分不同的类别，还要区分同一类别中的不同个体。比如，在一群人中，标注出每个人的轮廓。

图像分类标注：简单地将整个图像归类为一个或多个预定义的类别。

关键点标注：标记图像中具有重要特征的点，如人物关节点、物体的关键部位等。

图像数据标注的流程通常包括以下步骤。

（1）数据收集：获取大量的原始图像数据。

（2）标注规划：确定标注的任务类型、目标和要求。

（3）标注工具选择：根据标注任务的复杂程度和需求，选择合适的标注工具，如 Labelme、CVAT 等。

（4）人员培训：对标注人员进行培训，确保他们理解标注规范和标准。

（5）实际标注：标注人员按照要求对图像进行标注。

（6）质量检查：对标注结果进行检查和审核，确保标注的准确性和一致性。

（7）数据清洗和优化：对标注数据进行清理和优化，去除错误或低质量的标注。

高质量的图像数据标注对于训练准确和可靠的计算机视觉模型至关重要。它不仅能够提高模型的性能和准确性，还能使模型在各种实际应用中表现出色，如自动驾驶、医疗诊断、工业检测、安防监控等领域。

在进行图像数据标注时，需要注意以下几点。

● 标注的准确性和一致性：确保不同标注人员对相同的图像元素标注结果一致。

● 标注的完整性：涵盖所有需要标注的图像元素，避免遗漏。

● 标注规范的严格遵守：按照预定的标注规范进行操作，以保证数据的可用性。

总之，图像数据标注是一项复杂但具有重要价值的工作，它为推动计算机视觉技术的发展和应用提供了坚实的数据基础。

3. Labelme 简介

Labelme 是一款开源的图像标注工具，主要用于图像分割、目标检测、物体识别等任务的标注。其生成的标注文件可用于机器学习模型的训练数据构建，支持多种标注类型，如多边形、矩形、圆形等，适用于多种任务需求。它由 Python 编写，利用 Qt 构建其图形界面。这使得它有可视化交互界面，类似普通软件，用户能方便地与之交互，完成图形图像标注相关任务。不过，它是通过命令行启动的，这为用户使用提供了灵活性和专业性。

Labelme 操作的快捷键汇总如下：

```
close: Ctrl+W                    #关闭
open: Ctrl+O                     #打开
open_dir: Ctrl+U                 #打开文件夹
quit: Ctrl+Q                     #退出
save: Ctrl+S                     #保存
save_as: Ctrl+Shift+S            #另存为
delete_file: Ctrl+Delete         #删除标注文件（json文件）

open_next: [D]                   #打开下一张图
open_prev: [A]                   #打开上一张图

zoom_in: [Ctrl++]                #放大
zoom_out: Ctrl+-                 #缩小
zoom_to_original: Ctrl+0         #回到原尺寸 （是0不是O）
fit_window: Ctrl+F               #图片适应窗口
fit_width: Ctrl+Shift+F          #图片适应宽度

create_polygon: Ctrl+N           #创建多边形
create_rectangle: Ctrl+R         #创建矩形

edit_polygon: Ctrl+J             #编辑多边形
delete_polygon: Delete           #删除
duplicate_polygon: Ctrl+D        #复制多边形

undo: Ctrl+Z                     #重做
undo_last_point: Ctrl+Z          #撤销上一个点
edit_label: Ctrl+E               #编辑标签
add_point_to_edge: Ctrl+Shift+P  #增加一个点（只有特定版本如3.16.7及4.5.9等
版本才有此功能）
```

Labelme 生成的标注结果是 json 文件，这个文件包含了图像及标注信息的详细数据结构。文件的主要字段说明如下。

● imagePath，原图像文件的路径。

● imageData，图像数据的编码（Base64 编码格式），用于在没有图像文件的情况下直接在文件中存储图像。

● shapes，标注对象列表，包含所有已标注的对象，每个对象的内容包含以下信息：label——对象的标签名称；points——对象的坐标信息，以多边形顶点的方式存储坐标；shape_type——形状类型，如 polygon、rectangle 等；flags——用于标识对象的特殊属性，可根据需求自定义设置。

示例如图 3-21 所示。

4．文本标注

文本标注是对文本数据进行标记和注释的过程，旨在为自然语言处理（NLP）任务提供有价值的训练数据，从而使计算机能够理解和处理人类语言。

文本标注在众多领域中具有广泛的应用，如信息检索、机器翻译、情感分析、问答系统等。通过对大量文本进行准确标注，可以帮助模型学习语言的结构、语义和语法规则，提高模型的性能和准确性。

常见的文本标注类型包括文本分类标注、情感分析标注、命名实体识别标注等。

文本分类标注：将文本按照预定义的类别进行分类，例如，将新闻文章分为政治、经济、体育、娱乐等类别。

情感分析标注：判断文本所表达的情感倾向，如积极、消极或中性。这对于了解消费者对产品的评价、公众对事件的态度等非常重要。

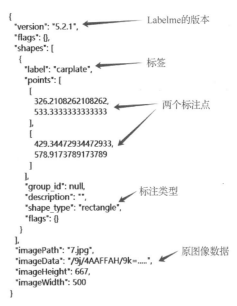

图 3-21　标注文件解析示例

命名实体识别标注：标记文本中的人名、地名、组织机构名等特定实体。

信息抽取标注：从文本中提取关键信息，如时间、地点、事件等。

词性标注：为文本中的每个单词标注其词性，如名词、动词、形容词等。

句法分析标注：分析句子的结构，标注句子中的主语、谓语、宾语等成分。

文本标注的流程通常包括以下步骤：

（1）数据准备。收集和整理需要标注的文本数据。

（2）制定标注规则。明确标注的标准和规范，确保标注的一致性。

（3）选择标注工具。根据标注任务的特点和需求，选用合适的标注软件，如 Yedda 等。

（4）标注人员培训。对标注人员进行详细的培训，使其熟悉标注规则和工具的使用。

（5）实际标注。标注人员按照规则对文本进行标注。

（6）质量控制。对标注结果进行检查和评估，发现并纠正错误。

（7）数据审核。由经验丰富的人员对标注数据进行最终审核，确保数据质量。

在进行文本标注时，需要注意以下几点。

● 标注的准确性：确保标注结果与文本的实际含义相符。

● 一致性：不同标注人员对相似文本的标注应保持一致。

● 复杂性处理：对于模糊或多义的文本，应制定明确的处理原则。

● 标注效率：在保证质量的前提下，提高标注的速度和效率。

高质量的文本标注数据是训练有效 NLP 模型的关键，它能够使模型更好地理解和处理自然语言，为各种应用提供更准确和有用的服务。

5．语音标注

语音标注是对语音信息进行有意义的标记和注释的过程，旨在为语音技术的发展和应用提供高质量的训练数据。

语音标注在语音识别、语音合成、语音情感分析等领域具有重要作用。通过准确标注语音数据，计算机能够更好地理解和处理人类的语音。

常见的语音数据标注类型包括语音转写标注、语音分割标注、说话人识别标注等。

语音转写标注：将语音内容转换为文字形式。这是语音标注中最基础且常见的类型，要求准确记录语音中的每一个单词和发音。

语音分割标注：将连续的语音流分割成不同的语音单元，如音素、音节或单词。

说话人识别标注：标记出语音中不同说话人的身份信息。

语音情感标注：判断语音所表达的情感状态，如高兴、悲伤、愤怒、平静等。

语音数据标注的流程通常包含以下步骤。

（1）语音数据采集。获取原始的语音素材，包括不同的说话人、口音、语速、语境等。

（2）标注计划制订。明确标注的目标、要求和规范，例如，撰写的准确性标准、情感分类的类别定义等。

（3）选择合适的标注工具。如 Praat 等专业的语音处理软件，以及一些在线语音标注平台。

（4）标注人员培训。对标注人员进行系统的培训，包括语音基础知识、标注规范的理解和标注工具的操作。

（5）实际标注工作。标注人员根据要求对语音进行相应的标注。

（6）质量检验。对标注结果进行抽查和评估，确保标注的准确性和一致性。

（7）数据整理与优化。对标注好的数据进行整理和优化，去除错误或不清晰的标注。

在进行语音数据标注时，需要注意以下要点。

● 环境噪声的处理：尽量减少环境噪声对语音标注的干扰。

● 口音和方言的考虑：对于存在多种口音和方言的语音数据，要制定统一的标注原则。

● 标注的细节和精度：例如，在语音分割标注中，要确保分割点的准确性。

高质量的语音标注能够显著提升语音技术的性能和应用效果，为实现更自然、更智能的语音交互提供有力支持。

3.4　标注后数据分类与统计

⊙知识目标

1．理解数据分类和统计的基本概念和方法。

2．掌握数据分类和统计工具的使用。

3.4.1　分类与统计核心概念梳理

1．标注后数据分类与统计的定义与内涵

标注后的数据分类是依据特定的规则或标准，将已标注的数据划分到不同的类别或组中的过程。例如，在图像标注数据中，如果标注了图像中的物体类别，那么分类就可以按照物体的种类，如动物类、植物类、人造物体类等进行划分；对于文本标注数据，可能按照情感倾向（积极、消极、中性）、主题（科技、文化、体育等）进行分类。其内涵在于通过对数据的归类，使得原本零散的标注数据变得有序，便于后续分析、处理与理解。

数据统计则是对已分类或未分类的标注数据进行量化的描述与分析。它涉及到对数据的各种特征进行数值计算，如计算某一类标注数据的数量、比例、出现的频率等。例如，统计在一批文本标注数据中，积极情感倾向的文本数量占总文本数量的百分比，或者计算在图像标注数据中，特定物体类别在不同场景图像中的出现频率。这有助于我们从宏观和微观层面把握数据的整体特征与分布情况。

2. 在整体数据处理流程中的意义和作用

在数据处理流程中，标注后的数据分类与统计具有至关重要的意义与作用。首先，分类能够简化数据的复杂性，将大规模的标注数据转化为更易于管理和操作的类别集合。这就好比将杂乱无章的书籍按照不同的学科分类放置在图书馆的书架上，方便查找和进一步研究。通过分类，我们可以快速定位到特定类型的数据，提高数据检索与使用的效率。

数据统计为数据的价值挖掘提供了有力手段。它能够揭示数据背后隐藏的规律与趋势。例如，在市场调研的文本标注数据统计中，如果发现某一特定产品的负面评价比例在一段时间内持续上升，这就为企业提供了产品改进或营销策略调整的重要依据。同时，统计结果还可以用于评估数据标注的质量，如通过对比不同标注人员标注数据的统计特征，判断标注的一致性与准确性。在机器学习与人工智能领域，标注后数据的分类与统计结果也是模型训练与优化的重要参考，帮助确定数据的分布特点，以便选择合适的算法与模型架构，从而提高模型的性能与泛化能力。

3.4.2　分类方法解析

1. 基于数据标注属性的分类方式

基于标注类型分类是一种常见的方法。例如，在语音标注数据中，标注类型可能包括语音内容转录、说话人身份标注、语音情感标注等。若按照标注类型分类，就可以将数据分为语音转录类数据集合、说话人身份类数据集合以及语音情感类数据集合等。这样在后续分析时，若想研究语音情感与语音内容之间的关系，就可以方便地从相应的两个数据集合中提取数据进行关联分析。

依据标注对象特征分类同样重要。以图像标注数据为例，如果标注对象是人物，则特征可以包括人物的性别、年龄、服饰风格等。按照人物性别特征分类，可将图像数据分为男性人物图像集合与女性人物图像集合。对于产品图像标注数据，标注对象特征可能有产品的品牌、颜色、尺寸等。如按照品牌特征分类，能把所有标注数据按不同品牌划分成不同的子集，有助于进行品牌相关的市场分析，像比较不同品牌产品在图像数据中的出现频率、与其他标注属性（如产品颜色偏好与品牌的关联）的关系研究等。

2. 多维度数据分类的策略与实施要点

多维度数据分类策略是综合多个标注属性进行分类。比如在对电商产品的文本评价标注数据进行分类时，可以同时考虑产品类别、评价情感倾向以及评价时间三个维度。首先按照产品类别将数据分为电子产品类、服装类、食品类等；在每个产品类别下，再按照评价情感倾向分为积极、消极、中性；最后在情感倾向分类下，又按照评价时间（如季度或年度）进一步细分。

实施要点方面，首先要确定关键的标注维度，这需要对数据的用途和研究目的有清晰的认识。例如，若重点研究市场趋势变化对产品评价的影响，评价时间维度就尤为关键。其次，要注意维度之间的顺序。一般先按照大的、相对稳定的类别维度划分，再逐步细化到小的、变化性强的维度。如先按产品类别，再按评价情感倾向，最后按评价时间。最后，在分类过程中要做好数据记录与索引，确保分类后的数据能够方便地回溯和重新组合，避免数据混乱或丢失。例如，建立详细的数据分类目录表，记录每个数据子集的分类依据、包含的数据量、存储位置等信息，以便在后续分析中快速定位和调用所需数据子集。

3.4.3　统计方法探究

1．常用数据统计指标在标注数据中的应用

（1）频率统计：频率用于衡量某一特定标注类别在数据集中出现的频繁程度。例如，在文本标注数据中，若对一篇文章进行词性标注，统计名词出现的频率，可了解该文本的主要描述对象。假设对一篇关于自然科学的文章进行标注，统计发现"细胞""基因"等名词的频率较高，就能直观知晓文章的核心概念围绕生物学领域展开。在图像标注数据里，统计特定物体（如汽车）在一组交通场景图像中的频率，有助于分析该物体在不同路况下的出现概率，为交通流量研究或自动驾驶技术中的物体识别优化提供依据。

（2）比例统计：比例体现了某一标注类别与整体数据量之间的关系。如在语音标注数据中，统计男性和女性说话人的比例，可用于研究语音数据的性别分布特征。若在一个客服语音数据集里，统计发现女性说话人比例为60%，男性为40%，这一结果可辅助分析客服行业的人员性别构成情况，以及针对不同性别客户群体的服务策略差异。对于图像标注的多类别数据，如统计风景、人物、建筑三类图像在总图像数据集中各自所占比例，能明确数据的主要类型分布，便于进行有针对性的数据挖掘与分析。

（3）均值统计：均值主要应用于可量化的标注数据。在文本标注数据中，若对文本的长度（以字数衡量）进行标注，计算均值可了解整体文本的平均长度情况。例如，对一组新闻报道文本标注长度后求均值，得到平均字数为800字，这有助于评估新闻报道的篇幅规律，为新闻写作规范或内容发布平台的排版设计提供参考。在语音标注数据里，若标注语音的时长，计算均值可掌握语音数据的平均时长特征，比如在语音课程标注数据中，通过均值统计可确定每节课的平均时长，以便优化课程设置与安排。

2．针对不同数据类型的特定统计方法

（1）文本标注数据：除了上述通用指标，还可进行词汇丰富度统计。通过统计文本中不同词汇的数量与总词汇量的比值，评估文本的丰富程度。例如，对文学作品标注词汇后计算词汇丰富度，较高的词汇丰富度可能表明作品的语言表达更为多样和复杂。另外，还可进行共现词统计，即统计在一定文本窗口内两个或多个词汇共同出现的次数。比如在历史文献标注数据中，统计"战争"与"和平"这两个词的共现次数，可分析特定历史时期社会状态的转变与关联。

（2）图像标注数据：图像标注数据常进行区域面积统计。例如，在医学图像标注中，对病变区域进行标注后统计其面积大小，可用于评估病情的严重程度与发展趋势。同时，可进行形状特征统计，如计算标注物体的周长、圆形度等几何特征。在工业产品图像检测标注数据中，通过统计产品部件的形状特征，判断产品是否符合生产标准与设计规范，若某零件标注后的圆形度与标准值偏差过大，则可能存在生产缺陷。

（3）语音标注数据：语音标注数据可进行音高、音强的统计分布分析。例如，在音乐演唱语音标注数据中，统计歌手演唱过程中的音高均值、方差等，可评估演唱的稳定性与技巧水平。还可进行语速统计，通过计算单位时间内的音节或单词数量来衡量。在演讲语音标注数据中，语速统计有助于分析演讲者的表达风格与节奏控制，较快的语速可能表明演讲者情绪激昂或内容紧凑，而较慢的语速可能更注重情感渲染或信息传达的准确性。

3.4.4 工具使用指南

1. 主流标注数据分类统计工具介绍

在数据标注后的分类与统计工作中，有几款主流工具被广泛应用。Excel 是一款大家熟知且功能强大的电子表格软件，它具有操作简单、灵活性高的特点，适用于小规模数据的处理与初步分析。许多小型企业或个人在处理简单的文本或数据标注结果统计时，常常会选择 Excel。例如，对一份学生成绩标注数据（如优秀、良好、及格、不及格）进行分类统计，使用 Excel 可以快速地计算出各等级成绩的人数、比例等。

SPSS 则是一款专业的统计分析软件，在学术研究和大型数据分析项目中应用广泛。它提供了丰富的统计分析方法和模型，能够处理复杂的标注数据。例如，在社会学研究中，对于大规模的问卷调查数据标注后，SPSS 可以进行多元回归分析、因子分析等高级统计操作，以探究不同变量（如年龄、性别、教育程度等标注信息）之间的内在联系与影响机制。如图 3-22 所示是 SPSS 的操作界面。

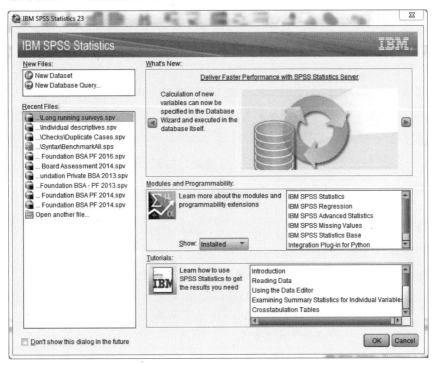

图 3-22 SPSS 的操作界面

2．工具的基本功能与操作界面概览

（1）Excel。

基本功能：Excel 可以进行数据的输入、编辑与存储。它能够创建各种表格形式的数据结构，方便数据的整理。例如，将图像标注数据中的物体类别、位置、大小等信息逐行录入到 Excel 表格中。其公式与函数功能极为强大，如 SUM 函数可用于计算某一列数据的总和，COUNTIF 函数能够统计满足特定条件的数据数量。在语音标注数据时长统计中，可利用函数计算总时长或特定类型语音片段的累计时长。数据排序与筛选功能可快速按照某一标注属性对数据进行重新排列或筛选出符合条件的数据子集。例如，对文本标注数据按关键词出现频率排序，以便快速定位高频关键词所在的数据行。

操作界面：Excel 由工作表、行、列构成基本的数据输入区域。菜单栏包含了各种操作命令，如"数据"菜单下有数据导入、排序、筛选等功能选项；"公式"菜单则提供了各种函数的编辑与应用入口。工具栏上有常用功能的快捷按钮，如保存、打印、撤销等。例如，在进行数据分类统计时，可通过点击"数据"菜单中的"筛选"按钮，为每一列标注数据添加筛选箭头，然后根据需要选择特定的标注类别进行筛选操作。

（2）SPSS。

基本功能：SPSS 主要用于数据的统计分析与建模。它能够进行描述性统计分析，如计算均值、标准差、频率等基本统计量。在图像标注数据的颜色特征统计中，可以通过 SPSS 快速获取不同颜色标注的数量、比例等描述性信息。同时，它支持多种高级统计分析方法，如方差分析用于比较不同组数据标注结果之间的差异显著性；聚类分析可将相似的标注数据对象聚成一类，例如，在对客户消费行为标注数据进行分析时，聚类分析可以将具有相似消费模式的客户划分到同一群组，以便制定针对性的营销策略。

操作界面：SPSS 有数据视图和变量视图两个主要窗口。数据视图用于输入和展示数据，每一行代表一个数据样本，每一列代表一个变量（即标注属性）。变量视图则用于定义变量的名称、类型、标签等属性。菜单栏中的"分析"菜单是核心功能入口，里面包含了各种统计分析方法的选项。例如，要进行标注数据的相关性分析，可选择"分析"→"相关"→"双变量"命令，然后在弹出的对话框中选择需要分析相关性的标注变量，设置相关参数后即可进行分析操作。

3．运用工具进行数据导入、分类设置与统计分析的详细步骤

（1）Excel。

数据导入：点击"数据"菜单中的"自文本/CSV"选项（如果数据存储为文本或 CSV 格式），在弹出的对话框中选择要导入的文件，按照向导提示设置数据格式（如分隔符、数据类型等），即可将标注数据导入到 Excel 工作表中。例如，将网络爬虫获取并标注好的新闻文本数据导入 Excel，以便后续分析新闻主题的分布情况。

分类设置：可通过插入新列并使用函数或手动输入分类规则来实现。如对产品销售标注数据，根据销售额大小在新列中使用 IF 函数设置分类，如"IF(销售额>10000,"高销售额","低销售额")"，将产品数据分为高销售额和低销售额两类。

统计分析：选择要统计的数据列，然后在"公式"菜单中选择相应的函数进行统计。例如，要统计某一标注类别（如特定地区的客户数据）的数量，可使用 COUNTIF 函数，

在函数参数中设置统计范围和条件（如统计"地区"列中等于"华东地区"的行数）。

（2）SPSS。

数据导入： 在 SPSS 启动界面或"文件"菜单中选择"打开"→"数据"命令，选择要导入的文件类型（如 Excel 文件、文本文件等），然后按照向导设置数据的变量名称、类型等属性，完成数据导入。例如，将医学实验标注数据从 Excel 导入到 SPSS 中进行深入分析。

分类设置： 在变量视图中对变量进行定义和分组设置。如在对患者病情标注数据进行分析时，将"病情严重程度"变量定义为有序分类变量，并设置相应的取值标签（如 1-轻度，2-中度，3-重度）。在数据视图中，可通过"转换"菜单中的"重新编码为不同变量"或"重新编码为相同变量"选项，根据设定的规则对数据进行分类转换。例如，将患者的年龄数据重新编码为年龄段分类数据（如青少年、中青年、老年）。

统计分析： 在"分析"菜单中选择相应的统计分析方法。如进行不同病情标注组患者的某项生理指标（标注数据）的均值比较时，选择"分析"→"比较均值"→"独立样本 T 检验"命令，在对话框中选择分组变量（病情严重程度）和检验变量（生理指标），点击"确定"按钮即可进行统计分析并得到结果报告。

4. 工具使用中的常见问题与解决技巧

（1）Excel。

常见问题： 数据类型不匹配导致计算错误。例如，将文本格式的数字数据进行数值计算时会出错。

解决技巧： 选中数据列，选择"数据"菜单中的"分列"命令，按照向导将文本数据转换为数值数据类型。另外，在进行函数计算时，如果出现函数引用错误，则可检查函数中的单元格引用范围是否正确，使用 F4 键快速切换绝对引用和相对引用，确保函数计算准确无误。

（2）SPSS。

常见问题： 数据缺失值处理不当影响统计结果准确性。在标注数据收集过程中，可能由于各种原因存在数据缺失现象。

解决技巧： 选择"分析"→"缺失值分析"命令，在对话框中选择要分析的变量，SPSS会提供缺失值的统计信息，如缺失值数量、占比等。可根据情况选择合适的缺失值处理方法，如删除含有缺失值的样本（适用于缺失值较少且样本量较大的情况）或使用均值填充、多重填补等方法（在不影响数据整体分布特征的前提下恢复数据完整性），以确保后续统计分析结果的可靠性。

3.5 数据归类和定义

⊙知识目标

1. 理解数据归类和定义的意义与方法。
2. 掌握数据归类和定义的标准与流程。

3.5.1 数据归类与定义的意义

数据归类和定义在整个数据处理环节中有着至关重要的作用。通过数据归类，能够依据数据的内在关联和特征将繁杂的数据进行有条理地划分，使得数据的组织结构更加清晰，便于后续快速检索、查询以及针对性地分析使用。例如，在电商平台的用户行为标注数据中，将用户的浏览、购买、收藏等不同行为数据归类，能清晰知晓各类行为数据的规模及相互关系，为精准营销提供依据。

数据定义则是明确各类数据所代表的含义和范围，确保不同使用者对数据的理解保持一致，避免因理解偏差造成数据分析结果的错误解读或应用失误。比如对金融数据中"资产负债率"这一标注数据进行清晰定义，明确其计算方式、涵盖范围等，各方人员在分析企业财务状况时就能基于统一标准开展工作。

3.5.2 数据归类的方法

（1）基于主题特征归类：依据数据所围绕的核心主题来划分。以学术文献标注数据为例，如果是关于自然科学领域的文献，可进一步按照物理学、化学、生物学等不同学科主题进行归类；对于图像标注数据，若主题是城市风光，则可按照建筑、街道、公园等不同主题元素进行分类，让同类型的数据汇聚在一起。

（2）按照逻辑关系归类：考虑数据之间存在的因果、并列、递进等逻辑联系来分类。例如，在市场调研的问卷标注数据中，消费者的购买意愿数据和影响购买因素的数据可依据因果逻辑关系进行归类，购买意愿是结果，影响购买因素是原因，这样分类有助于深入分析两者之间的作用机制。

（3）根据数据来源归类：从数据产生的源头来区分。比如对于企业运营数据，可按照来自销售部门、生产部门、财务部门等不同来源进行归类，方便各部门对自身相关数据进行管理和分析，也利于跨部门数据整合时追溯数据出处。

3.5.3 数据归类的标准和流程

1．标准制定

（1）准确性标准：确保归类依据能准确反映数据的本质特征，避免错误归类。例如在对新闻文章标注数据归类时，若依据文章的核心事件分类，就需精准判断事件所属领域，不能将体育赛事相关文章错误归到娱乐类。

（2）完整性标准：要涵盖所有待归类的数据，不能有遗漏。在对医疗病历标注数据归类时，无论是门诊病历还是住院病历，都要纳入相应的分类体系中，保证整个医疗数据的完整性。

（3）一致性标准：整个归类过程要保持统一的标准，不能中途随意变更。如对产品评价标注数据一开始按照好评、中评、差评的情感倾向分类，后续就不能再依据其他不同标准重新分类，以维持数据分类的稳定性和可对比性。

2．流程介绍

（1）初步梳理：先对所有要归类的数据进行整体查看，了解其大致内容和特征，例如，在处理一批语音标注数据时，先听一听语音内容，查看标注信息，对数据有个初步认识。

（2）确定归类标准：结合数据的特点和使用目的，选择合适的归类标准，如前面提到的基于主题、逻辑或来源等，在整理图书标注数据时，若想方便读者查找阅读，可确定以图书的学科主题作为归类标准。

（3）归类操作：依据选定的标准，将数据逐一归入相应类别。在图像标注数据中，按照图像内容是人物、风景还是物体等标准，把每一张图像放到对应的类别文件夹中或在数据表中标记好类别属性。

（4）检查调整：完成归类后，检查是否存在归类错误、遗漏等问题，根据检查结果及时调整，确保分类的准确性和完整性。

3.5.4 数据定义的方法

1．明确概念内涵

清晰阐述数据所代表概念的核心含义。对于"客户满意度"这一标注数据，要说明它是衡量客户对产品或服务满意程度的指标，通过调查问卷中多个相关问题的综合得分等方式来体现，让使用者明白其本质所指。

2．界定范围边界

确定数据涵盖的范围以及不包括的内容。例如，在定义"企业年度营收"标注数据时，明确指出是企业在一个自然年度内通过正常经营活动所获得的全部收入，排除了非经常性的、与主营业务无关的收入项目，避免数据理解上的混淆。

3．规范表述形式

采用统一、规范的语言来表述数据定义，便于传播和理解。无论是在内部数据分析报告还是在对外的数据说明文档中，对"市场占有率"等标注数据都要用固定的、准确的语句来定义，如"指企业的产品在特定市场的销售量或销售额占该市场同类产品总销售量或总销售额的比例"。

3.5.5 数据定义的标准和流程

1．标准制定

（1）清晰性标准：定义的内容要清晰明了，不存在模糊、歧义的表述。比如定义"员工绩效"标注数据时，要清楚说明是以哪些工作成果、指标来衡量绩效的，不能笼统含糊，让人难以捉摸。

（2）通用性标准：要能适用于数据使用的各种场景和不同使用者，具有广泛的适用性。对于"空气质量指数"标注数据，其定义是按照国际通用的相关标准及计算方法来确定的，全球各地在分析空气质量时都能依据此标准理解该数据。

（3）稳定性标准：定义一经确定，应保持相对稳定，除非有科学合理的依据进行更新，否则不能随意变动。例如，"人口出生率"的定义长期以来都按照固定的统计口径和计算方式，保证了不同时期数据的可比性。

2．流程介绍

（1）分析数据本质：深入研究数据所反映的实际内容，搞清楚它在业务或研究中的作用和性质。在定义"产品质量等级"标注数据时，要分析它从哪些质量维度（如外观、性能、耐用性等）来衡量产品质量的高低，为准确下定义做准备。

（2）参考相关规范：查看行业内是否有现成的、权威的标准或定义可供借鉴。在定义金融领域的"不良贷款率"标注数据时，参考国家金融监管部门出台的相关规定来确定其准确的定义内容。

（3）拟定定义初稿：根据分析结果和参考依据，撰写数据定义的初步内容，尽量做到表述完整、准确。

（4）审核与完善：组织相关领域专家、数据使用者等对定义初稿进行审核，根据反馈意见进行修改完善，最终确定正式的数据定义并记录存档，方便后续查询和使用。

3.6 标注数据审核

⊙知识目标

1．理解标注数据审核的重要性和原则。

2．掌握标注数据审核的方法和技巧。

3.6.1 审核的重要性

标注数据的质量直接影响后续基于这些数据的分析、模型训练以及决策制定等工作的准确性与有效性。若标注数据存在错误或缺失，例如，在图像识别任务中，标注为"猫"的图像实际上却是"狗"的图像，那么基于这些错误标注数据训练出的模型在识别猫和狗时就会出现偏差，导致模型性能低下，无法准确地对新的图像数据进行分类识别。在市场调研中，如果标注数据不完整，缺少关键信息如消费者年龄或消费金额，那么对市场趋势的分析和消费者行为模式的挖掘将受到严重阻碍，可能得出错误的结论并误导企业的营销策略制定。因此，对标注数据进行严格审核是确保数据可用性和可靠性的关键环节。

3.6.2 审核的原则

（1）准确性原则：标注数据必须与实际情况相符。在语音标注中，语音内容的转录应准确无误，不能出现错字、漏字或多字的情况。例如，一段关于医学知识讲座的语音标注，其中涉及到专业术语的转录，如"心肌梗死"不能标注成"心肌梗死"，必须严格按照语音内容进行精准标注，以保证数据能正确反映原始信息。

（2）完整性原则：数据应包含所有必要的信息。以电商产品标注数据为例，一款产品的标注信息应涵盖产品名称、品牌、规格、价格、产地等基本信息，若缺少其中任何一项，都可能影响对该产品在市场分析、库存管理等方面的处理，导致数据在后续应用中出现问题，如无法准确计算某品牌产品的平均价格或不同产地产品的销售比例等。

（3）一致性原则：同一类别的标注在整个数据集中应保持一致。比如在文本情感标注中，如果将"开心""快乐""愉悦"等表达积极情感的词汇都统一标注为"积极"，那么在整个标注数据集中都应遵循此标准，不能出现部分相同含义词汇标注为其他类别或使用不同标注方式的情况，否则会导致数据混乱，影响数据分析结果的可靠性。

（4）客观性原则：标注过程不应受主观偏见影响。在对新闻报道的标注中，不能因为个人的政治立场、宗教信仰或文化偏好等因素而对新闻内容进行歪曲标注。例如，对于国际事件的报道标注，应依据事实本身，而不是基于标注者个人的情感倾向或国别偏见来确定标注内容，确保数据的公正性和客观性。

3.6.3 审核的方法和技巧

（1）抽样审核法：从大量标注数据中抽取一定比例的样本进行审核。例如，在处理海量的社交媒体文本标注数据时，由于数据量庞大，可抽取10%或20%的样本进行详细审核。若样本中发现较多错误或问题，则需扩大审核比例或对整个数据集进行全面审核。如抽取的社交文本标注样本中，关于情感标注的错误率超过5%，则可能意味着整体数据的标注质量存在较大风险，需要进一步深入检查。

（2）对比审核法：将不同标注人员标注的同一数据进行对比。在图像标注项目中，安排多个标注员对相同的图像进行标注，然后对比他们的标注结果。如果标注结果差异较大，如对于图像中物体的类别标注不一致，就需要对标注标准进行重新审视和明确，并对有争议的标注进行重新评估和修正，以提高标注的一致性和准确性。

（3）规则审核法：依据预先设定的规则和标准进行审核。对于数字标注数据，如财务报表数据的标注，设定数值范围、数据格式等规则。例如，某公司的销售额标注数据必须是大于零的数值且保留两位小数，如果出现不符合此规则的数据，如负数或多位小数的标注，即可判定为错误数据并进行修正。

3.6.4 审核报告的撰写

审核报告应清晰地呈现审核的过程、结果以及相关建议。首先，在报告开头说明审核的目的、范围和采用的方法。例如，本次审核旨在检查某电商产品标注数据的准确性和完整性，审核范围涵盖了近一个月内新增的10万条产品标注数据，采用了抽样审核法和规则审核法相结合的方式。然后，详细列出审核过程中发现的问题，如标注错误的产品数量、缺失信息的产品类别等，并给出具体的案例说明。例如，发现有500条产品标注的价格信息错误，其中某产品实际价格为99元，但标注为9.9元。最后，提出针对这些问题的建议，如对错误标注数据进行重新标注、完善标注流程和标准以防止类似错误再次发生等，为后续的数据处理和优化提供依据。

3.6.5 数据筛选

根据审核结果进行数据筛选，淘汰不符合要求的数据，保留优质数据。将审核中发现的错误标注数据、信息严重缺失数据等从数据集中删除。例如，在审核后的一批医疗病历标注数据中，将那些关键诊断信息缺失或诊断结果标注错误的病历数据剔除，只保留标注准确且完整的病历数据，以提高数据的整体质量，确保基于这些优质数据进行的医学研究、疾病分析等工作能够得出可靠的结论并为临床实践提供有效的支持。

3.7　第 3 章小结

第 3 章聚焦数据标注核心主题，内容涵盖原始数据清洗与标注流程、标注后数据分类统计方法、数据归类定义准则以及标注数据审核要点等多方面知识体系，并设置了丰富的实训练习环节，包括数据清洗任务以及文本、视觉、语音数据的标注任务，还引入了人脸打点自动化标注技术以拓展实训维度。特别值得一提的是，所有训练环节所依托的工具均为开源工具，这意味着任何人都能够免费获取并充分利用它们进行练习操作，不受资源限制。总体而言，此章作为本书重点内容，对于读者全面深入地掌握数据标注技术至关重要，需投入足够精力进行反复练习与深入探究。

3.8　思考与练习

3.8.1　单选题

1. 在图像处理领域，以下关于下采样和池化操作的描述，正确的是（　　）。

    A. 下采样和池化操作完全相同，只是不同领域的不同叫法

    B. 下采样只有均值下采样和最大下采样两种方法，而池化操作方法更多样

    C. 池化操作是下采样的一种特殊形式，主要用于卷积神经网络中

    D. 下采样是通过对像素的合并来实现的，而池化操作不涉及像素合并

2. 在语言学和自然语言处理中，以下关于语法、语义、语用的描述正确的是（　　）。

    A. 语法关注的是句子结构的合法性，语义关注的是句子的字面意思，语用只考虑说话者的意图，三者相互独立，没有交集

    B. 语义决定语法结构，语法结构又决定语用效果，这是一个单向的决定关系

    C. 语法是基础，它规定了语言的结构规则；语义在语法的基础上赋予句子含义；语用则考虑句子在具体语境中的使用，是在语义基础上结合语境的体现

    D. 语用可以不依赖语法和语义，它主要取决于语言使用者所处的文化背景和社交情境

3. 在使用 Dlib 库进行人脸打点标注的实训任务中，以下说法正确的是（　　）。

    A. Dlib 库的任何版本都可以顺利地用于人脸打点标注任务，且对 Python 版本没有要求

    B. 若要安装用于人脸打点标注功能的 Dlib 库，只能安装 19.7.0 版本，并且该版本必须与 Python 3.6 配套使用，因为经过测试只有这样的组合才能在实训任务中成功运行相关功能

    C. Dlib 库的 19.7.0 版本用于人脸打点标注时，虽然推荐与 Python 3.6 一起使用，但实际上与其他 Python 版本也能兼容并实现功能

    D. 安装 Dlib 库用于人脸打点标注功能时，Python 版本是关键，只要是 Python 3.6 就可以，Dlib 库版本没有限制

3.8.2　多选题

1. 在数据清洗过程中，以下哪些操作属于针对文本数据清洗的常见方法（　　）。

    A. 停用词过滤　　　　　　　　　　　B. 数据标准化（如将日期格式统一）

C. 词干提取　　　　　　　　　　　　　D. 利用正则表达式匹配特定文本模式

E. 图像去噪

2. 以下关于数据标注原则的描述，正确的是（　　　）。

A. 准确性原则要求标注数据尽可能接近真实情况，对于有歧义的数据可以根据标注员的个人理解进行标注

B. 一致性原则不仅包括标注标准在同一项目中的统一，还包括与行业内通用标注规范保持一致

C. 完整性原则意味着标注数据应包含所有可能的信息，数据量越大越好

D. 规范性原则要求标注格式和流程都应遵循预先设定的规则，方便数据的管理和后续使用

E. 可追溯性原则主要是为了在出现问题时能够找到原始数据和标注过程记录，其重点在于记录标注人员的个人信息

3. 在自然语言处理中关于数据定义及相关操作，以下说法正确的是（　　　）。

A. 明确概念内涵时，只需考虑词汇在当前文本中的字面意思即可，无须参考其他语境信息

B. 界定范围边界可有效防止数据理解的歧义，例如，在定义"青年"年龄范围时，明确规定为15~24岁（联合国标准），这就是界定范围边界的体现

C. 规范表述形式要求对数据定义采用统一的、标准化的专业术语，不能使用通俗易懂的日常语言，以保证其专业性

D. 数据定义完成后就无须再调整，因为其主要目的是确保当前使用者理解一致

E. 数据定义不仅有助于处理自然语言中的泛指性词汇，还能提升整个自然语言处理系统的数据质量和处理准确性

第4章

智能系统运维

智能系统是指能产生人类智能行为的计算机系统。它具有感知、推理、学习、决策等能力。

从感知方面来说，智能系统可以像人一样通过传感器获取外界信息。例如，智能安防系统，它利用摄像头、红外探测器等设备感知环境中的物体移动、温度变化等情况。

在推理能力上，智能系统能够根据已有的规则、知识或参数模型进行逻辑推导。以医疗诊断智能系统为例，它会根据患者的症状、检查数据，结合医学知识库中的疾病诊断规则，推断出可能患有的疾病。

学习能力也是智能系统的重要部分。如机器学习中的监督学习，智能语音识别系统通过大量标注好的语音数据进行学习，不断调整模型参数，从而提高语音识别的准确率。

决策方面，智能交通系统可以根据实时的路况信息，如车流量、道路施工情况等，做出调整信号灯时间等决策，以优化交通流量。

4.1 智能系统基础操作

⊙知识目标

1. 理解智能系统的基本原理和架构。
2. 掌握智能系统的基础操作技能。

⊙工作任务

1. 进行智能系统的部署和配置。
2. 管理和维护智能系统的正常运行。

4.1.1 智能系统的基本原理和架构

智能系统的基本原理包括以下几个方面。

1. 信息感知与获取

智能系统依赖于传感器和信息采集设备获取外部环境的信息，包括视觉、听觉、触觉等多模态数据。这是系统了解并与外界交互的基础。该环节主要由感知技术和数据融合两部分组成。

（1）感知技术。感知技术是指能够获取信息并将其转换为可供计算机或其他信息处理系统识别和处理的信号的技术。其种类繁多，涵盖了多个技术领域，具体如下。

传感器技术：这是最为常见的感知技术之一。例如，温度传感器，它利用热敏材料的特性，随着环境温度的变化，其电阻值或电压值会相应改变，从而将温度信息转化为电信号。压力传感器则依据压力与某些物理量（如电容、电阻）的关系，把压力大小转换为可测量的信号，在工业生产中广泛用于监测管道压力、气压等参数。

遥感技术：通过非接触式的探测手段获取目标信息。如卫星遥感，利用搭载在卫星上的光学传感器、雷达传感器等设备，对地球表面进行大面积观测。光学传感器可以获取地面的图像信息，通过分析图像的颜色、纹理等特征，识别土地利用类型（如农田、森林、城市建筑等）、监测农作物生长状况、发现自然灾害（如洪水、火灾等）的范围和程度；雷达遥感则不受天气和光照条件的限制，能够穿透云层、植被等，探测地下地形、地质结构以及海洋表面的波浪、风速等信息。

射频识别（RFID）技术：由标签、读写器和天线三部分组成。标签附着在被识别物体上，存储着物体的相关信息（如产品编号、生产日期等）。读写器通过天线发送射频信号，当标签进入读写器的工作范围时，标签被激活并与读写器进行通信，读写器读取标签中的信息，实现对物体的识别和跟踪。在物流仓储管理中，RFID 技术可用于快速准确地盘点货物、监控货物的运输路径和库存状态。

图像识别技术：借助计算机视觉算法对图像或视频中的目标进行检测、识别和分类。在安防监控领域，图像识别技术能够实时监测画面中的人员、车辆等目标，对可疑行为（如入侵、徘徊等）进行预警；在交通管理中，可以用于识别车牌号码、交通标志和信号灯状态，辅助实现智能交通控制和违规行为监测。

声音识别技术：主要包括语音识别和音频特征识别。语音识别技术将人类语音转换为文本，广泛应用于语音助手（如苹果的 Siri、小米的小爱同学等）、语音输入法等产品中，方便用户通过语音指令操作设备或输入信息。音频特征识别则侧重于分析声音的频率、振幅、音色等特征，用于环境声音监测（如检测机器故障产生的异常声音、识别动物叫声以进行生态研究等）以及音乐分类与检索等领域。

（2）数据融合。数据融合是指将来自多个不同感知源的多元感知数据进行整合处理的过程。在实际应用场景中，往往会部署多种类型的感知设备以获取多方面的信息。例如，在智能交通系统中，会同时使用摄像头、雷达、地磁传感器等设备来监测交通状况。摄像头可以提供车辆的外观特征、行驶轨迹等图像信息，雷达能够精确测量车辆的速度、距离等参数，地磁传感器则可以检测车辆的存在和通过时间。这些不同来源的数据各自具有一定的局限性和误差，但又包含着互补的信息。

通过数据融合技术，将这些多元感知数据进行综合分析和处理。例如，采用加权平均、卡尔曼滤波、贝叶斯估计等融合算法，对不同传感器的数据进行校准、关联、合并等操作，从而消除数据之间的冗余和矛盾，提高信息的准确性（减少误差和不确定性）和全面性（获取更完整的目标信息），为后续的决策、控制、分析等任务提供更可靠的依据。例如，在自动驾驶汽车中，数据融合技术能够将激光雷达、摄像头、毫米波雷达等多种传感器的数据融合，使汽车更精准地感知周围环境，做出安全可靠的驾驶决策，如避障、变道、调速等。

2. 知识表达与建模

智能系统需要将感知到的数据转化为系统可理解的形式，这涉及知识的表示与管理。在该环节，符号表示、概率模型和深度学习模型发挥着极为重要的作用，它们从不同的角度对信息进行处理与表达，以满足多样化的信息需求。

（1）符号表示。符号表示旨在运用形式化语言对知识进行清晰准确地描述，以此构建起可被计算机系统有效理解与处理的知识体系。其中，逻辑规则是一种基础且常用的形式化手段。例如，在专家系统中，通过定义一系列"如果……那么……"的逻辑规则来描述特定领域的知识与推理过程。比如在医疗诊断领域，"如果患者体温高于 38 摄氏度且伴有咳嗽、流涕症状，那么可能患有感冒"这样的逻辑规则能够帮助系统依据输入的患者症状信息进行初步诊断推理。

语义网络则是另一种重要的符号表示形式。它通过节点和连接节点的边来构建知识图谱，节点代表各种实体（如人、物、地点、事件等），边则表示实体之间的关系（如父子关系、所属关系、因果关系等）。以一个简单的电影知识语义网络为例，"《泰坦尼克号》"这个节点可通过"导演"边连接"詹姆斯·卡梅隆"节点，通过"主演"边连接"莱昂纳多·迪卡普里奥"和"凯特·温斯莱特"节点等，从而全面地呈现出关于该电影的丰富知识架构，方便进行知识查询、推理与信息检索等操作。这种符号表示方式有助于将复杂的知识领域进行结构化整理，为智能信息处理提供坚实的基础。

（2）概率模型。概率模型主要聚焦于借助统计方法妥善处理信息中的不确定性与模糊性问题。贝叶斯网络是一种广泛应用的概率模型，它以有向无环图的形式表示变量之间的依赖关系，并结合条件概率表来描述这种依赖关系的强度。例如，在天气预测中，可构建一个贝叶斯网络，其中节点包括"气温""湿度""气压""降雨概率"等气象变量。通过历史气象数据学习得到各变量之间的条件概率关系，如在"高湿度"且"低气压"的条件下，"降雨概率"较高的概率值。这样，当获取到当前的湿度和气压观测值时，就能够利用贝叶斯网络推理出降雨的概率，从而为气象预报提供依据。

马尔科夫模型则在处理序列数据的不确定性方面表现出色。它基于马尔科夫假设，即未来状态只取决于当前状态，而与过去的历史状态无关。在语音识别领域，马尔科夫模型可用于描述语音信号的状态转移过程。例如，将语音信号划分为多个状态（如不同的音素状态），通过大量语音数据训练得到音素之间的转移概率矩阵。在识别过程中，根据输入语音信号的特征序列，利用马尔科夫模型计算出最有可能的音素序列，进而转化为文本信息。概率模型通过对不确定性的量化处理，使信息感知与获取系统能够在不完整或有噪声的信息环境中进行有效的推理与决策。

（3）深度学习模型。深度学习模型依靠神经网络强大的学习能力进行特征提取与知识表达。神经网络由大量的节点（神经元）和连接这些节点的边构成，通过构建多层结构（如多层感知机、卷积神经网络、循环神经网络等）来模拟人类大脑的神经元连接方式，实现对复杂数据的深度理解与处理。

在图像识别任务中，卷积神经网络（CNN）发挥着重要作用。它通过卷积层自动提取图像中的局部特征（如边缘、纹理、形状等），池化层对特征进行降维与抽象，全连接层整合这些特征信息以实现图像分类或目标检测等任务。例如，在人脸识别系统中，CNN 能够从输入的人脸图像中学习到独特的面部特征表示，从而准确判断出不同人的身份。

循环神经网络（RNN）及其变体（如长短期记忆网络 LSTM 和门控循环单元 GRU）则擅长处理序列数据，如文本、语音等。在自然语言处理领域，RNN 可用于文本生成、机器翻译、情感分析等任务。以文本生成为例，RNN 根据输入的文本序列逐步生成后续的文本内容，其内部的循环结构能够记忆前文信息，从而使生成的文本具有连贯性和逻辑性。深度学习模型通过大规模数据的训练学习，自动发现数据中的复杂模式与规律，极大地提升了信息感知与获取系统在复杂环境下处理各种类型信息的能力与效率。

3. 决策与推理

系统根据内置的算法和逻辑规则，从知识库中提取信息并进行推理，进而做出最佳决策。在决策与推理环节，规则推理、优化算法和深度强化学习是三个关键组成部分，它们各自以独特的方式助力智能系统做出合理决策并进行有效推理。

（1）规则推理。规则推理依托于逻辑推理机制以及专家系统构建而成。逻辑推理遵循严谨的逻辑规则，如演绎推理从一般性前提推导出特定结论，归纳推理则从个别事例概括出一般性规律。在专家系统中，领域专家将丰富的经验与专业知识转化为一系列明确的规则。例如，在医疗诊断专家系统里，会有诸如"若患者出现高热、咳嗽且伴有呼吸急促，同时白细胞计数升高，则可能患有肺炎"这样的规则。系统基于输入的患者症状信息与既定规则进行匹配和推理，从而给出可能的诊断结论或治疗建议。这种方式使得在特定领域内，即使面对复杂情况，也能依据已有的知识体系有条不紊地进行推理判断，为决策提供可靠依据。

（2）优化算法。优化算法旨在通过特定的计算方法寻找最优解，以实现资源的高效配置或目标的最大化达成。动态规划是其中一种重要方法，它将一个复杂的多阶段决策问题分解为一系列相互关联的子问题，并按照顺序依次求解。例如，在项目管理中，为了确定项目的最短工期，可将项目划分为多个任务阶段，利用动态规划计算每个阶段的最优时间安排，综合得出整个项目的最短时间路径。启发式搜索则另辟蹊径，它运用经验法则或直观判断来引导搜索方向，在庞大的搜索空间中快速定位可能的最优解。比如在旅行商问题中，当城市数量众多时，启发式搜索可依据城市间距离的大致分布、地理聚类等信息，快速规划出一条较优的旅行路线，虽不一定保证是绝对最优的，但能在可接受的时间和计算资源内得到较好的结果，有效提升决策效率。

（3）深度强化学习。深度强化学习专注于在动态且不确定的环境中，通过智能体不断试错来学习最优决策策略。智能体在环境中执行动作，并根据环境反馈的奖励信号来评估动作的优劣。例如，在机器人导航任务中，机器人作为智能体在未知的室内环境中行动，每一次移动、转向等动作都会使环境状态发生改变，若机器人成功避开障碍物并接近目标位置，则会获得正向奖励，反之若碰撞到障碍物则会得到负向奖励。深度强化学习利用深度神经网络对环境状态进行特征提取和价值评估，通过大量的试验与学习，逐渐优化智能体的决策策略，使其能够在复杂多变的环境中自主地选择最优行动，以最大化长期累积奖励，实现高效、灵活且适应性强的决策过程。

4. 学习与进化

智能系统通过机器学习方法，从数据中学习知识，不断优化自身性能。在学习与进化环节中，主要包含监督学习、无监督学习、强化学习和自适应进化，它们各自有着独特的原理和应用场景。

（1）监督学习。监督学习通过标注数据进行训练，构建分类或回归模型。例如，在判断一封邮件是否为垃圾邮件时，我们先收集大量已标记为"垃圾邮件"和"正常邮件"的邮件数据，将邮件中的特征（如发件人、关键词、邮件长度等）提取出来作为输入，对应的标记作为输出，让模型学习这些数据中的规律，从而构建一个分类模型。当有新邮件进入时，模型就能依据学习到的特征规律判断其是否为垃圾邮件。

（2）无监督学习。无监督学习旨在挖掘数据的内在结构，比如聚类和降维。以客户细分场景为例，一家电商企业拥有众多客户的购买记录数据，但不知道这些客户可以分为哪些类别。无监督学习中的聚类算法就可以根据客户的购买行为、购买频率、消费金额等数据特征，将相似的客户自动聚成不同的群体。这样企业就能针对不同群体制定个性化的营销策略。降维则可用于处理图像数据，例如，将高维度的图像像素数据降低维度，在保留关键信息的同时减少数据存储量和计算量。

（3）强化学习。强化学习通过奖励机制学习最优行为策略。以机器人导航为例，机器人在一个未知的环境中移动，它的目标是到达指定地点且尽量避免碰撞障碍物。每一步行动后，根据是否接近目标、是否碰撞障碍物等情况给予机器人相应的奖励或惩罚。机器人通过不断尝试不同的行动，依据得到的奖励反馈来学习最优的移动策略，最终能够在复杂环境中高效地导航至目的地。

（4）自适应进化。自适应进化指的是在变化的环境中实现动态更新和迭代。例如，在股票交易系统中，市场环境瞬息万变，交易策略需要不断适应新的市场情况。自适应进化机制能够根据实时的股票价格走势、成交量、宏观经济数据等信息，动态调整交易策略中的参数和规则，使交易系统始终保持对市场变化的适应性，从而提高交易绩效。

5. 交互与执行

智能系统能够与人类或其他系统交互，并将决策付诸实际行动。交互与执行环节主要包括人机交互技术和执行控制。

（1）人机交互技术。人机交互技术是使人类和计算机能够相互通信、理解并协同工作的技术，涵盖从简单的命令输入到复杂的多模态交互等多种形式，在本书的 7.2 节将详细讲述。

（2）执行控制。执行控制指的是通过机器人或其他执行设备实现任务目标，如机器人臂控制、无人机导航等。

6. 系统优化与自我诊断

为了保证高效运行，智能系统需要进行自我评估与动态优化。该环节主要包括：

（1）性能监控。性能监控指的是实时检测系统运行状态，识别瓶颈或故障。

（2）反馈机制。反馈机制指的是利用运行数据调整算法参数，实现持续优化。

智能系统的基本原理体现了多学科交叉的特点，最终目标是实现模拟甚至超越人类智能的能力，为复杂问题提供高效、可靠的解决方案。

7. 智能系统的架构

智能系统架构涵盖感知层、存储层、学习层、推理层、执行层与监控层。感知层基于信息感知与获取原理，借助传感器等采集多源数据。存储层依据知识表达与建模原理，构建数据存储与知识表征结构。学习层基于学习与进化原理，利用数据训练与更新模型。推理层按照决策与推理原理，依托知识与信息推理决策。执行层基于交互与执行原理，实施决策动作。监控层凭借系统优化与自我诊断原理，监测并优化系统各层运行，保障系统稳定高效运行，各层协同运作，彰显智能特性。

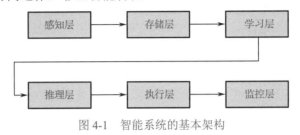

图4-1 智能系统的基本架构

4.1.2 智能系统的基础操作技能

智能系统的基础操作技能主要涵盖以下几类，这些技能均是由人针对智能系统所开展的操作。

1. 系统认知与启动类

（1）系统架构理解。操作人员需深入了解智能系统的整体架构，包括其硬件组成部分（如传感器、服务器、终端设备等）以及软件模块（如数据处理、模型运算、用户交互等模块）的分布与协同工作机制。例如，在一个复杂的智能制造系统中，要清楚自动化生产线的机械结构与智能控制系统之间如何交互数据，以实现精准生产控制。

（2）启动与初始化。掌握正确启动智能系统的步骤，包括开启相关硬件设备的顺序以及在软件层面进行系统初始化设置，如加载初始配置文件、建立数据库连接等操作。例如，启动一个大型数据中心的智能监控系统时，需先确保服务器集群正常上电，再启动监控软件并根据机房布局与设备参数完成初始化配置，使系统进入可运行状态。

2. 数据交互操作类

（1）数据录入与导入。能够准确地将各类数据输入智能系统，可通过手动输入少量关键数据，如在企业资源规划（ERP）系统中录入新产品的基本信息（名称、规格、成本等）；也能利用数据导入工具批量导入大规模数据，如将销售历史数据从 Excel 表格导入到销售分析智能系统中，并且要确保数据格式与系统要求相匹配，数据完整性与准确性得到保障。

（2）数据查询与检索。熟练运用系统提供的查询界面或查询语言，从智能系统的数据库或数据存储库中快速获取所需数据。例如，在医疗信息智能系统中，医生可根据患者姓名、病历号、疾病类型等关键词检索患者的详细诊疗记录，包括检查报告、诊断结果、用药历史等信息，以便进行病情分析与诊断决策。

（3）数据导出与备份。定期将智能系统中的重要数据导出并妥善存储，作为数据备份策略的一部分，以防止数据丢失或损坏。同时，能够根据特定需求（如数据分析、数据共享等）将系统中的数据导出为常见格式（如 CSV、PDF 等）。例如，财务智能系统每月末将财务报表数据导出为 PDF 文件以供管理层审阅，并同时将数据库中的所有财务数据备份到外部存储设备中，确保数据的安全性与可恢复性。

3. 模型与算法应用类

（1）模型选择与配置。根据智能系统的任务目标（如预测、分类、聚类等），从系统提供的多种模型库中选择合适的模型，并依据实际情况进行参数配置。例如，在市场预测智能系统中，若要预测产品销量，操作人员可根据产品的历史销售数据特点（如是否具有季节性、趋势性等）选择合适的时间序列预测模型（如 ARIMA 模型），并结合数据特征调整模型的自回归阶数、移动平均阶数等参数，以提高模型预测的准确性。

（2）算法执行与监控。启动模型对应的算法进行运算，并实时监控算法的执行过程，查看算法的收敛情况、计算资源消耗等指标。如在图像识别智能系统中运行深度学习算法时，通过监控界面观察模型训练过程中的损失值（Loss）和准确率（Accuracy）的变化曲线，判断算法是否正常收敛，若出现异常（如损失值持续不下降或准确率过低），则及时调整算法参数（如学习率、批次大小等）或检查数据质量问题，确保算法能够有效执行并达到预期效果。

4. 系统功能操作与定制类

（1）功能模块调用。熟悉智能系统各个功能模块的用途与操作方法，能够根据具体业务需求准确调用相应功能。例如，在智能办公系统中，员工可熟练调用文档编辑、项目管理、邮件通信等功能模块，提高日常办公效率；而在智能物流系统中，物流调度员可调用车辆调度、货物跟踪、库存管理等功能模块，实现物流流程的高效运作。

（2）用户界面定制。根据个人或团队的使用习惯与工作流程，对智能系统的用户界面进行个性化定制，包括调整界面布局、设置常用功能快捷方式、选择显示信息的内容与格式等操作。例如，在一个智能交易系统中，交易员可根据自己关注的交易指标（如股票价格、成交量、技术分析指标等）定制交易界面，将重要信息集中展示在显眼位置，并设置快速下单、止损止盈等操作的快捷按钮，以便在交易过程中能够迅速做出反应。

5. 系统维护与优化辅助类

（1）故障报告与协助排查。当智能系统出现故障或异常情况时，操作人员能够准确记录故障现象与相关信息（如错误提示信息、发生故障时的操作步骤等），并及时向技术支持人员报告。在技术支持人员进行故障排查过程中，操作人员可根据要求提供必要的协助，如在远程协助排查时按照技术人员的指示操作系统、查看系统日志文件并反馈相关信息等，以便快速定位并解决故障，恢复系统正常运行。

（2）系统性能反馈与优化建议。在长期使用智能系统的过程中，操作人员基于自身的使用体验与业务需求，能够对系统的性能表现（如响应速度、数据处理效率、功能易用性等）进行评估，并向系统开发团队提供有价值的反馈与优化建议。例如，客服人员在使用智能客服系统时，若发现系统对某些类型客户问题的回答准确率较低或响应时间过长，可向开发团队反馈具体问题案例与业务场景，建议开发团队优化相应的问答模型或调整系统配置参数，以提升系统的整体性能与用户满意度。

4.1.3　智能系统的部署和配置

1. 智能系统的部署

智能系统部署是使智能系统在特定环境中有效运行并施展智能功能的一系列关键操作。相较于普通系统部署，智能系统部署在硬件基础架构搭建时，更侧重智能算法、模型及数据处理能力的构建。

（1）硬件环境准备。智能系统一般对计算资源需求较大。比如，一个图像识别智能系统，若要快速准确地识别大量图片，就需要强大的计算能力。这时可能要配备高性能的 GPU（图形处理单元）服务器。就像给一位超级画家配备了顶级的画笔和画纸，GPU 能大幅加速智能系统对图像数据的处理。在安装硬件时，要像搭建精密积木一样，确保服务器、存储设备等组件连接精准且稳定。按照硬件厂商说明书，仔细完成服务器上架、网络布线、存储设备连接等基础步骤，还要进行严格的兼容性测试，就如同给一辆新车进行全面检查，确保系统在高强度运算时不会"抛锚"。

（2）操作系统与基础软件安装。通常会选用 Linux 这类对资源管理出色且利于开发工具使用的操作系统。安装好操作系统后，就如同给房子打好了地基，接着要安装像 Python 这样的基础软件环境以及相关科学计算库，例如 Numpy 和 pandas 等，它们如同智能系统的工具包，能方便地处理数据。若想开发一个智能语音助手，可能还需安装如 TensorFlow 或 PyTorch 等深度学习框架，这就好比给厨师配备了高级厨具。安装时要注意配置好环境变量，让系统能顺利找到并使用这些工具，就像在图书馆里做好书籍索引，方便用户查找使用。

（3）智能系统核心组件部署。智能系统的核心是智能算法与模型。以智能翻译系统为例，先将训练好的翻译模型文件按照系统架构要求部署到相应服务器节点上，这好比把一本本翻译词典放到对应的书架上以便随时取用。

若系统采用的是分布式架构，在将模型部署到这样的架构时，有多种方式。一种是模型并行，会将模型分割成多个小片，存储在不同节点上。这适用于模型规模非常大，单个节点的内存等资源无法容纳整个模型的情况。比如一个巨大的深度学习语言模型，分割后不同节点负责模型的不同部分的计算，在计算过程中相互通信、协同来完成整个模型的任务。另一种是数据并行，这种方式是把模型拷贝多份，每个节点存一份。在训练或推理阶段，不同节点对数据的不同部分进行处理，然后聚合各节点的结果，这样可以利用多个节点的计算资源来加速数据处理过程。

除模型部署外，还需部署推理引擎，它如同翻译员，负责加载模型并处理输入的文本数据，输出翻译结果。要保证推理引擎与模型"配合默契"，通过压力测试检验在多人同时使用系统时的响应速度和准确性，及时优化调整。

（4）数据部署与预处理。数据是智能系统的关键要素。例如，一个电商智能推荐系统，拥有海量的用户购买数据、商品信息数据等。要使用分布式存储系统（如 Hadoop Distributed File System，HDFS）来存放这些数据，就像把众多商品分类存放在大型仓库的不同货架上。在存储过程中，要对数据进行清洗，比如去除重复或错误的购买记录，如同清理仓库里的残次品；进行数据格式转换，使各类数据都有统一的"规格"，方便系统读取；对于有监督学习任务，还要进行数据标注，就像给商品贴上标签注明类别，以便系统能更好地学习用户喜好，为用户精准推荐商品。

（5）网络配置与安全设置。智能系统多节点之间需频繁通信，交互数据，所以网络配置很重要。比如构建一个智能交通管理系统，内部网络要划分 VLAN（虚拟局域网），给不同区域的交通数据传输分配独立通道，如同给不同方向的车流规划专用车道，还要合理分配 IP 地址，这是为了确保不同区域交通数据传输的独立性和准确性，便于识别和管理各虚拟局域网中的设备。同时，要构建网络安全防护"堡垒"。设置防火墙防止外部非法入侵，就像给系统装上坚固的大门；建立数据加密传输通道，保障数据在网络中传输时不被窃取或篡改，如同给数据包裹上安全的信封；实施用户身份认证机制，只有经过授权的人员才能访问系统，就像只有持有效证件的人才能进入重要场所，以此确保系统安全和数据隐私。

通过以上步骤，智能系统就能在目标环境里稳定高效地运行，为各种智能应用服务筑牢根基。

2. 智能系统的配置

智能系统配置是一个综合性的过程，主要任务是根据系统的目标与功能需求，对硬件、软件以及网络资源进行统筹规划与精细调整，从而构建一个稳定、高效且安全的运行环境，使系统能够精准地执行预定任务，并适应不断变化的外部条件与使用场景。

以智能交通管理系统为例，在硬件配置方面，服务器的配置需综合考量数据处理规模与速度要求。若要处理来自众多交通监测设备的海量数据，如高清摄像头拍摄的视频流、地磁传感器收集的车辆流量及速度信息等，服务器应配备高频率多核心处理器，比如英特尔至强系列多核 CPU，以提升数据并行处理能力；同时，大容量内存，如 64GB 或更高，可确保数据在处理过程中的快速暂存与读取，配合高速固态硬盘（SSD）存储阵列，可大幅缩短数据存储与检索时间。网络设备的配置依据系统覆盖范围与数据传输量而定，骨干网络采用高带宽光纤连接，核心交换机具备大容量数据交换能力，如 40Gbps 或以上端口速率，边缘交换机则根据具体节点设备数量与流量需求合理分配端口带宽，确保交通数据在各个网络节点间稳定、高速传输。

在软件配置上，操作系统应选择具备高稳定性、安全性与良好兼容性的类型，如 Linux 系统中的 Ubuntu Server 或 CentOS，以有效支持智能交通系统中各类软件的运行。数据库管理软件的配置根据交通数据结构复杂程度与数据量大小进行优化，对于交通数据中的结构化信息，如车辆注册信息、交通违法记录等，可采用关系型数据库 MySQL 或 Oracle，通过合理设计表结构、索引及存储过程，提高数据查询与管理效率；而对于非结构化数据，如交通视频监控影像，则结合使用 NoSQL 数据库，如 MongoDB，以实现大规模非结构化数据的有效存储与检索。交通应用程序软件的配置包括多个关键参数设定，如数据采集模块的采样频率，根据交通数据实时性要求，交通流量数据采集可设置为每 3～5 秒一次，环境监测数据采集可适当延长至 10～15 秒一次；数据传输协议采用安全可靠的 HTTPS 协议，保障交通数据在网络传输过程中的保密性与完整性；用户权限管理模块依据不同用户角色，如交通管理部门领导、一线交警、系统维护人员等，分别设置不同的操作权限与数据访问级别，防止数据泄露与误操作，确保智能交通管理系统有序、高效运行。

4.2 智能系统维护

⊙知识目标

1．掌握智能系统故障排除和维护的方法。
2．理解智能系统性能监控和优化的原则。
3．学会撰写规范文档。

4.2.1 智能系统功能应用记录与分析

智能系统功能应用记录与分析是智能系统维护的重要基础工作，通过系统且细致地对智能系统功能应用情况进行记录、整理和分析，能够为系统的优化、故障排查以及性能提升等多方面维护工作提供关键依据与数据支持，保障智能系统长期稳定高效运行。

1．记录要点

（1）功能使用频率。需精确统计每个功能模块在特定时间段（如每日、每周、每月）内被调用的次数。例如，在一个智能仓储管理系统中，货物入库功能可能每天被频繁使用数十次，而库存盘点功能可能每周仅运行一到两次。通过长期记录功能使用频率，可发现哪些功能是系统核心业务流程的关键支撑，哪些功能使用较少可能需要进一步评估其必要性或进行优化改进。

（2）功能使用时长。记录从用户启动某个功能到功能执行完毕所耗费的时间。以智能交通指挥系统为例，交通信号灯智能配时功能在不同时段（如早晚高峰与平峰期）的使用时长会有明显差异。分析功能使用时长有助于发现系统可能存在的性能瓶颈，如某个功能在处理大规模数据时耗时过长，可能提示需要对相关算法或硬件资源进行优化升级。

（3）功能操作路径。详细记录用户操作每个功能时所经过的步骤与流程。在智能办公软件中，用户创建一份文档可能有多种操作路径，如通过菜单栏新建文档，或者使用快捷工具栏按钮创建。对操作路径的记录能够反映出用户使用习惯以及系统界面设计的合理性。若发现大部分用户在使用某个功能时都绕开了系统预设的推荐操作路径，可能意味着该功能的入口设置不够直观，需要进行界面调整优化。

（4）功能使用结果。记录功能执行后的输出结果，包括成功执行的返回信息、错误提示信息以及产生的数据变化等。例如，在智能金融交易系统中，股票交易功能执行成功后会返回交易确认信息、成交价格、成交量等数据；若交易失败，则会给出如资金不足、交易时间限制等错误提示。对功能使用结果的全面记录有助于快速定位系统故障或异常情况的根源，同时也可为系统功能的优化改进提供实时数据反馈。

2．整理方法

（1）建立数据表格。针对每个功能模块创建独立的数据表格，将记录的各项数据按照时间顺序依次填入。表格的列标题可包括日期、时间、功能名称、使用频率、使用时长、操作路径、使用结果等信息。这样的表格形式便于数据的直观查看与对比分析，例如，可以快速查看某功能在过去一周内的使用频率变化趋势。

（2）分类归档。按照功能类型或业务领域对记录数据进行分类归档。如在一个大型智能企业管理系统中，可将财务相关功能、人力资源相关功能、生产管理相关功能等分别归类。分类归档有助于在进行系统分析时能够聚焦特定业务板块的功能应用情况，更精准地发现问题与挖掘潜在需求。

（3）数据清洗。在整理数据过程中，需要对原始记录数据进行清洗，去除重复、错误或无效的数据记录。例如，由于网络波动可能导致某些功能使用记录出现重复提交，或者因系统临时故障产生一些错误的日志信息，这些都需要在数据整理阶段进行识别与清除，以保证后续分析数据的准确性与可靠性。

3. 分析技术与工具

（1）数据分析技术。

① 对比分析。将不同时间段内相同功能的各项记录数据进行对比，如比较本月与上月某个功能的使用频率是否有显著变化，使用时长是否缩短或延长等。通过对比分析可以发现系统功能应用的动态变化趋势，及时捕捉到可能存在的问题或优化机会。

② 关联分析。分析不同功能模块之间的使用关联情况。例如，在一个智能电商系统中，发现用户浏览商品详情页功能与加入购物车功能之间存在较高的使用关联度，即大部分用户在浏览商品后会紧接着使用加入购物车功能。基于这种关联分析，可以对相关功能进行联合优化，如优化商品详情页到购物车页面的跳转流程，提高用户购物体验。

（2）分析工具。

① 数据可视化工具。利用诸如 Excel、Tableau 等数据可视化工具，将整理后的功能应用数据以图表（如柱状图、折线图、饼图等）形式展示出来。例如，用柱状图直观展示各个功能模块在一周内的使用频率高低对比，或者用折线图呈现某个功能的使用时长在一个月内的变化趋势。数据可视化能够使复杂的数据关系更易于理解和解读，帮助维护人员快速发现数据中的规律与异常。

② 数据库查询与分析语言。借助 SQL（结构化查询语言）等数据库查询与分析语言，对存储在数据库中的功能应用记录数据进行复杂的查询、统计与分析操作。例如，通过编写 SQL 查询语句，统计特定时间段内某个功能的错误使用结果出现的次数，并按照不同错误类型进行分类汇总，从而为针对性地解决系统故障提供详细的数据支持。

通过对智能系统功能应用进行全面、科学地记录与深入分析，智能系统维护人员能够更好地把握系统的运行状况和用户需求，为后续的系统维护、优化升级等工作提供有力的数据支撑和决策依据，确保智能系统始终保持良好的运行状态并不断适应业务发展的变化需求。

4.2.2 智能系统知识库构建与管理

智能系统知识库的构建与管理在智能系统维护中占据着核心地位。它是一个集中存储、组织和管理与智能系统相关的各类知识与数据的关键资源库，为智能系统的稳定运行、故障排除、性能优化以及持续发展提供了不可或缺的知识支撑与决策依据。

1. 知识库构建

（1）知识来源。

系统文档：包括智能系统的需求规格说明书、设计文档、用户手册等。这些文档详细阐述了系统的功能架构、业务逻辑、操作流程以及技术实现细节。例如，从设计文档中可以获取系统各模块之间的交互关系、数据流向等关键信息，为理解系统整体运行机制提供基础。

运维经验：运维人员在日常系统维护过程中积累的实践经验是知识库的重要组成部分，如处理特定故障的步骤、优化系统性能的有效方法等。以智能网络系统为例，运维人员在解决多次网络拥塞故障后总结出的针对不同流量峰值情况下的网络配置调整经验，应纳入知识库。

技术论坛与社区：互联网上的专业技术论坛、社区聚集了大量同行分享的关于相关智能系统各类技术问题的讨论与解决方案。例如，在一些人工智能技术论坛上，会有关于智能算法优化、模型训练技巧等方面的交流内容，可筛选并整合到知识库中。

厂商资料：智能系统所涉及的硬件设备、软件产品的厂商提供的技术资料，如产品说明书、技术白皮书、更新日志等。例如，服务器厂商提供的服务器硬件架构图、内存扩展指南等资料有助于知识库的完善。

（2）知识分类与整理。

① 按系统功能模块分类。将知识按照智能系统的不同功能模块进行划分，如智能客服系统可分为客户信息管理知识、问题分类与匹配知识、自动回复策略知识等。这种分类方式便于在维护特定功能时快速定位所需知识。

② 按知识类型分类。分为技术知识（如编程语言规范、算法原理等）、业务知识（如行业业务流程、业务规则等）、故障知识（各类故障现象、原因及排除方法）等。例如，在智能金融系统中，将涉及金融交易业务流程的知识归为业务知识类，将系统可能出现的交易中断故障相关知识归为故障知识类。

2. 知识库管理

（1）知识存储。

① 数据库存储。利用关系型数据库（如 MySQL、Oracle）或非关系型数据库（如 MongoDB）存储知识。关系型数据库适用于存储结构化知识，如系统配置参数表、用户权限表等；非关系型数据库则可用于存储非结构化知识，如运维人员撰写的故障排除经验文档、技术论坛帖子截图等。

② 文件系统存储。对于一些大型的、不便于直接存入数据库的文件（如系统安装包、视频教程等），可采用文件系统存储，并在知识库中建立相应的索引链接指向这些文件存储位置。

（2）知识更新。

① 定期更新机制。设定固定的时间周期（如每月或每季度）对知识库进行全面审查与更新。检查是否有新的系统版本发布、是否有新的运维经验积累、技术论坛上是否有新的相关知识分享等，并及时将这些新内容纳入知识库。

② 事件驱动更新。当智能系统发生重大变更（如系统架构升级、业务流程调整）或出现新的重大故障类型并解决后，立即启动知识库更新工作。例如，智能物流系统在引入新的智能分拣设备后，相关的设备操作知识、故障排查知识应及时更新到知识库中。

（3）知识检索与共享。

① 检索功能设计。建立高效的知识检索引擎，支持多种检索方式，如关键词检索、模

糊检索、分类检索等。例如，用户可以通过输入故障现象关键词快速查找相关的故障排除知识，或者通过选择特定的知识分类（如按系统功能模块）浏览相关知识。

② 共享机制。在智能系统维护团队内部以及与相关业务部门之间建立知识共享平台或流程。例如，通过内部网络共享文件夹、知识管理系统等方式，方便团队成员随时获取知识库中的知识，同时鼓励成员将自己新获取或创造的知识反馈到知识库中，促进知识的循环利用与增值。

通过构建与管理一个完善的智能系统知识库，智能系统维护人员能够在面对各种复杂的系统问题与维护任务时，迅速获取准确、全面的知识资源，提高维护工作的效率与质量，推动智能系统不断优化与发展，更好地服务于业务需求与用户体验。

4.2.3 智能产品应用场景适配与拓展

智能产品的应用场景适配与拓展是其发挥最大效能、满足多样化用户需求以及在市场竞争中脱颖而出的关键环节。这一过程涉及对产品特性的深入理解、对目标场景的精准洞察以及灵活有效的策略运用。

1. 应用场景的精准定位

精准定位智能产品的应用场景是适配与拓展的基础。首先需要对智能产品的功能、性能、技术特点等进行全面剖析。例如，一款智能语音助手，其核心功能包括语音识别、自然语言处理与信息检索等。基于这些功能，其初始应用场景可能定位在为用户提供便捷的语音交互服务，如查询天气、播放音乐、设置提醒等日常事务处理。在定位过程中，要充分考虑用户群体的特征与需求。对于老年用户群体，智能健康监测设备应聚焦于简单易用、数据直观呈现的场景，如实时监测心率、血压并以简洁的图表形式展示在设备屏幕上，同时在异常情况发生时能自动发出预警并联系紧急联系人。

2. 适配调整策略

（1）硬件适配。根据不同的应用场景，智能产品的硬件可能需要进行调整。以智能摄像头为例，在家庭安防场景中，需要具备高清夜视功能、广角拍摄范围以及与家庭网络稳定连接的硬件配置，以便在夜间也能清晰捕捉画面，并覆盖较大的监控区域。而在商业店铺监控场景下，除了上述功能外，还可能需要具备防水防尘功能，以适应复杂的室内外环境。此外，对于一些需要移动使用的智能设备，如智能物流手持终端，要考虑其电池续航能力、坚固耐用的外壳设计以及轻便易携带的外形，以满足快递员在户外长时间、高强度的使用需求。

（2）软件适配。软件适配同样至关重要。不同场景下的用户操作习惯与功能需求差异显著。例如，在智能车载娱乐系统中，软件界面设计应简洁明了，操作逻辑符合驾驶场景下的单手操作习惯，如大图标、语音控制为主的交互方式，功能侧重于导航、音乐播放、蓝牙通话等与驾驶相关的服务。而在智能办公平板电脑上，软件则需要提供丰富的办公软件套件，支持多任务处理、文件共享与协作编辑功能，界面布局适合长时间阅读与文档处理操作，如分屏显示、手写笔精准识别等功能。

3. 拓展优化实践

（1）横向拓展。横向拓展是指将智能产品应用于相关联的不同场景。以智能传感器为例，最初应用于工业自动化生产线中的温度、压力监测。通过对传感器技术的优化与功能拓展，可将其应用于智能家居场景中的室内环境监测，如监测室内温度、湿度、空气质量等，为用户提供舒适的居住环境调控依据；还可拓展到农业生产中的土壤湿度、光照强度监测，助力精准农业发展，实现智能灌溉与光照调节，提高农作物产量与质量。

（2）纵向拓展。纵向拓展侧重于深入挖掘现有应用场景的潜在需求，提升产品在该场景中的价值。比如智能健身设备，从最初简单的运动数据记录（如跑步距离、消耗卡路里），逐步拓展到运动姿态分析、个性化健身方案推荐、在线健身课程互动等功能。通过与专业健身教练、运动医学专家合作，建立用户运动健康数据库，利用大数据分析技术为用户提供更精准的健身指导，从单纯的设备提供者转变为健身服务生态构建者，深度融入健身场景，提升用户黏性与产品竞争力。

在智能产品的应用场景适配与拓展过程中，企业与开发者需要保持敏锐的市场洞察力，持续跟踪技术发展趋势，以用户为中心，不断优化产品功能与服务，才能使智能产品在不同场景中发挥最大价值，实现可持续发展。

4.2.4 智能系统故障诊断与修复

智能系统在运行过程中难免会出现故障，及时有效的故障诊断与修复对于保障系统的正常运行、减少停机时间以及维护系统的稳定性和可靠性至关重要。本章节将深入探讨智能系统故障排除的流程、方法，并结合常见故障案例进行剖析，同时阐述维护计划的制订与实施要点。

1. 智能系统故障排除流程

（1）故障监测与发现。智能系统通常具备一定的自我监测能力，能够实时收集系统运行数据并进行初步分析。当系统出现异常时，会触发相应的警报机制。例如，服务器系统可能会监测到 CPU 使用率过高、内存溢出、磁盘空间不足等情况，并通过系统日志记录、弹窗报警或发送电子邮件等方式通知管理员。除了系统自动监测，用户反馈也是发现故障的重要途径，如用户在使用智能软件时遇到界面卡顿、功能无法正常使用等问题并进行报告。

（2）故障定位与隔离。在接收到故障警报后，需要对故障进行精准定位。这一过程通常采用分层排查的方法。首先检查硬件层面，查看服务器、网络设备、传感器等硬件设备是否存在物理损坏、连接松动、过热等问题。例如，若网络出现故障，可通过检查网线连接、路由器状态、交换机端口等硬件设备来确定是否存在硬件故障导致的网络中断。如果硬件层面未发现问题，则深入到软件层面，包括操作系统、应用程序、数据库等。检查软件是否存在漏洞、版本不兼容、配置错误等情况。例如，某智能电商系统出现订单处理异常，经排查发现是数据库连接字符串配置错误，导致应用程序无法正确连接数据库进行订单数据的读写操作。在定位故障点后，需要采取措施将故障部分与系统其他部分进行隔离，以防止故障扩散影响整个系统的运行。例如，在网络故障排查中，若发现某个交换机端口出现故障，可暂时关闭该端口，避免故障影响其他网络设备的正常通信。

（3）故障修复与验证。确定故障原因后，即可进行修复。对于硬件故障，可能需要更换损坏的硬件设备，如更换故障硬盘、修复网络接口等。在更换硬件后，需要进行相应的配置和测试，确保新硬件能够正常工作。对于软件故障，修复方法可能包括安装软件补丁、修改配置文件、重新启动相关服务等。例如，针对操作系统漏洞导致的安全隐患，及时安装官方发布的安全补丁进行修复。在完成故障修复后，必须进行严格的验证测试，确保故障已被彻底排除且系统恢复正常运行。验证测试可包括功能测试、性能测试、压力测试等。例如，修复智能交通系统中的信号控制故障后，通过模拟不同交通流量场景对信号控制系统进行功能测试和压力测试，观察信号灯是否正常切换、是否能够有效疏导交通流量，以验证修复效果。

2. 智能系统故障排除方法

（1）基于规则的推理。这种方法依赖于预先设定的故障诊断规则库。系统根据监测到的故障症状与规则库中的规则进行匹配，从而确定故障原因。例如，在工业自动化控制系统中，如果监测到某电机启动异常，规则库中可能存在"电机启动电流过大且伴有异常噪声，则可能是电机轴承损坏或绕组短路"的规则。通过将实际监测到的电机启动电流过大且有异常噪声的症状与该规则匹配，即可初步判断故障原因，并进一步进行检查和修复。

（2）故障树分析。故障树是一种图形化的故障分析工具，它以系统故障为顶事件，逐步向下分解为各级子事件，直到找到导致故障的基本原因。例如，在分析智能通信系统的信号中断故障时，顶事件为"信号中断"，其下一级子事件可能包括"发射机故障""接收机故障""传输线路故障"等。再进一步对"发射机故障"进行分解，可能包括"功率放大器故障""振荡器故障"等，如图4-2所示。通过构建故障树，可以清晰地梳理出故障的可能原因及其相互关系，有助于快速定位故障点。

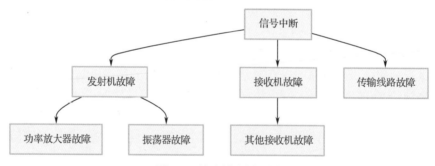

图4-2　故障树分析示例

（3）对比法。将出现故障的智能系统与正常运行的相同或相似系统进行对比，找出两者之间的差异，从而确定故障原因。例如，在一个分布式智能存储系统中，部分节点出现数据读写异常。通过将异常节点与正常节点在硬件配置、软件版本、网络设置等方面进行详细对比，发现异常节点的网络防火墙设置存在差异，导致数据传输受阻。根据对比结果调整异常节点的防火墙设置后，数据读写恢复正常。

3. 常见故障案例剖析

（1）智能软件系统崩溃故障。

案例描述： 某企业使用的智能财务管理软件在运行过程中突然崩溃，用户无法登录，所有财务业务被迫中断。

故障排查过程：首先检查服务器硬件资源，未发现异常，如 CPU、内存、磁盘空间等均在正常范围内。接着查看系统日志，发现大量关于数据库连接超时的错误信息。进一步检查数据库服务器，发现数据库进程占用大量系统资源且响应缓慢。经分析，是由于近期财务数据量急剧增加，而数据库服务器的配置未进行相应优化，导致数据库连接池耗尽，无法响应新的连接请求，从而引发软件系统崩溃。

解决方案：对数据库服务器进行配置优化，增加数据库连接池大小，调整数据库缓存策略，并对财务数据进行归档和清理，释放部分磁盘空间。经过优化后，软件系统恢复正常运行。

（2）智能机器人运动故障。

案例描述：某工厂的智能装配机器人在生产线上出现运动轨迹偏差，导致装配精度下降，产品次品率升高。

故障排查过程：检查机器人的机械结构，未发现明显的松动、变形或损坏。然后对机器人的控制系统进行检查，通过监控软件查看运动控制参数，发现机器人的关节位置传感器校准数据出现偏差。由于传感器校准数据不准确，导致机器人控制系统在计算运动轨迹时出现错误，从而使机器人运动轨迹偏离预设路径。

解决方案：使用专业的校准工具对机器人的关节位置传感器进行重新校准，将校准数据更新到控制系统中。校准后，机器人运动轨迹恢复正常，装配精度得到有效保障。

4．智能系统维护计划制订与实施要点

（1）维护计划制订要点。

① 确定维护目标：明确维护工作的主要目标，如保障系统的高可用性、提高系统性能、确保数据安全等。根据维护目标确定维护工作的重点和优先级。

② 制定维护周期：根据智能系统的特点、运行环境以及业务需求，制定合理的定期维护周期，如每日、每周、每月、每年等。不同的维护周期可安排不同的维护任务，例如，每日进行系统日志检查和数据备份，每周进行软件更新和病毒查杀，每月进行硬件设备巡检和性能评估，每年进行系统全面升级和架构优化。

③ 规划维护资源：评估维护工作所需的人力、物力和财力资源。确定维护团队的人员组成、职责分工以及培训需求；规划维护所需的工具、设备、软件许可证等物资资源；预算维护工作的费用，包括硬件更换成本、软件升级费用、人员培训费用等。

（2）维护计划实施要点。

① 严格执行维护任务：按照维护计划规定的时间、任务和流程，严格执行维护操作。维护人员应具备专业的技能和知识，确保维护工作的质量和效果。在维护过程中，要做好详细的维护记录，包括维护时间、维护内容、发现的问题及解决方法等，以便后续查询和分析。

② 应急响应机制：尽管有完善的维护计划，但智能系统仍可能出现突发故障。因此，需要建立有效的应急响应机制。在系统出现故障时，能够迅速启动应急预案，组织维护人员进行紧急处理，最大限度地减少故障对业务的影响。应急响应机制应包括故障报告流程、紧急处理流程、沟通协调机制等。

③ 维护效果评估：在完成维护任务或故障修复后，要对维护效果进行评估。通过系统

性能监测、用户反馈、业务指标分析等方式，评估维护工作是否达到预期目标。如果维护效果未达到要求，应及时分析原因，调整维护策略和方法，不断提高维护工作的质量和效率。

总之，智能系统故障诊断与修复是一项复杂而系统的工作，需要掌握科学的流程、方法，并通过对常见故障案例的学习积累经验。同时，合理制定和有效实施维护计划，能够保障智能系统的稳定可靠运行，为智能系统的广泛应用提供坚实的技术支持。

4.2.5　智能系统性能监控指标与优化策略

智能系统的性能对于其有效运行和提供优质服务起着关键作用。性能监测能够帮助我们及时发现系统潜在问题，而性能提升策略则确保系统能持续高效运行，满足不断增长的业务需求与用户期望。

1. 性能监控关键指标

（1）响应时间：指从用户发起请求到系统返回响应的时间间隔。这是衡量系统交互效率的重要指标。例如，在电商智能系统中，用户点击商品详情页面到页面完全加载展示的时间即为响应时间。对于实时性要求高的智能交易系统，响应时间过长可能导致用户错过最佳交易时机，影响用户体验甚至造成经济损失。一般来说，简单查询类操作的响应时间应控制在数毫秒到几百毫秒之间，复杂业务处理的响应时间也不宜超过数秒。

（2）吞吐量：表示单位时间内系统能够处理的请求数量或事务数量。如智能物流系统中，每小时能够处理的订单发货量即为吞吐量指标。高吞吐量意味着系统具备较强的业务处理能力。例如，大型社交智能平台，需要在短时间内处理海量用户的消息发送、动态更新等请求，其吞吐量直接影响平台的服务规模与用户活跃度。

（3）资源利用率：包括 CPU、内存、磁盘 I/O、网络带宽等硬件资源的使用情况。以智能视频监控系统为例，若 CPU 长时间处于高负载状态（如超过 80%），可能导致视频处理延迟、画面卡顿；内存不足可能使系统频繁进行数据交换到磁盘（SWAP）操作，严重影响系统运行速度；磁盘 I/O 繁忙会使数据读写变慢，影响系统数据存储与读取效率；网络带宽利用率过高则可能导致视频流传输不畅，出现画面马赛克或延迟加载等问题。

（4）并发用户数：指同时与系统进行交互的用户数量。例如，在线教育智能平台在直播课程高峰时段，并发用户数会大幅增加。系统需要能够在高并发情况下稳定运行，确保每个用户都能正常接收直播视频、参与互动问答等操作，否则可能出现部分用户无法登录、操作无响应等故障现象。

2. 监控手段

（1）系统内置监控工具。许多智能系统自身配备了监控模块。如 Windows 操作系统的性能监视器，可以实时监测 CPU、内存、磁盘等资源的使用情况，以直观的图表形式展示各项指标数据随时间的变化趋势，方便管理员快速了解系统运行状态。Linux 系统中的 top、vmstat 等命令行工具，能够动态显示系统进程、内存、CPU 等资源的详细信息，管理员可通过命令参数设置监控频率与显示内容。

（2）专业监控软件。市场上有专门用于智能系统性能监控的第三方软件。例如，Nagios 可对网络设备、服务器、应用程序等进行全面监控，它通过配置监控项、阈值等参数，能够对系统的可用性、性能指标进行实时监测，并在出现异常时及时发出警报通知管理员。

Zabbix 则不仅可以监控硬件资源和基础网络服务，还能深入到应用层，对数据库、Web 应用等进行性能监控与分析，提供丰富的报表功能，有助于管理员进行性能趋势分析与容量规划。

（3）日志分析。智能系统运行过程中会生成大量的日志文件，对这些日志进行分析是监控系统性能的重要手段。例如，Web 服务器的访问日志记录了每个用户请求的详细信息，包括请求时间、请求页面、客户端 IP 等。通过分析访问日志，可以统计出不同时间段的请求量，发现请求量突增的时段，进而排查是否存在性能瓶颈或异常流量攻击。应用程序的错误日志则能帮助定位系统运行过程中出现的故障与异常情况，如数据库连接错误、代码执行异常等，以便及时修复。

3．性能优化原则

（1）针对性原则。根据性能监控发现的具体问题进行优化。例如，如果监控发现是某个特定功能模块导致系统响应时间过长，那么优化工作应重点聚焦在该模块的代码优化、算法改进或数据库查询优化上，而不是对整个系统进行大规模的改动。

（2）逐步优化原则。性能优化不宜一次性进行大规模、全方位的调整。因为这样可能引入新的不稳定因素且难以确定优化效果的来源。应逐步实施优化措施，每次优化后进行性能监控与评估，确保优化方向正确且系统稳定性不受影响。例如，先对内存使用进行优化，观察系统性能提升效果后，再进行网络配置方面的优化。

（3）平衡优化原则。在优化性能时要兼顾系统的不同方面，避免过度优化某一指标而导致其他指标恶化。比如，单纯为了提高系统吞吐量而过度增加线程数量，可能导致系统资源竞争加剧，CPU 上下文切换频繁，反而使响应时间大幅增加。因此需要在响应时间、吞吐量、资源利用率等指标之间寻找平衡，以实现系统整体性能的最优。

4．性能优化方法与技术手段

（1）硬件升级。当监控发现硬件资源成为性能瓶颈时，可考虑进行硬件升级。例如，如果数据库服务器因内存不足导致查询性能低下，可增加内存容量；若磁盘 I/O 性能跟不上数据读写需求，可更换为高速固态硬盘（SSD）或采用磁盘阵列（RAID）技术提高读写速度；对于网络带宽不足的情况，可升级网络接入带宽或更换更高性能的网络设备。

（2）软件优化。

① 代码优化：对系统的源代码进行审查与优化。例如，优化算法以减少计算复杂度，避免在循环中进行不必要的资源分配与释放操作，对频繁调用的函数进行内联优化等。在智能图像识别系统中，通过优化图像特征提取算法，可提高识别速度与准确率。

② 数据库优化：包括优化数据库表结构、索引优化、查询语句优化等。合理设计数据库表结构可以减少数据冗余，提高数据存储与查询效率。例如，将经常一起查询的字段放在同一个表或建立合适的关联关系。创建有效的索引能够加速数据查询，如在电商系统的订单表中，为订单号、用户 ID 等经常用于查询条件的字段创建索引。同时，优化查询语句，避免全表扫描，如使用合适的连接查询、子查询优化等技术。

③ 中间件优化：对于使用中间件的智能系统，如消息队列、缓存中间件等，可进行相应优化。例如，调整消息队列的缓冲区大小、优化消息消费机制，提高消息处理效率；合理配置缓存中间件的缓存策略，如设置合适的缓存过期时间、缓存淘汰算法等，提高数据缓存命中率，减少对后端数据库的访问压力。

（3）架构优化。

① 分布式架构：当单一服务器无法满足系统性能需求时，可采用分布式架构。如将智能大型电商系统的订单处理、库存管理、用户服务等功能模块分别部署在不同的服务器集群上，通过负载均衡技术将用户请求均匀分配到各个服务器节点，提高系统的整体吞吐量与可用性。

② 微服务架构：将大型智能系统拆分为多个小型的、独立部署与运行的微服务。每个微服务专注于特定的业务功能，可独立进行开发、测试、部署与优化。例如，在智能出行平台中，将行程规划、车辆调度、支付结算等功能分别构建为微服务，便于根据业务需求灵活扩展与优化各个服务模块，提高系统的灵活性与可维护性。

通过对智能系统性能的有效监测，并依据监控结果遵循合理的优化原则，采用恰当的方法与技术手段进行性能提升，能够确保智能系统在复杂多变的业务环境中保持高效、稳定运行，为用户提供优质的服务与体验。

4.2.6　智能系统维护规范文档撰写指南

智能系统维护规范文档对于保障系统的稳定运行、方便维护人员操作以及传承系统维护知识具有极为重要的意义。以下是智能系统维护规范文档的撰写指南。

1. 文档结构

（1）封面与目录。

封面应包含文档名称、智能系统名称、版本号、撰写日期以及撰写部门或人员等信息，使读者在拿到文档时能快速了解其基本概况。目录则需详细列出文档各个章节及其对应的页码，为读者查阅特定内容提供便捷导航。例如，某智能安防系统维护规范文档，封面清晰标注"智能安防系统维护规范 V1.0 - [具体日期] - [安防技术部]"，目录中明确展示"一、系统概述 - 1""二、硬件维护 - 5""三、软件维护 - 10"等章节条目及相应页码。

（2）引言部分。

此部分主要阐述文档的编写目的与适用范围。编写目的可包括为维护人员提供操作指引、确保系统符合性能标准、保障数据安全等。适用范围则需界定文档所覆盖的智能系统模块、使用场景以及适用的人员角色等。例如，"本维护规范文档旨在指导智能工厂自动化系统的日常维护工作，确保系统持续稳定运行，提高生产效率，适用于工厂内所有涉及自动化生产流程控制的软硬件设施，包括但不限于可编程逻辑控制器（PLC）、工业机器人、自动化生产线监控软件等，可供维护工程师、技术支持人员及相关管理人员使用。"

（3）系统概述。

此部分简要介绍智能系统的架构、功能模块以及各模块之间的交互关系。以智能医疗信息系统为例，可描述其包含患者信息管理模块、诊疗记录模块、药品库存管理模块等，患者信息管理模块为诊疗记录模块提供基础数据，诊疗记录模块的用药信息又与药品库存管理模块相互关联，整体架构采用 B/S 架构，方便医护人员通过浏览器进行操作。

（4）硬件维护。

此部分详细说明硬件设备的清单、维护周期、维护步骤及故障排查方法。如对于智能数据中心的硬件维护文档，硬件清单应涵盖服务器、交换机、存储设备等；维护周期可规定服务器每月进行一次全面检查，包括硬件状态检测、灰尘清理等；维护步骤需具体到如何安全地打开服务器机箱、检查硬件连接是否松动、如何更新服务器固件等；故障排查方法则列举如服务器无法启动时，应首先检查电源供应是否正常，其次查看内存是否插好等常见故障的排查流程。

（5）软件维护。

软件维护包括软件版本管理、软件更新流程、数据备份与恢复以及常见软件故障处理。例如，在智能移动应用的维护文档中，软件版本管理部分要明确版本号的命名规则，如"主版本号.子版本号.修订号"，并说明每个版本的主要更新内容；软件更新流程应详细描述从获取更新包到在不同操作系统平台上进行安装的全过程；数据备份与恢复需指出备份的频率（如每日全量备份或增量备份）、备份数据的存储位置以及在数据丢失或损坏时如何利用备份进行恢复操作；常见软件故障处理则列举如应用程序闪退、界面显示异常等问题的可能原因及解决措施。

（6）安全维护。

该部分阐述系统安全策略、用户权限管理、网络安全防护以及安全漏洞处理。以智能金融交易系统为例，系统安全策略部分可规定密码强度要求、用户登录失败次数限制等；用户权限管理要详细说明不同角色（如交易员、管理员、审计员）的权限范围及权限分配与变更流程；网络安全防护需介绍防火墙配置、入侵检测系统的使用等；安全漏洞处理则包括如何定期进行漏洞扫描、发现漏洞后的应急响应流程以及漏洞修复后的验证方法。

（7）应急处理预案。

该部分要制定系统在遭遇突发重大故障（如自然灾害导致数据中心瘫痪、大规模网络攻击等）时的应急处理流程。例如，规定在智能交通指挥系统遭受网络攻击致使交通信号失控时，应急处理团队应在多长时间内响应，首先应采取的临时交通疏导措施，如切换到备用信号控制系统或人工指挥模式，以及后续如何进行系统修复与数据恢复等详细步骤。

（8）附录。

附录部分可包含硬件设备的技术参数表、软件代码示例（如有必要）、相关技术标准与规范引用以及维护人员的联系信息等。比如在智能物联网系统维护文档附录中提供传感器的详细技术参数，方便维护人员在更换传感器时参考；列出在软件维护中可能用到的关键代码片段及注释，辅助维护人员理解代码逻辑；引用国家或行业关于物联网安全的相关标准，确保系统维护符合规范要求；同时附上维护团队成员的姓名、电话、邮箱等联系方式，便于在维护过程中及时沟通协作。

2．核心要求

（1）准确性。文档中的所有信息必须准确无误。无论是硬件设备的型号、技术参数，还是软件的功能描述、操作步骤，都应经过严格审核。例如，在描述智能打印机的维护时，若错误地标注了墨盒型号，可能导致维护人员在更换墨盒时出现错误操作，影响打印机的正常使用。

（2）完整性。涵盖智能系统维护的各个方面，不能有遗漏。从日常的小故障处理到重大的系统升级、从硬件的微小零部件更换到软件的核心算法优化，都应在文档中有所体现。以智能家居系统为例，不仅要包括智能门锁、摄像头等设备的维护，也要包含智能家居中控软件的维护，以及它们之间联动功能出现故障时的处理方法。

（3）时效性。随着智能系统的不断发展与更新，维护规范文档也需要及时更新。当系统进行软件升级、硬件替换或功能扩展后，文档应相应地进行修订，确保维护人员依据的是最新的操作指南。例如，某智能办公系统新增了移动办公功能模块，维护文档就需要及时补充关于该模块的维护内容，包括其在不同移动设备上的兼容性测试与故障处理方法。

3．语言规范

（1）简洁明了。使用简洁、易懂的语言，避免使用过于复杂的专业术语或冗长的句子。尽量采用平铺直叙的表达方式，让具有一定技术基础的维护人员能够快速理解文档内容。例如，在描述智能设备的操作步骤时，"按下设备的'电源'按钮，等待设备启动完成，然后在操作界面上点击'设置'选项"，这种表述简单直接，易于操作执行。

（2）术语统一。对于智能系统相关的专业术语，在文档中应保持前后一致。例如，对于智能系统中的数据存储单元，若开始使用"硬盘驱动器"，后续就不应再使用"磁盘存储器"等其他类似但不一致的表述，以免引起混淆。

（3）客观严谨。文档语言应客观、严谨，避免使用模糊不清或带有主观色彩的词汇。在描述故障现象时，应准确描述其特征、出现的条件等，如"系统在长时间连续运行（超过 24 小时）后，会出现 CPU 使用率持续高于 90%的现象，且伴有响应迟缓"，而不是使用"系统运行久了就会变慢"这种模糊的表述。

4．文档的更新与管理要求

（1）更新流程。建立明确的文档更新流程。当系统发生变更或在维护过程中发现文档内容不准确时，由相关维护人员提出更新申请，经技术负责人或文档管理员审核后，对文档进行修订。修订内容应标注更新日期、更新人以及更新原因等信息，方便后续查阅与追溯。例如，某智能电网系统在进行一次软件安全补丁更新后，维护人员发现原文档中关于该软件漏洞检测的部分需要修改，于是填写更新申请表，附上修改后的内容及原因说明，经技术主管审核通过后，对文档进行更新，并在更新处注明"[更新日期] - [维护人员姓名] - 因软件安全补丁更新修改漏洞检测部分"。

（2）版本管理。对维护规范文档进行版本管理，每次更新后版本号应相应升级。可采用类似"V1.0""V1.1"等版本编号方式，方便维护人员识别文档的新旧版本，确保使用的是最新且有效的维护指南。同时，应保留历史版本的文档，以便在需要时查阅系统在不同时期的维护要求与操作方法。例如，在智能物流系统的文档管理中，当进行了一次重大的硬件架构升级导致维护流程发生较大变化后，将文档版本从"V2.0"更新为"V3.0"，并将"V2.0"版本的文档存档保存。

（3）存储与共享。选择合适的文档存储方式，如企业内部的文档管理系统、云存储平台等，确保文档易于存储、检索与共享。维护团队成员应能够方便地获取最新版本的文档，同时对于涉及系统安全机密的文档，应设置相应的访问权限，保障文档安全。例如，某智能研发企业将智能系统维护规范文档存储在企业内部的加密文档服务器上，根据维护人员的角色和工作需求设置不同的访问权限，只有授权人员才能查看、下载和修改文档，并且通过文档管理系统的搜索功能，维护人员可以快速找到所需的文档内容。

通过遵循上述智能系统维护规范文档的撰写指南，能够编制出高质量、实用性强的文档，为智能系统的稳定运行与有效维护提供坚实的保障。

4.3　智能系统优化

⊙知识目标

1．掌握智能系统优化的方法和技巧。
2．理解智能系统的持续改进和优化原则。

4.3.1　智能系统优化：内涵与驱动因素

在当今数字化时代，智能系统已广泛应用于各个领域，从智能交通系统优化城市道路通行，到智能医疗系统辅助疾病诊断与治疗，其运行效率和效果直接影响着众多业务的开展以及人们的生活体验。智能系统优化作为提升系统整体效能的关键环节，具有丰富的内涵与多元的驱动因素。

1．智能系统优化的内涵

智能系统优化是一个综合性的概念，旨在全面提升智能系统在多个维度的性能表现，以更好地满足用户需求、适应业务变化以及跟上技术发展的步伐。其内涵主要体现在以下几个方面：

（1）性能提升。这是智能系统优化的核心内容之一。例如，在一个智能电商平台中，性能提升意味着缩短用户下单到订单处理完成的响应时间。原本用户从点击下单到收到订单确认信息可能需要 5 秒，通过优化系统的订单处理流程，包括优化数据库查询语句、提高服务器的运算速度等手段，将响应时间缩短至 2 秒以内。同时，性能提升还涉及提高系统的吞吐量，如在促销活动期间，能够处理比平时多几倍甚至几十倍的订单量，而不会出现系统崩溃或响应迟缓的情况。另外，合理优化系统资源利用率也是关键，像降低服务器 CPU 和内存的闲置率，确保在高峰负载时各硬件资源能高效协同工作，避免资源浪费或过度消耗。

（2）功能完善。智能系统的功能需要不断与时俱进并贴合用户实际需求。以智能办公软件为例，最初可能仅具备基本的文档编辑和简单的团队协作功能，如共享文档、在线评论等。随着用户办公场景的日益复杂，优化后的智能办公软件逐渐增加了智能排版助手功能，能够根据文档内容自动推荐合适的排版格式；还增添了深度的数据分析功能，可对团队项目进度数据进行可视化分析，帮助管理者更直观地了解项目状态并做出决策；甚至集成了智能语音助手，支持语音输入、语音指令操作等，极大地提升了用户在不同办公场景下的操作便利性和工作效率。

（3）用户体验优化。用户体验是衡量智能系统优劣的重要标准。例如，在智能移动应用中，界面设计的简洁性、操作流程的便捷性以及交互的友好性都是用户体验优化的重点。若一款智能健身应用在优化前，用户设置健身计划的步骤烦琐，需要在多个页面之间来回切换，且信息展示不直观。经过优化后，采用了简洁明了的单页面设置流程，以图表形式直观呈现健身计划的各项参数，并根据用户的使用习惯提供个性化的默认设置，使用户能够轻松上手，快速完成健身计划的制订，从而提高了用户对该应用的满意度和忠诚度。

2. 智能系统优化的驱动因素

智能系统的优化并非无的放矢，而是受到多种内外部因素的驱动。

（1）用户需求驱动。随着用户对智能系统的使用日益深入，其需求也在不断演变和升级。例如，在智能社交平台领域，早期用户仅满足于简单的文字和图片分享交流。但如今，用户期望平台能够提供高清视频直播功能，且直播过程中画面流畅、延迟极低；同时还希望平台具备智能推荐功能，能够根据自己的兴趣爱好精准推荐可能感兴趣的用户、话题和活动。为了满足这些不断增长的用户需求，智能社交平台必须持续优化其系统架构、网络传输技术以及推荐算法等方面，以提供更丰富、更流畅、更个性化的服务体验。

（2）数据量增长驱动。智能系统在运行过程中会不断积累大量的数据。以智能金融风控系统为例，随着金融业务的拓展和时间的推移，系统所处理的数据量呈指数级增长，包括海量的用户交易数据、信用记录数据、市场行情数据等。在这种情况下，原有的数据存储结构和处理算法可能无法满足高效数据处理的要求。例如，传统的数据库查询方式在面对庞大的交易数据时，查询速度会变得非常缓慢，导致风险评估和预警的及时性大打折扣。因此，需要对系统进行优化，如采用分布式存储技术来扩展数据存储容量，运用数据挖掘和机器学习算法优化数据处理流程，提高数据处理速度和分析精度，从而确保在大数据环境下智能金融风控系统能够准确、快速地识别风险并做出相应决策。

（3）技术革新驱动。科技领域的快速发展不断为智能系统优化提供新的机遇和动力。例如，随着人工智能领域深度学习技术的不断突破，智能图像识别系统得以实现更精准的图像分类和目标检测。原本在旧技术框架下，智能安防监控系统对特定目标（如行人、车辆）的识别准确率可能只有 80% 左右，且在复杂环境（如夜间、恶劣天气）下识别效果较差。借助深度学习技术中的卷积神经网络优化，系统能够自动学习更丰富的图像特征，识别准确率提升至 95% 以上，并且在复杂环境下的识别稳定性也大大增强。同时，新的硬件技术如高性能 GPU（图形处理器）的出现，为深度学习算法的快速运算提供了强大的计算能力支持，促使智能系统在性能和功能上实现质的飞跃。这就要求智能系统开发者密切关注技术发展趋势，及时将新技术融入系统优化过程中，以保持系统的先进性和竞争力。

总而言之，深入理解智能系统优化的内涵与驱动因素，是开启智能系统全面优化之旅的重要基石，为后续探索智能系统优化的具体方法和策略提供了清晰的方向指引。

4.3.2 智能系统优化核心要素剖析

智能系统优化致力于从多维度提升系统效能，其中关键指标与分析工具构成了优化工作的核心要素。对这些要素的透彻理解与精准把握，犹如为智能系统优化工程筑牢基石，为后续策略的制定与实施提供关键指引与有效手段。

1. 智能系统优化关键指标

在前述智能系统性能监控部分，已对响应时间、吞吐量、资源利用率等部分关键指标有所阐述，在此不再赘述其基本概念与计算方式等重复内容。然而，需着重强调这些指标在智能系统优化进程中的目标导向意义。例如，在智能交通管理系统优化时，响应时间的缩短可直接减少交通信号灯的切换延迟，提升道路通行效率；吞吐量的提升意味着单位时间内能够处理更多的交通流量数据，从而更精准地进行交通疏导与调度；资源利用率的合理优化能确保系统在有限的硬件资源下稳定运行，避免因资源瓶颈导致的系统故障或性能下降。不同智能系统因自身特性与应用场景各异，这些关键指标的优化侧重点与理想目标值亦有所不同，需在优化实践中依据具体需求深入分析与确定。

2. 智能系统优化分析工具

（1）数据挖掘软件。数据挖掘软件如 Weka，在智能系统优化中扮演着挖掘数据深层价值的重要角色。以智能电商推荐系统为例，其拥有海量的用户浏览、购买、评价等数据。Weka 可对这些数据进行多维度的挖掘分析，如通过关联规则挖掘发现不同商品之间的潜在购买关联模式，利用分类算法基于用户的历史行为数据对用户进行精准分类，进而为不同类别的用户制定个性化的推荐策略。其功能特点在于提供了丰富多样的数据挖掘算法与模型，可灵活应用于不同类型的数据挖掘任务。在使用时，需先对智能系统中的相关数据进行整理与预处理，确保数据的质量与格式符合软件要求，然后依据挖掘目标选择合适的算法与参数设置，适用于各类数据驱动且需要深度挖掘数据内在规律以优化系统功能与效果的智能系统，如智能营销系统、智能客户关系管理系统等。

（2）智能 APM（应用性能管理）工具。智能 APM 工具如 Dynatrace，专注于对智能应用程序全链路性能的深度监测与分析。在智能移动应用优化场景中，Dynatrace 能够从用户端发起请求开始，全面追踪请求在网络传输、应用服务器处理、数据库查询以及与其他第三方服务交互等各个环节的性能表现。例如，当智能旅游应用的用户在查询旅游线路信息时出现加载缓慢的情况，Dynatrace 可以精准定位是由于某个特定地区的旅游线路数据在数据库查询时因索引不合理导致响应延迟，还是在网络传输过程中因运营商网络波动造成数据传输缓慢。其功能优势在于能够实现端到端的性能监测与智能分析，自动发现性能瓶颈并提供优化建议。使用过程中，需在智能应用的开发与部署环境中进行相应的探针配置与初始化设置，以便全面采集性能数据，适用于各类复杂架构且对应用性能要求苛刻的智能系统，如智能金融服务应用、智能企业资源规划系统等。

（3）大数据分析平台。大数据分析平台如 Hadoop 生态系统中的 Hive 和 Spark SQL，在智能系统优化中对于处理大规模数据并获取有价值的分析结果具有不可替代的作用。以智能城市管理系统为例，其中包含了来自交通、环境、能源等多个领域的海量数据。Hive 和 Spark SQL 可对这些数据进行高效的分布式存储与分析处理。例如，在分析城市交通拥堵与环境空气质量之间的关联关系时，可利用这些工具对长时间积累的交通流量数据与空气质量监测数据进行联合分析，通过编写复杂的查询语句与数据处理脚本，挖掘出交通拥堵高峰时段与特定污染物排放浓度变化之间的潜在规律，为城市交通与环境协同治理提供数据支持与决策依据。其功能特性在于具备强大的大数据处理能力，支持大规模数据的存储、查询与复杂分析任务。在使用时，需要对数据进行合理的分布式存储架构设计与数据分区规划，依据分析需求编写高效的查询与分析脚本，适用于处理海量数据且需要进行深度数据分析以优化系统运行策略与决策机制的智能系统，如智能能源管理系统、智能供应链管理系统等。

综上，智能系统优化关键指标为优化工作明确了方向与目标，而各类分析工具则为达成这些目标提供了多样化的技术手段与途径。在智能系统优化实践中，应充分结合系统特点与需求，合理运用这些核心要素，以实现智能系统性能与效果的持续提升。

4.3.3 智能系统性能优化策略与实战

智能系统的性能优化是一项系统性工程，需基于对关键指标的精准分析以及分析工具的有效运用，深入挖掘硬件与软件层面的优化潜力，以实现系统性能的显著提升。本小节将详细阐述相关策略与实战经验。

1. 硬件层面优化策略与实战

（1）服务器硬件升级。随着智能系统数据处理量与业务复杂度的增加，服务器硬件资源可能成为性能瓶颈。例如，对于一个智能大数据分析平台，其业务覆盖多个行业领域，需要对海量的结构化与非结构化数据进行复杂的分析运算，如市场趋势预测、用户行为分析等。原服务器配置为 4 核 CPU、16GB 内存与传统机械硬盘。在初期数据量相对较小时，系统尚可维持基本的运行，但随着业务拓展，接入的数据来源不断增多，数据量呈指数级增长，且分析任务日益繁重，包含更多复杂的多维度数据关联分析与实时数据处理需求。此时，系统响应时间逐渐变长，原本一个中等规模数据分析任务的响应时间从最初的 10 秒延长至 30 秒以上，吞吐量降低，每小时能够处理的分析任务数量从 50 个锐减至 20 个左右。经评估，将服务器 CPU 升级为 8 核，内存扩展至 32GB，并替换为固态硬盘（SSD）。实施步骤如下：首先，根据服务器型号与主板兼容性，选购合适的 8 核 CPU 与足够容量的内存条以及 SSD 硬盘；然后，在专业技术人员的操作下，关闭服务器电源，打开机箱，小心拆卸旧的 CPU、内存与硬盘，并安装新硬件；最后，重新启动服务器，进入 BIOS 设置界面，对新硬件进行参数配置与系统识别。在这个过程中，可能遇到的问题是新硬件与服务器主板存在兼容性问题，导致服务器无法正常启动。解决方案是在升级前仔细查阅服务器主板的硬件兼容列表，确保所选硬件在兼容范围内，若出现兼容性问题，及时联系硬件供应商或服务器厂商获取技术支持，更换兼容的硬件设备。升级后，通过性能监测工具发现，系统数据读取速度提升了 5 倍，任务响应时间缩短了约 60%，吞吐量提高了近 2 倍。

（2）网络架构优化。智能系统往往依赖网络进行数据传输与交互，优化网络架构可显著提升性能。以智能分布式仓储管理系统为例，该系统旨在实现对多个地理位置分散的大型仓库进行高效管理，包括库存实时监控、货物出入库自动化操作、订单智能分配与物流路径优化等功能。原网络架构基于传统的二层交换网络，在仓库数量较少且业务量不大时，网络能够基本满足数据传输需求。但随着企业业务扩张，仓库数量增加到 20 个以上，且每个仓库内部的货物种类与库存数量大幅增长，同时业务数据量呈现爆发式增长，如库存数据每 10 分钟更新一次，每次更新的数据量达到数千条，并且各个仓库之间需要频繁进行数据同步与业务协作。此时，网络延迟增大，从原本平均 10ms 的延迟增加到 50ms 以上，数据传输错误率上升，每 1000 次数据传输中出现错误的次数从 2 次上升到 10 次左右，严重影响了仓储管理系统的整体效率与数据交互的准确性。采用 SDN 技术优化网络架构时，首先在网络中部署 SDN 控制器，将传统交换机的控制平面与数据平面分离；然后，通过 SDN 控制器对网络流量进行集中管理与智能调度，根据业务需求灵活配置网络路径与带宽资源，例如，为库存数据同步分配高优先级与大带宽的网络路径，确保数据及时准确传输。在实施过程中，可能面临的问题是 SDN 控制器的配置复杂，需要专业的网络技术人员进行操作，且初期可能因配置不当导致部分网络连接中断。针对这一问题，应组织专业培训，确保网络技术人员熟练掌握 SDN 控制器的配置与管理技能，在配置过程中，采用逐步配置与测试的方法，每次配置一小部分功能并进行严格测试，及时发现与解决问题。优化后，网络延迟从平均 50ms 降低到 15ms 以内，数据传输错误率近乎降为零，极大地提高了仓储管理系统的整体性能与数据交互的准确性。

2. 软件层面优化策略与实战

（1）代码优化。代码质量直接影响智能系统的性能。以智能图像识别系统为例，该系统主要应用于安防监控领域，用于识别监控画面中的人员、车辆等目标物体。源代码在图像特征提取算法部分存在冗余计算，在开发初期，由于监控场景相对单一，图像数据量较小，系统的识别效率尚可接受，平均识别时间约为 2 秒，识别准确率约为 85%。但随着监控范围扩大，摄像头数量增加到 100 个以上，且需要处理高清、多视角的图像数据，原代码的性能问题逐渐凸显。优化策略包括算法重构与代码精简。首先，对图像特征提取算法进行深入分析，采用更高效的算法模型替代原有的复杂且低效的算法，如使用深度学习中的卷积神经网络（CNN）替代传统的基于特征工程的算法；然后，对代码进行逐行审查，去除冗余的变量定义、重复的计算逻辑以及不必要的条件判断语句。在这个过程中，可能遇到的问题是新算法的引入需要对开发团队进行技术培训，且算法的参数调整较为复杂。解决方案是邀请算法专家对开发团队进行培训与技术指导，在参数调整方面，采用实验法，通过多次小范围的参数调整实验，对比不同参数组合下的识别准确率与性能表现，确定最佳参数值。经过优化后，图像识别系统的平均识别时间从 2 秒缩短到 0.5 秒以内，识别准确率从 85% 提升到 95% 以上。

（2）数据库性能调优。数据库是智能系统数据存储与管理的核心。例如，在智能电商平台中，随着平台知名度的提升与市场推广活动的开展，用户数量与订单量不断增长。原数据库在设计时考虑的是小规模用户与订单量的情况，采用了较为简单的数据库架构与索引设置。当用户数量突破 100 万且日订单量超过 5 万时，数据库查询效率逐渐下降。原本一个商品搜索查询的平均响应时间从 100ms 逐渐增加到 500ms 以上，在高并发订单处理场景下，如促销活动期间，系统频繁出现卡顿甚至部分订单处理失败的情况。优化策略包括索引优化、查询语句优化以及数据库架构调整。在索引优化方面，通过分析数据库的查询日志，找出频繁被查询的字段，如订单表中的订单号、用户 ID 等字段，并为这些字段创建合适的索引。对于查询语句优化，采用连接查询替代子查询，减少不必要的全表扫描操作。在数据库架构调整方面，若数据量过大，可考虑对数据库进行分库分表操作。实施时，索引优化可在数据库管理工具中直接操作，查询语句优化需要开发人员对代码中的数据库查询部分进行修改。分库分表操作较为复杂，需要考虑数据的分布策略与表之间的关联关系。可能遇到的问题是分库分表后数据的一致性维护困难，以及查询语句需要重新编写以适应新的数据库架构。针对数据一致性问题，可采用分布式事务处理技术或数据同步中间件来确保数据在不同库表间的一致性；对于查询语句修改，建立详细的代码修改文档与测试计划，确保在修改后进行充分的功能测试与性能测试。优化后，数据库查询平均响应时间从 500ms 降低到 100ms 以内，系统在高并发订单处理场景下的稳定性得到显著提升。

综上，通过硬件与软件层面的多维度性能优化策略实施，并结合实际案例中的问题解决与数据对比分析，可以为智能系统性能提升提供切实可行的方法与实践经验，助力智能系统在复杂业务环境下稳定高效运行。

4.3.4 智能系统功能与效果提升路径

智能系统功能的完善及效果提升是其在众多领域发挥更大价值的关键，而数据驱动方式在其中扮演着核心角色。

1. 数据收集与整合

丰富且多元的数据来源是智能系统的"燃料"。首先，要从各类传感器中收集数据，例如智能家居系统中的温度传感器、湿度传感器、门窗传感器等，持续采集室内环境数据，以便系统能根据环境变化自动调节设备。同时，从互联网平台抓取数据也是重要途径，像新闻资讯类智能推荐系统，通过网络爬虫获取海量新闻文章信息，包括标题、内容、发布时间、来源等。此外，不能忽视用户与系统交互产生的数据，例如在线教育智能平台记录学生的学习时长、答题准确率、课程点击偏好等信息。整合这些来源广泛、结构各异的数据时，需制定统一的数据规范，如将各类数据的时间格式统一，对文本数据进行编码标准化等，构建起数据仓库，为后续深入分析提供充足且有序的数据资源。

2. 数据分析与挖掘

数据分析挖掘技术犹如智能系统的"智慧大脑"，能从数据中提炼出有价值的信息。以社交媒体智能营销系统为例，通过描述性分析，可以统计出特定时间段内用户的活跃高峰时段、不同地区用户的分布比例以及各类话题的热度值等，从而对整体营销环境有直观了解。运用关联规则挖掘，在电商智能推荐系统中，能够发现购买了某款电子产品的用户往往也会购买特定的周边配件，基于此可以在商品推荐页面精准推送相关配件，提高客单价和用户购买转化率。聚类分析在客户关系管理系统中作用显著，可将客户按照消费频率、消费金额、忠诚度等维度进行聚类，将客户群体分为高价值频繁消费客户、潜在价值客户、低频低价值客户等，针对不同群体制定差异化的营销策略，如为高价值频繁消费客户提供专属定制服务，对潜在价值客户发放有针对性的优惠券以刺激消费。对于分类算法，在医疗智能诊断系统中，利用大量已标注病症和检查结果的数据训练决策树或神经网络模型，模型可以根据新患者的症状表现、检查指标等数据，判断患者可能患有的疾病类型，辅助医生进行诊断决策，提高诊断效率和准确性。

3. 模型训练与优化

模型训练是智能系统不断"成长进化"的过程。以自动驾驶智能系统为例，需要使用大量包含各种路况（城市道路、高速公路、乡村道路等）、天气状况（晴天、雨天、雪天、雾天等）以及不同交通场景（正常行驶、拥堵、交通事故等）的驾驶数据来训练深度神经网络模型。在训练过程中，通过调整网络的层数、神经元数量、激活函数等超参数来优化模型性能。例如，增加神经网络的层数可以提高模型对复杂路况特征的提取能力，但也可能导致梯度消失等问题，所以需要采用合适的梯度优化算法（如 Adam 优化算法）和正则化技术（如 L2 正则化）来平衡模型的复杂度和泛化能力。再如，智能语音助手系统，利用强化学习方法，根据用户的反馈（如对回答的满意度评分）作为奖励信号，智能体（语音助手）不断调整回答策略，学习如何生成更符合用户需求、更自然流畅的回答，从而提升用户体验和交互效果。

4．持续监测与更新

智能系统上线后并非一劳永逸，持续监测与更新是保持其生命力的关键。例如，智能搜索引擎系统，需要实时监测搜索结果的相关性、搜索响应时间等指标。如果发现搜索结果中大量无关信息或者搜索速度变慢，可能是由于网络爬虫抓取的网页数据质量下降或者索引算法效率降低。这时就需要更新爬虫策略，提高对高质量网页的抓取权重，同时优化索引构建算法，重新训练搜索排序模型。又如，金融智能风控系统，随着市场环境变化、新型诈骗手段出现，原有的风险评估模型可能会出现误判率上升的情况。此时，需要及时引入新的金融交易数据、欺诈案例数据等，重新训练模型，调整风险评估指标权重，以适应新的风险特征，确保系统能够精准识别风险，保障金融交易安全。

4.3.5 智能系统优化的持续循环与保障机制

智能系统的优化并非一蹴而就，而是一个持续循环的过程，这对于构建稳定、高效且不断进化的智能系统极为关键。

1．持续循环优化环节

（1）设定阶段性优化目标。在智能系统优化进程中，需依据系统现状与业务需求设定阶段性目标。例如，对于一个电商智能推荐系统，初期目标可能是提高新用户的商品点击率，通过分析新用户浏览行为数据，发现其对热门商品和新品的关注度较高，于是设定在接下来一个月内将新用户对这两类商品的点击率提高 10%的目标。中期目标或许是提升老用户的复购率，借助对老用户购买历史和周期的挖掘，计划在三个月内使老用户复购率增长 15%。长期目标则可能是增强整个推荐系统对市场趋势变化的适应性，如在半年内实现推荐商品与当季流行趋势匹配度达到 80%以上。

（2）谨慎实施优化方案。优化方案的实施必须严谨有序。以智能交通管理系统为例，若要优化交通信号灯的配时方案以缓解拥堵，首先要在小范围区域进行模拟测试，如选择一个交通流量相对稳定且具有代表性的交叉路口。在测试过程中，逐步调整信号灯的绿信比（一个交通信号灯的绿灯亮的时间占整个信号周期的比例）、相位差（假设一条主干道上有 A 和 B 两个相邻的路口，A 路口绿灯亮起后，经过一定时间 B 路口绿灯才亮起，这个时间差就是相位差。）等参数，同时密切关注该路口及周边道路的交通流量变化、车辆排队长度等指标，确保不会因新方案的实施导致局部交通瘫痪或产生新的拥堵点。只有在小范围测试成功并经过充分评估后，才逐步推广到更大范围的区域。

（3）实时监测优化效果。实时监测能够及时发现优化过程中的问题与成效。例如，一个在线视频智能播放系统，在优化视频加载速度时，需要持续监测不同网络环境（如 4G、5G、Wi-Fi）下视频的缓冲时间、卡顿次数以及播放流畅度等指标。若发现优化后在某些特定网络环境下，如老旧小区的 Wi-Fi 网络中，视频卡顿次数反而增加，就需要深入分析是由于网络带宽预估错误，还是优化算法对低带宽网络适配性不佳等原因造成的。

（4）根据反馈及时调整优化策略。依据监测反馈灵活调整策略至关重要。例如，智能客服系统在优化回答准确性时，若收到用户反馈某些特定领域问题的回答仍然模糊不清，如关于电子产品复杂故障排除的咨询。系统开发团队就需要重新审查知识库中相关故障排除知识的完整性与准确性，调整自然语言处理模型对这类问题的理解与生成答案的策略，可能是增加特定故障案例数据的训练量，或者优化语义理解模型的结构与参数。

2. 保障机制

（1）建立跨部门的优化团队。跨部门团队能整合多方面资源与专业知识。如在开发一款智能医疗影像诊断系统时，需要医学专家提供专业的病症诊断知识与影像特征判断标准，算法工程师负责构建和优化图像识别模型，软件工程师保障系统的稳定运行与用户界面友好性，测试工程师制定测试方案并发现潜在漏洞，数据分析师则对影像数据和诊断结果进行分析挖掘以支持优化方向决策。只有各部门协同合作，才能确保系统从医学准确性到技术可行性等多方面得到优化。

（2）制定完善的文档记录规范。完善的文档记录是智能系统优化的重要保障。以一个智能工厂自动化控制系统为例，在对系统的控制算法进行优化时，需要详细记录原算法的逻辑流程、关键参数设置、输入/输出关系等信息，在优化过程中，记录每一次算法调整的内容、原因以及预期效果，优化后还要整理新算法的性能评估结果、与旧算法对比数据等。这样，无论是后续的系统维护、升级还是新员工接手，都能依据文档快速了解系统优化历程，避免重复劳动并降低错误风险。

（3）风险评估和应对机制。风险评估与应对机制可有效规避优化过程中的潜在危机。例如，在对金融智能投资顾问系统进行优化以增加投资策略多样性时，需要评估新策略可能带来的风险，如市场波动适应性风险、合规性风险等。若新策略涉及一些新兴金融衍生品的投资推荐，就需要深入研究相关法律法规，确保符合监管要求。同时，通过回测历史市场数据评估新策略在不同市场环境下的风险收益特征，若发现新策略在极端市场情况下可能导致客户资产大幅缩水，则需要对策略进行调整或增加风险对冲机制，如设置止损线、分散投资比例等，以保障客户资产安全与系统的稳健性。

4.4　智能系统运维（实训）

在智能系统的运维工作中，构建高效且可靠的部署环境是关键环节。其中，Docker 技术凭借其独特的容器化优势，为智能系统的部署提供了极大的便利。通过掌握 Docker 的安装与测试验证，能够为后续在客户端顺利部署智能系统奠定坚实基础，有效简化部署流程并提升部署的有效性与稳定性。

4.4.1　训练目标

⊙技能目标

1. 能（会）熟练掌握 Docker 的安装步骤，并成功完成安装和配置，且能通过测试验证其正常运行。

2. 能（会）独立完成智能系统运维中数据库的日常监控、备份和恢复操作，确保数据库稳定运行。

3. 能（会）运用所学技能，对智能系统进行有效的部署，并能解决部署过程中常见的技术问题。

⊙知识目标

1．掌握高质量数据的"六性"，并能在实际工作中准确判断数据是否符合高质量标准。

2．掌握数据分析思维，针对给定的业务问题，选择合适的思维方法进行有效的数据分析。

3．掌握智能系统的运维和部署知识，包括流程、方法和注意事项，能够制定合理的运维和部署策略。

⊙职业素养目标

1．提高分析/解决生产实际问题的能力。

2．养成良好的思维和学习习惯。

3．保持积极的好奇心与求知欲，养成良好的团队合作精神。

4．提高职业技能和专业素养。

4.4.2 训练任务

本次培训旨在提升学员在智能系统相关领域的技能和知识水平。在技能方面，重点聚焦于 Docker 的安装与测试，以及智能系统运维中的数据库运维操作。通过培训，学员将熟练掌握 Docker 的安装流程并完成测试，确保其正常运行；同时能够独立对智能系统的数据库进行日常监控、备份与恢复，保障数据库的稳定。

在知识层面，涵盖高质量数据的"六性"、数据分析思维、智能系统的运维与部署等重要内容。学员需深入领会高质量数据的标准，灵活运用多种数据分析思维解决实际问题，并全面掌握智能系统运维和部署的相关知识，从而能够制定合理策略。期望通过本次培训，使学员在技能和知识上都得到显著提升，为实际工作中的高效表现奠定坚实基础。

4.4.3 知识准备

（1）在智能系统的部署中，容器化部署与传统物理机部署在资源利用和性能方面有哪些具体的差异？请结合高质量数据的"六性"，思考如何保障部署过程中数据的质量。

（2）假设您负责一个电商平台的智能系统运维，运用维度拆分思维和对比思维，您会从哪些方面分析用户购买行为数据？同时，考虑在运维过程中如何确保收集到的用户数据具备高质量的"六性"？

（3）当对一个大型企业的销售数据进行分析时，如何运用降维思维和增维思维来挖掘更有价值的信息？在这个过程中，怎样建立有效的数据管理机制以保证数据符合高质量数据的"六性"要求，并支持智能系统的稳定运行和高效部署？

4.4.4 训练活动

⚲活动一：知识抽查

要求：

老师对学员知识准备情况进行抽查，具体抽查内容见知识准备的问题。

抽查方式：√口答　　□试卷　　□操作

老师要记录学员回答问题的情况，必要时做简单的讲解。

⇕活动二：示范操作

内容一：Docker 的安装和测试。

Docker 是一个开源的应用容器引擎，可以让你打包你的应用以及依赖包到一个可移植的容器中，然后发布到任何流行的 Linux 机器上，也可以实现虚拟化。

步骤一：确认系统满足要求。Windows 10 以上（版本 1706 或更高版本，支持 Hyper-V）；至少 4GB 的 RAM；至少 2GB 的硬盘空间；支持硬件虚拟化或虚拟化平台。

步骤二：安装 Docker Desktop。

（1）打开浏览器，访问 Docker 官方网站的下载页面。

（2）下载适用于 Windows 的 Docker Desktop 安装程序。

（3）双击下载的安装程序，按照提示完成安装过程。

（4）在安装过程中，可以选择默认安装或自定义安装。

（5）安装完成后，启动 Docker Desktop，如图 4-2 所示。

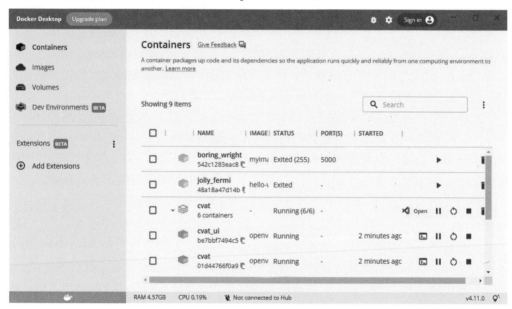

图 4-2　Docker Desktop 启动界面

步骤三：测试 Docker 安装。

（1）打开命令提示符（或 PowerShell），并输入以下命令：

```
docker --version
docker-compose --version
```

如果安装成功，则将看到类似以下输出：

```
Docker version 20.10.17, build 100c701
docker-compose version 1.29.2, build 5becea4c
```

（2）接下来，尝试运行一个 Docker 容器，输入以下命令：

```
docker run hello-world
```

如果一切正常，则将看到一条消息如图 4-3 所示，表明容器正在运行，并且包含一个从 Docker Hub 拉取的 hello-world 镜像。图 4-3 中的 Docker Daemon（守护进程）是一个在后台运行的服务。它负责管理 Docker 对象，像容器、镜像等。它好比是一个"大管家"，处理接收客户端请求、拉取镜像、创建和运行容器等这些复杂的任务。例如，当你通过客户端要求运行一个应用程序（以容器的形式），守护进程就会按照你的要求，去获取这个应用对应的镜像，然后用这个镜像创建容器并且让它运行起来。

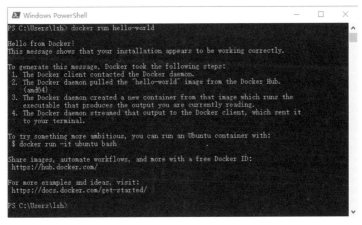

图 4-3　Docker 守护进程正常响应

步骤四：配置 Docker。

（1）打开 Docker Desktop 应用程序，可以在此处管理你的 Docker 设置，如图 4-4 所示，在 Windows 系统中，可点击"Settings"，进入设置页面。

（2）如图 4-4 所示，在"General"选项卡中，有"Expose daemon on tcp://localhost:2375 without TLS"等选项，勾选可开启相应功能。在"Resources"选项卡中，可以配置 CPU、内存、磁盘等资源的使用限制。

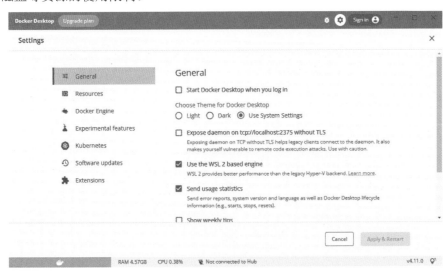

图 4-4　Docker 设置

（3）我们还可以在设置中启用或禁用 Kubernetes 支持，以使用 Docker Desktop 的

Kubernetes 功能。Kubernetes 是一个用于容器编排的平台。在 Docker 设置里的这个功能主要是方便我们使用 Kubernetes 来管理多个容器。它可以帮助我们自动化部署、扩展和管理容器化应用。比如，我们的应用由好几个不同的容器组成，像前端容器、后端容器、数据库容器等，Kubernetes 可以让这些容器按照期望的方式相互协作，自动调节容器的数量来应对流量变化，还能保证容器在出现故障时自动重启恢复，就像一个指挥中心一样来协调众多容器高效稳定地工作。

注意事项：

- 在安装 Docker Desktop 时，请确保您的 Windows 10 版本支持 Hyper-V。
- 在安装过程中，您可能需要重启计算机。
- 如果在安装或使用 Docker 时遇到任何问题，可以查看 Docker 官方文档或社区论坛获取帮助。

内容二：使用 Docker 部署应用。

步骤一：创建 Python 应用程序。创建一个名为 app.py 的文件，代码如下：

```python
from flask import Flask

app = Flask(__name__)

@app.route('/')
def hello_world():
    return 'Hello, 24宝安经发!'

if __name__ == '__main__':
    app.run(host='0.0.0.0', port=5000)
```

步骤二：创建 requirements.txt 文件。在同一目录下创建一个名为 requirements.txt 的文件，内容如下：

```
Flask
```

步骤三：创建 Dockerfile。在同一目录下创建一个名为 Dockerfile（没有扩展名）的文件，内容如下：

```
FROM python:3.8.18
WORKDIR /containerApp
COPY . .
RUN pip install -r requirements.txt
EXPOSE 5000
CMD ["python", "app.py"]
```

以上一系列命令用于创建一个 Docker 容器镜像。下面是对每个命令的解读：

```
FROM python:3.8.18
```

这个命令指定了基础镜像，即 Docker 镜像将基于官方 Python 3.8.18 版本构建。这意味着容器内将包含 Python 3.8.18 环境。

```
WORKDIR /containerApp
```

这个命令设置了容器内的工作目录为/containerApp。这意味着接下来的指令（如复制文件、运行命令等）都将在这个目录下执行。

```
COPY . .
```

这个命令将 Dockerfile 所在目录中的所有文件复制到容器内的工作目录（/containerApp）中。两个点.表示复制源和目标目录相同。

```
RUN pip install -r requirements.txt
```

这个命令在容器内运行 pip install -r requirements.txt，安装 requirements.txt 文件中列出的所有 Python 依赖包。requirements.txt 是一个包含依赖列表的文本文件，通常用于 Python 项目。

```
EXPOSE 5000
```

这个命令声明容器将监听 5000 端口，但不会自动发布（映射）到宿主机的端口。你需要在运行容器时使用-p 参数来映射端口，例如 docker run -p 5000:5000。

```
CMD ["python", "app.py"]
```

这个命令定义了容器启动时默认执行的命令，即运行 python app.py。这通常用于启动一个 Python Web 应用或脚本。app.py 是容器内工作目录下的 Python 脚本文件。

步骤四：构建 Docker 镜像。在该目录下打开终端或命令提示符，运行以下命令构建镜像：

```
docker build -t myimage .
```

下面是对该命令各部分的详细解释：

```
docker build:
```

这是 Docker 命令行工具中用于构建新镜像的命令。

```
-t myimage:
```

-t 参数用于给新构建的镜像指定一个标签（tag）。在这里，标签被设置为 myimage。标签通常用于区分不同的镜像，可以在后续的 Docker 操作中通过这个标签来引用或操作这个特定的镜像。如果不指定-t 参数，Docker 就会自动生成一个镜像 ID 作为默认标签。

```
.:
```

这个点（.）表示构建上下文（context），即 Dockerfile 所在的目录。当你执行 docker build 命令时，Docker 需要知道 Dockerfile 的位置，这个点告诉 Docker 使用当前目录（执行命令的目录）作为构建上下文。Docker 会将这个目录下的所有内容发送给 Docker 守护进程，以便构建镜像。如果 Dockerfile 不在当前目录，你可以指定包含 Dockerfile 的目录的路径作为构建上下文。

步骤五：运行 Docker 容器。先使用以下命令运行容器：

```
docker run -p 5000:5000 myimage
```

然后可以在浏览器中访问 http://localhost:5000/，应该就能看到 "Hello, 24 宝安经发!" 的输出。

内容三：智能系统数据运维。

以下是使用 MySQL 对智能系统的数据进行运维的详细步骤。

步骤一：数据库安装与配置。下载并安装 MySQL 服务器。配置数据库服务器，包括设置 root 用户密码、端口号、字符集等。

步骤二：创建数据库。使用以下命令登录到 MySQL 服务器：

```
mysql -u root -p
```

输入 root 用户密码登录。创建数据库，例如：

```
CREATE DATABASE intelligent_system;
```

步骤三：设计数据表。根据智能系统的数据需求，确定表结构。例如，创建一个名为 user_info 的表来存储用户信息，包括 id（主键，自增）、username（用户名）、password（密码）等字段：

```
CREATE TABLE user_info (
  id INT AUTO_INCREMENT PRIMARY KEY,
  username VARCHAR(50),
  password VARCHAR(50)
);
```

步骤四：数据插入。向表中插入数据，例如：

```
INSERT INTO user_info (username, password) VALUES ('ChenTing', '123456');
```

步骤五：数据查询。检索数据以验证插入是否成功，例如：

```
SELECT * FROM user_info;
```

步骤六：数据更新。当数据需要修改时，使用 UPDATE 语句，例如：

```
UPDATE user_info SET password = '654321' WHERE username = 'ChenTing';
```

步骤七：数据删除。若要删除数据，使用 DELETE 语句，例如：

```
DELETE FROM user_info WHERE id = 1;
```

步骤八：数据备份与恢复。定期进行数据备份，使用 mysqldump 命令将数据库导出为.sql 文件。在需要恢复数据时，使用 mysql 命令导入备份文件。

步骤九：性能优化。建立适当的索引以提高查询性能。假设我们经常需要根据用户的年龄来查询用户信息，那么可以为"age"字段创建索引。

```
ALTER TABLE user_info ADD INDEX age_index (age);
```

监控数据库的性能指标，如查询执行时间、资源使用情况等。

可以使用 MySQL 的性能监控工具，如"SHOW STATUS"和"SHOW PROCESSLIST"命令来查看数据库的运行状态。例如，使用"SHOW STATUS LIKE 'Connections%'"来查看连接相关的统计信息。

步骤十：安全设置。限制用户权限，只授予必要的操作权限。

例如，创建一个新用户"user1"，并只授予其对"user_info"表的查询权限。

```
CREATE USER 'user1'@'localhost' IDENTIFIED BY 'password1';
GRANT SELECT ON intelligent_system.user_info TO 'user1'@'localhost';
```

定期更改密码，加强数据库的安全性。使用以下命令更改用户密码。

```
ALTER USER 'user1'@'localhost' IDENTIFIED BY 'new_password1';
```

⚓ 活动三 　根据所讲述和示范案例，完成下面任务。

内容：数据质量检验和智能系统运维实操题。

假设您正在负责一个智能客服系统的数据库运维工作，该系统的数据库名为"intelligent_service"，其中有一个名为"customer_interactions"的表，用于存储客户与客服的交互记录，包含以下字段：

```
interaction_id (INT, PRIMARY KEY, AUTO_INCREMENT)
customer_id (INT)
interaction_type (VARCHAR(50)) （取值为：'咨询', '投诉', '建议'）
interaction_content (TEXT)
interaction_time (DATETIME)
```

题目要求：

（1）优化"customer_interactions"表的性能，确保对"customer_id"和"interaction_type"字段的查询能够快速执行。请详细说明您采取的优化措施，并提供相应的 MySQL 命令。

（2）创建一个新用户"ops_user"，并授予其对"customer_interactions"表的查询、插入和更新权限，但不允许删除数据，提供创建用户和授权的 MySQL 命令。

（3）编写一个 MySQL 查询语句，统计每个"customer_id"在过去一周内的交互次数。

（4）假设系统每天会新增大量的交互记录，为了确保数据库的存储容量不会过快增长，您需要定期删除超过 3 个月的交互记录。请编写一个 MySQL 存储过程来实现这个功能，并说明如何设置定时任务来定期执行该存储过程。

4.4.5　过程考核

表 4-1 所示为《智能系统运维》训练过程考核表。

表 4-1　《智能系统运维》训练过程考核表

姓名		学员证号			日期	年　　月　　日	
类别	项目	考核内容		得分	总分	评分标准	教师签名
理论	知识准备（100分）	1. 在智能系统的部署中，容器化部署与传统物理机部署在资源利用和性能方面有哪些具体的差异？请结合高质量数据的"六性"，思考如何保障部署过程中数据的质量（20分）				根据完成情况打分	
		2. 假设您负责一个电商平台的智能系统运维，运用维度拆分思维和对比思维，您会从哪些方面分析用户购买行为数据？同时，考虑在运维过程中如何确保收集到的用户数据具备高质量的"六性"（30分）					

类别	项目	考核内容		得分	总分	评分标准	教师签名
理论	知识准备（100分）	3. 当对一个大型企业的销售数据进行分析时，如何运用降维思维和增维思维来挖掘更有价值的信息？在这个过程中，怎样建立有效的数据管理机制以保证数据符合高质量数据的"六性"要求，并支持智能系统的稳定运行和高效部署（30分）				根据完成情况打分	
实操	技能目标（60分）	1. 熟练掌握 Docker 的安装步骤，并成功完成安装和配置，且能通过测试验证其正常运行（30分）	会□/不会□			1. 单项技能目标"会"该项得满分，"不会"该项不得分 2. 全部技能目标均为"会"记为"完成"，否则，记为"未完成"	
		2. 能（会）独立完成智能系统运维中数据库的日常监控、备份和恢复操作，确保数据库稳定运行（10分）	会□/不会□				
		3. 运用所学技能，对智能系统进行有效的部署，并能解决部署过程中常见的技术问题（20分）	会□/不会□				
		任务完成情况	完成□/未完成□				
	任务完成质量（40分）	1. 工艺或操作熟练程度（20分）				1. 任务"未完成"此项不得分 2. 任务"完成"，根据完成情况打分	
		2. 工作效率或完成任务速度（20分）					
	安全文明操作	1. 安全生产 2. 职业道德 3. 职业规范				1. 违反考场纪律，视情况扣 20～45 分 2. 发生设备安全事故，扣 45 分 3. 发生人身安全事故，扣 50 分 4. 实训结束后未整理实训现场扣 5～10 分	
评分说明							
备注	1. 评分表原则上不能出现涂改现象，若出现则必须在涂改之处签字确认 2. 每次考核结束后，及时上交本过程考核表						

4.4.6　参考资料

1. 智能系统部署

智能系统的部署方式主要有传统物理机部署、虚拟机部署和容器化部署。

传统物理机部署就是直接将系统安装在一台实实在在的物理服务器上。这种方式简单直接，但资源利用率不高，一台服务器只能运行一个系统，成本也较高。

虚拟机部署则是在一台物理服务器上通过虚拟化技术创建多个虚拟机，每个虚拟机都可以运行一个独立的系统。它提高了资源利用率，但启动速度相对较慢，性能开销较大。

容器化部署是一种比较新且流行的方式。可以把容器想象成一个"轻量级的包裹"，里面装着智能系统运行所需的一切东西，比如代码、依赖库、配置文件等。

容器化部署的优点有很多。

（1）高效性：容器启动速度非常快，通常在几秒内就能启动，能快速响应业务需求。

（2）轻量级：容器相较于虚拟机占用的资源更少，能在同一台服务器上运行更多的容器实例。

（3）一致性：无论在哪个环境中部署，容器内的应用运行环境都是一致的，减少了因环境差异导致的问题。

（4）易于迁移：可以轻松地将容器从一个服务器迁移到另一个服务器，方便扩展和维护。

不过，容器化部署也有一些缺点。

（1）安全性：容器共享宿主机的内核，如果宿主机内核存在漏洞，则可能会影响到所有容器。

（2）复杂性：对于初次接触的人来说，技术架构和管理可能较为复杂，需要一定的学习成本。

（3）存储限制：容器的默认存储机制可能在处理大量数据时存在一些限制。

2. 数据分析思维

以下是对常用数据分析思维的简单介绍。

（1）对比思维。对比是数据分析中最基本也是最重要的思维之一。通过将数据与不同的参照对象进行比较，可以发现数据之间的差异和趋势。例如，将当前销售数据与过去同期数据进行对比，能了解业务的增长或衰退情况；将不同产品的销售数据进行对比，可判断哪些产品更受欢迎。对比可以是时间上的（如同比、环比）、空间上的（不同地区、不同部门）、不同类别之间的（如不同产品线、不同客户群体）等。对比思维有助于快速定位问题和发现机会。

（2）维度拆分思维。当面对复杂的数据集合时，维度拆分思维可以帮助我们将数据按照不同的属性或特征进行分解。例如，销售数据可以按照产品类别、销售地区、销售渠道、销售时间等维度进行拆分。通过这种方式，可以更深入地理解数据的构成和内在规律，发现不同维度下的数据表现和关系，从而针对性地制定策略和优化业务。

（3）降维思维。在处理高维数据时，由于数据的复杂性和计算成本较高，降维思维就显得尤为重要。降维的目的是在尽量保留数据主要特征的前提下，将高维数据转换为低维数据。常见的降维方法有主成分分析（PCA）、因子分析等。降维思维可以帮助我们简化数据处理过程，提高分析效率，同时更直观地展现数据的主要模式和趋势。

（4）增维思维。与降维思维相反，增维思维是通过引入新的变量或特征来丰富数据的描述。例如，在分析用户行为时，除了基本的用户属性和行为数据外，还可以引入外部数据，如天气、节假日等因素，从而更全面地理解用户行为的影响因素。增维思维可以拓展数据分析的视角，发现潜在的关联和规律。

综上所述，对比思维帮助我们发现差异和趋势，维度拆分思维让我们深入理解数据结构，降维思维可以简化复杂数据，增维思维可以丰富数据描述。熟练运用这些数据分析思维，能够有效地从海量数据中提取有价值的信息，为决策提供有力支持。

3. 高质量数据的六性

以下是对高质量数据的"六性"的介绍。

（1）准确性（Accuracy）。例如，在一个销售数据库中，商品的销售数量必须准确记录。如果将实际销售的 100 件商品误记为 10 件，那么基于这个数据做出的销售业绩评估、库存管理决策等都会出现严重偏差。

（2）完整性（Completeness）。假设在客户信息表中，不仅需要包含客户的基本信息如姓名、联系方式，还应包括购买历史、偏好等。如果缺失了客户的购买历史数据，就无法全面分析客户的消费行为和需求，从而影响精准营销和客户服务策略的制定。

（3）一致性（Consistency）。以库存管理系统为例，如果在一个地方记录某种商品的库存数量为 50 件，而在另一个相关的报表中显示为 70 件，这就产生了数据不一致。这种不一致会导致库存调配的混乱，影响供应链的正常运作。

（4）可靠性（Reliability）。比如，一个用于监测生产设备运行状态的传感器系统，每次都能稳定准确地收集设备的温度、压力等关键参数，不会出现时而正常时而异常的数据波动。这样的数据才是可靠的，基于此做出的设备维护决策才有保障。

（5）时效性（Timeliness）。对于股票交易数据，如果使用的是延迟几个小时甚至几天的行情数据来进行交易决策，就可能错失最佳的买卖时机，导致投资损失。及时获取最新的股票价格、成交量等数据对于做出准确的投资决策至关重要。

（6）可用性（Usability）。若一份市场调研报告的数据以一种复杂、混乱且没有清晰注释的格式呈现，使用者难以理解和提取关键信息，那么这份数据就缺乏可用性。相反，如果数据以简洁明了的图表、清晰的表格和详细的说明呈现，使用者能够轻松获取并运用其中的信息进行市场分析和战略规划。

4.5　第 4 章小结

第 4 章聚焦智能系统运维，涵盖智能系统基础操作知识，重点讲授系统故障排除与维护方法以保障稳定运行，阐述优化策略提升性能，还设置实训环节，包括 Docker 安装测试与数据库运维练习，从理论到实践全方位构建智能系统运维知识技能体系，助力学习者全面掌握相关要点与实操能力。

4.6　思考与练习

4.6.1　单选题

1. 在智能系统中，以下关于基本架构各层与基本原理各环节对应关系正确的是（　　）。

　A. 感知层主要对应学习与进化环节，因为它需要不断适应环境变化来感知新信息并进行学习

　B. 存储层主要对应知识表达与建模环节，它为知识的结构化表示提供了物理存储基础，并且便

于知识模型的持久化保存

  C. 学习层主要对应决策与推理环节，通过学习层的算法直接生成决策结果，无须其他层的参与

  D. 执行层主要对应信息感知与获取环节，因为执行层的动作会触发新的信息感知

2. 在智能系统部署过程中，以下关于硬件基础架构搭建的描述正确的是（   ）。

  A. 硬件基础架构搭建主要关注服务器的数量和存储容量，智能算法模型和数据处理能力是软件层面后续安装相应程序来构建的，与硬件搭建无关

  B. 智能系统的硬件基础架构搭建时，需要重点考虑如何构建具备强大智能算法模型及数据处理能力的环境，如配置专门的 GPU 服务器来加速深度学习算法的运算，这是智能系统部署硬件搭建区别于普通系统部署的关键所在

  C. 硬件基础架构搭建过程中，智能系统和普通系统一样，只需要按照标准的网络架构和服务器配置要求进行即可，智能算法模型和数据处理能力在系统上线后的优化阶段再考虑

  D. 在智能系统硬件基础架构搭建时，智能算法模型是预先训练好存储在软件仓库中的，硬件搭建只需要保证能调用这些模型即可，不需要考虑模型运算的硬件加速问题

3. 在智能系统知识库构建中，以下关于知识来源的说法正确的是（   ）。

  A. 系统文档是知识库构建最重要的知识来源，因为它包含了系统的所有功能细节和技术原理，运维经验、技术论坛与社区、厂商资料只能作为辅助补充，且往往存在错误信息，不应重点参考

  B. 技术论坛与社区的知识来源具有及时性和广泛性的特点，但由于信息质量参差不齐，在知识库构建中，只应采纳专家发布的内容，其他用户的分享没有价值

  C. 厂商资料通常是针对产品销售而制作的，对于知识库构建来说，其中的市场营销内容较多，技术细节较少，因此对知识库构建没有太大帮助

  D. 运维经验是知识库构建的重要知识来源之一，它结合了实际操作中的问题解决案例和实践心得，能够提供系统文档等资料中可能缺失的实用性知识

4.6.2 多选题

1. 智能系统的基本原理包含多个重要环节，以下关于智能系统基本原理的描述，正确的有（   ）。

  A. 信息感知与获取是智能系统的起点，通过各种传感器收集外部信息，这些传感器包括但不限于光学传感器、压力传感器，且收集的信息格式通常是标准化的，无须进行预处理就能直接用于知识表达与建模

  B. 知识表达与建模是将感知获取到的信息，以合适的方式进行结构化表示，例如，使用规则库、语义网络等方法。同时，知识模型应根据新的信息感知情况动态调整

  C. 决策与推理过程主要依靠预先设定的固定规则，不会受到学习与进化环节的影响，因为学习与进化主要是针对知识表达与建模阶段的更新

  D. 交互与执行环节中，智能系统与外部环境进行信息和动作的双向交互，执行的动作结果会反馈到信息感知与获取环节，从而形成一个闭环系统

  E. 系统优化与自我诊断主要是对系统硬件进行检测和升级，软件部分的优化主要靠人工重新编码来实现，并且自我诊断主要针对系统是否能正常启动和运行基本功能进行检查

2. 关于智能系统的基本操作技能，以下说法正确的是（   ）。

  A. 在系统认知与启动类中，了解智能系统的硬件组成架构属于系统认知部分，而启动操作仅指通过单一的开机按钮开启系统，不包括系统初始化等其他操作

B. 数据交互操作类中，数据的导入和导出是重要的子类别，其中数据导入时，系统可以自动对所有导入的数据进行清洗和格式转换，无须人工干预

C. 模型与算法应用类中，选择合适的算法应用于特定场景是关键操作之一，并且在应用过程中可能需要根据实际情况对算法参数进行调整

D. 系统功能操作与定制类包括对系统功能模块的启用和禁用，同时可以根据用户的特殊需求对系统功能进行个性化定制，这一过程可能涉及一些简单的编程操作

E. 系统维护与优化辅助类主要是指系统出现严重故障后进行维修，而对于系统性能的日常优化不包括在内，因为这属于系统自动完成的任务

3. 在智能系统故障排除流程中，以下说法正确的是（　　　）。

A. 故障监测与发现阶段，可以利用系统自带的监控工具和第三方监控软件相结合的方式。监控工具不仅要关注系统的性能指标，如 CPU 使用率、内存占用情况，还要关注智能系统特有的指标，如模型推理准确率、数据标注的错误率

B. 故障定位与隔离阶段，若怀疑是硬件故障导致系统问题，应立即更换硬件设备进行测试，无须考虑其他因素，因为硬件故障通常是最直接的原因

C. 故障修复与验证阶段，在修复故障后，只需要验证系统当前功能是否恢复正常即可，对于故障可能引发的潜在影响，如数据一致性、系统安全性等方面无须过多关注，因为这些问题通常不会出现

D. 在整个故障排除流程中，文档记录是非常重要的，应该详细记录故障现象、定位过程、修复措施等信息，这些记录有助于后续的故障复盘和知识库更新

E. 故障定位与隔离阶段，采用二分法进行故障定位是最有效的方法，因为这种方法可以快速缩小故障范围，适用于所有类型的智能系统故障

第5章

业务分析

5.1 业务流程设计

⊙知识目标

1．理解业务流程分析和设计的基本原则和方法。
2．掌握业务流程建模和优化的技巧。
3．提升产品思维和结构化思维，能够将业务痛点转化成产品的功能需求。

⊙工作任务

1．利用 AIGC 优化流程分析和设计。
2．进行业务流程分析和设计，设计整套业务数据采集、处理和审核流程。
3．优化业务流程，提高效率和效果。

5.1.1 业务流程分析和设计的基本原则

1．业务流程分析的基本原则

（1）完整性原则。完整性原则指的是在做业务流程分析时需涵盖业务流程中的所有环节、活动及相关信息，包括输入/输出、涉及人员、资源等，以全面了解流程全貌，为后续优化改进提供完整基础。

在工业生产的业务流程分析中，要对整个生产链条进行完整考量。例如，在汽车制造中，从原材料采购（如钢材、橡胶等）开始，到零部件生产（发动机铸造、车身冲压等），再到总装环节（将发动机、车身、内饰等组装成整车），以及最后的质量检测、包装入库等环节都要详细分析，包括每个环节的输入（如原材料规格、设计图纸）、输出（成品零部件、整车）、涉及人员（采购人员、工程师、工人）和资源（生产设备、运输工具）等。在智能制造中，对于智能机器人的生产流程分析，要涵盖从芯片等核心零部件采购，到机器人本体组装、编程调试等所有环节，全面了解整个流程，不能遗漏任何关键信息，为后续优化提供完整的基础。

（2）客观性原则。客观性原则指的是业务流程分析应基于客观事实和数据，避免主观臆断和偏见。通过实地观察、数据收集与分析等方法，准确反映业务流程的实际运行情况。

以工业生产中的钢铁冶炼为例，分析人员不能仅凭经验或主观猜测来判断生产流程的情况。而是要通过在高炉、转炉等生产现场安装传感器收集温度、压力、化学成分等数据，观察工人操作的实际情况，准确记录每个生产步骤的时间消耗和资源使用量等客观事实。在智能制造的电路板自动化生产中，要依据贴片机、焊接机等设备记录的生产数据，以及质量检测设备反馈的次品率等客观数据来分析流程，避免主观臆断，确保分析结果真实反映业务流程的运行状态。

（3）逻辑性原则。逻辑性原则指的是业务流程各环节和活动之间应具有清晰合理的逻辑关系，如先后顺序、因果关系等，便于梳理流程脉络，发现潜在问题。

在机械加工的工业生产流程中，先有设计部门的产品设计（确定零部件的尺寸、形状、精度要求等），然后才是工艺部门根据设计制定加工工艺（如选择加工方法、刀具、夹具等），这是合理的先后顺序逻辑。后续的加工环节根据工艺安排依次进行，如先粗加工再精加工。在智能制造的自动化仓储物流流程中，货物入库信息的录入逻辑上要先于货物的存储和调配，当有订单需求时，系统根据库存信息进行货物拣选和发货，各环节之间存在清晰的逻辑关系，只有这样才能准确梳理流程，发现如加工顺序不合理、物流信息传递不畅等潜在问题。

2. 业务流程设计的基本原则

（1）战略匹配原则。战略匹配原则指的是业务流程设计要紧密围绕企业战略目标，确保流程的实施有助于战略的实现，使企业各项活动与战略方向保持一致，增强企业竞争力。

如果一家工业制造企业的战略目标是成为高端装备制造领域的领军企业，那么在业务流程设计上，从新产品研发流程就要注重对高端技术的引入和自主创新能力的培养。例如，在航空发动机制造流程设计中，要加大对先进材料研发、高精度加工工艺设计等环节的投入，确保每个环节都有助于生产出高性能、高质量的航空发动机，与企业战略目标相匹配。在智能制造企业战略定位为提供智能工厂整体解决方案时，其业务流程设计就要围绕如何整合自动化设备、工业软件、数据分析等资源，为客户打造高效智能的生产系统，从项目规划、方案设计到实施和售后的各个流程环节都要符合战略方向。

（2）顾客导向原则。顾客导向原则指的是业务流程设计要以满足顾客需求和期望为核心，关注顾客体验，优化流程中的各项活动，提高顾客满意度和忠诚度。

在消费电子产品的工业生产中，如手机制造，业务流程设计要以顾客需求为导向。如今消费者对手机拍照功能要求高，那么在生产流程中就要优化摄像头模组的采购、组装和调试环节，确保成像质量。同时，消费者注重手机外观和手感，生产流程就要对手机外壳的设计、材质选择和加工工艺进行改进。在智能制造中，对于定制化工业机器人的生产流程设计，要根据客户的特定工作环境和任务需求，从机器人的结构设计、控制系统编程到传感器配置等环节都要满足客户个性化要求，提高顾客满意度和忠诚度。

（3）简洁高效原则。简洁高效原则指的是做业务流程设计时要简化不必要的环节和活动，使流程清晰、简洁，提高运行效率，降低成本，提升企业运营效益。

在传统机械制造企业的生产流程中，可通过优化车间布局和减少不必要的转运环节来提高效率。例如，将原材料仓库、加工车间和装配车间合理布局，减少物料搬运距离。在智能制造的自动化生产线设计中，去除不必要的人工检验环节，增加在线质量检测设备，并通过自动化控制系统实现快速的故障诊断和修复，简化流程，提高生产效率。如在汽车零部件生产中，通过智能传感器实时监测生产参数，一旦发现偏差自动调整，减少了人工干预环节，使生产流程更加简洁高效。

（4）创新思维原则。创新思维原则指的是在做业务流程设计时应鼓励突破传统思维定式，从不同角度审视现有流程，探寻更高效、更优质的业务运作方式，以推动业务创新与发展。

在传统工业生产中，如服装制造，以往是大量人工裁剪和缝制，现在可利用激光裁剪技术、智能缝纫机器人等创新方式改变原有流程，提高裁剪精度和缝制效率。在智能制造领域，以 3D 打印为例，突破了传统制造通过模具等方式的局限，实现了根据设计模型直接打印产品，从设计到生产的流程发生了创新性变化。企业通过对业务流程的创新分析，探索更高效的生产模式，提升竞争力。

（5）风险可控原则。风险可控原则指的是在做业务流程设计时要刻意识别流程中的潜在风险，并设计相应的控制措施，确保流程在风险可控的范围内运行，保障企业的稳健发展。

在化工工业生产中，由于涉及易燃易爆等危险化学品，在业务流程设计时要严格控制风险。例如，在原料储存环节，设计专门的安全储存设施，并配备防火、防爆、防泄漏等措施；在生产反应环节，设置精确的温度、压力控制系统，并设计冗余的安全保护装置，如紧急切断阀等。在智能制造的网络控制系统设计中，要防范网络攻击和数据泄露风险，设置防火墙、入侵检测系统等安全防护措施，对关键数据进行加密存储和传输，确保整个生产流程在风险可控的范围内运行。

2015 年 8 月 12 日，位于天津市滨海新区天津港的瑞海公司危险品仓库发生火灾爆炸事故，该事故造成了重大人员伤亡和巨额经济损失，引起了社会的广泛关注。

瑞海公司作为专业从事危险化学品仓储等业务的企业，理应遵循风险可控原则，但却未能做到。从其内部管理来看，公司安全管理极其混乱，安全隐患长期存在，对危险化学品的存储、运输等环节缺乏有效的风险评估与管控措施，导致危险化学品在存储过程中因湿润剂散失等原因出现局部干燥，进而引发自燃，并最终导致了严重的爆炸事故。

瑞海公司的此次事故充分暴露了其在风险管控方面的严重失职，也为其他企业敲响了警钟，提醒企业必须高度重视风险可控原则，切实加强风险管理，确保生产经营活动的安全稳定。

（6）资源优化原则。资源优化原则指的是在做业务流程设计时要合理配置人力、物力、财力等资源，充分发挥资源的最大效益，避免资源的闲置和浪费，提高资源利用效率。

在工业生产中的铸造车间，合理安排熔炉的使用时间和功率，根据生产任务精确计算原材料的投入量，避免能源浪费和原材料积压。对于人力资源，根据工人的技能水平和经验合理分配工作岗位，提高劳动生产率。在智能制造的芯片制造企业，对昂贵的光刻机等设备进行科学的排产计划，提高设备利用率；同时，优化生产线上的物料配送流程，减少库存积压，充分发挥资源的最大效益，降低生产成本。

（7）持续改进原则。持续改进原则指的是业务流程设计并非一蹴而就，需建立持续改进机制，根据内外部环境变化和企业发展需求，不断优化调整流程，以适应新形势的要求。

在工业生产中，汽车制造企业根据市场反馈和新技术发展，不断改进生产流程。例如，随着新能源汽车市场的发展，传统燃油汽车生产企业在业务流程中增加电池组装和测试环节，并对原有底盘生产工艺进行改进以适应电动车的结构特点。在智能制造领域，智能家电生产企业根据消费者对智能家居互联互通的需求，不断改进产品的软件设计流程和硬件接口设计流程，同时优化生产过程中的质量检测流程，引入更先进的检测设备和方法，以适应市场变化和企业发展的要求。

5.1.2　业务流程分析和设计的方法

1. 业务流程分析方法

以下简单谈谈一些常见的业务流程分析方法。

（1）访谈法。

基本过程：通过与业务流程中的相关人员，如操作人员、管理人员、客户等进行面对面的交流，询问他们关于流程的看法、经验、问题以及建议等，从而获取有关业务流程的详细信息。

例如，在分析某电子产品制造企业的生产流程时，访谈生产线上的工人，了解到在某道组装工序中，由于工具设计不合理，导致操作不便，影响了生产效率。同时，与管理人员访谈得知，生产计划的制订缺乏市场需求的准确预测，导致库存积压或供不应求的情况时有发生。

（2）观察法。

基本过程：直接观察业务流程的实际运行情况，记录每个环节的操作步骤、时间消耗、人员协作等细节，以获得对业务流程最直观的认识。

例如，观察某汽车装配车间的生产流程，发现部分工位之间的物料传递存在等待时间过长的问题，影响了整体装配效率。通过详细记录各工位的操作时间和物料流动情况，为后续的流程优化提供了依据。

（3）文档分析法。

基本过程：收集与业务流程相关的各种文档，如流程图、操作手册、规章制度、报表等，对这些文档进行分析，以了解业务流程的具体规定和要求。

例如，分析某银行的贷款审批流程时，通过查阅其内部的贷款审批操作手册和相关报表，梳理出从客户申请到贷款发放的各个环节、所需材料、审批标准以及时间节点等信息，明确了现有流程的框架和细节。

（4）问卷调查法。

基本过程：设计有针对性的问卷，发放给与业务流程相关的人员，收集他们对流程的满意度、存在的问题、改进建议等反馈信息，以便对业务流程进行全面评估。

例如，针对某电商企业的订单处理流程，向客服人员、仓库管理人员、配送人员以及客户发放问卷。调查结果显示，客户对订单配送的及时性满意度较低，进一步分析发现是由于仓库与配送部门之间的信息沟通不畅导致的发货延迟问题。

（5）流程建模与仿真法。

基本过程：使用专业的流程建模工具，将业务流程抽象为图形化的模型，并通过设置参数和运行仿真，模拟流程在不同条件下的运行情况，分析流程的性能和潜在问题。

例如，某物流企业利用流程建模与仿真工具对其货物配送流程进行分析。通过建立模型并设置不同的交通状况、车辆配置、订单量等参数，模拟发现当订单量达到一定峰值时，现有车辆调度方案会导致部分区域配送延迟。据此，企业可以提前制定应对策略，优化车辆调度流程。

2．业务流程设计方法

以下是常见的业务流程设计方法。

（1）流程优化法。

基本过程：在企业现有的业务流程基础上，对流程中的各个环节进行分析和评估，找出存在的问题和瓶颈，然后通过消除不必要的环节、简化复杂的环节、整合相关的环节等方式，对流程进行优化和改进，以提高流程的效率和质量。这是一种较为基础和初步的方法，侧重于在现有流程基础上进行改进。它主要针对流程中明显的问题和瓶颈，如环节烦琐、效率低下等，通过消除、简化、整合等手段进行优化，不需要对整体业务模式和组织架构进行大规模变革，实施相对容易，风险较低。

例如，某电商企业对其订单处理流程进行优化。原来的订单审核环节需要人工逐一核对多项信息，效率较低。通过引入自动化审核系统，对部分符合预设规则的订单进行自动审核，只有少数异常订单才进入人工审核环节，大大提高了订单处理速度。

（2）标杆瞄准法。

基本过程：企业将自身的业务流程与同行业或其他行业的最佳实践进行对比和分析，找出自身的差距和不足，然后借鉴最佳实践的经验和方法，对自身业务流程进行优化和改进。该方法需要企业对外部同行业或其他行业的先进经验进行研究和学习，相比流程优化法更进一层。它要求企业有一定的市场洞察力和学习能力，能够准确识别标杆企业的最佳实践，并将其合理地应用到自身流程中。虽然也以现有流程为基础，但需要对企业自身的流程与标杆进行对比分析，涉及一定程度的变革管理。

例如，某餐饮企业在设计服务流程时，以行业内知名的快餐品牌为标杆。发现对方在点餐、取餐环节的效率极高，通过学习其采用的自助点餐系统、标准化的出餐流程等，对自身的服务流程进行优化，减少了顾客等待时间，提高了顾客满意度。

（3）基于信息化的设计方法。

基本过程：借助信息技术和信息系统，对业务流程进行重新设计和优化，以实现业务流程的自动化、信息化和智能化。通过信息化手段，可以提高流程的效率、准确性和可控性，同时为企业的决策提供更及时、准确的数据支持。此方法需要企业具备一定的信息技术基础和投入能力，比前两种方法更为复杂。它不仅要对业务流程本身进行梳理和优化，还要将信息技术与之深度融合，实现流程的自动化、信息化和智能化。企业需要考虑信息系统的选型、实施、数据安全等多方面问题，涉及技术与业务的深度整合。

例如，某金融机构在设计贷款审批流程时，利用大数据技术和人工智能算法，对客户的信用数据、财务数据等进行分析和评估，自动生成贷款审批建议，大大缩短了审批时间，提高了审批效率和准确性。

（4）系统思考法。

基本过程：从整体的角度出发，将业务流程视为一个系统，考虑流程中各个环节之间的相互关系、相互作用以及与外部环境的交互影响，通过综合分析和协调，设计出能够实现系统整体最优的业务流程。系统思考法要求从整体和全局的角度出发，考虑业务流程与内外部环境的复杂关系，是一种较为综合和复杂的方法。它需要企业具备系统思维能力和跨部门协调能力，打破部门壁垒，实现流程的协同优化。在设计过程中，要综合考虑各种因素的相互影响，确保流程的整体最优。

例如，某大型企业在设计供应链管理流程时，运用系统思考法，不仅考虑了采购、生产、销售等内部环节的衔接，还充分考虑了供应商、物流合作伙伴、客户等外部因素的影响。通过建立信息共享平台，实现了供应链各环节的实时沟通和协同运作，提高了整个供应链的效率和竞争力。

（5）流程再造法。

基本过程：对企业现有的业务流程进行根本性地再思考和彻底性地再设计，以显著提高企业的效率、质量、服务等关键指标。它强调打破传统的职能部门界限，以业务流程为核心重新构建企业的组织架构和运营模式。流程再造法是最为复杂和激进的方法，它往往涉及组织架构、企业文化等多方面的变革。企业需要有高层的强力支持和全体员工的积极参与，面临的风险和阻力较大，但一旦成功实施，可能带来显著的绩效提升。

例如，某传统制造企业采用流程再造法对生产流程进行设计。以往生产计划由多个部门分别制订，导致计划不协调、生产效率低下。经过再造，成立了专门的生产计划统筹部门，由该部门综合市场需求、原材料供应、生产能力等因素制订统一的生产计划，并通过信息化系统实时监控和调整，大大提高了生产的协调性和效率。

20 世纪 90 年代末，华为发展到一定规模后，面临着诸多管理问题与挑战，如内部管理效率低下、业务流程不畅、人均效益不高、研发费用和周期过长等。为解决这些问题，华为于 1998 年花费近 20 亿元聘请 IBM 做管理咨询，开启了为期 5 年的咨询学习，并在 5 年期满后续约 10 年，耗资将近 40 亿元。

在流程再造方面，IBM 为华为实施了集成产品研发（IPD）咨询。首先，打破华为基于部门的管理结构，构建基于业务流程和生产线的管理结构，以实现跨部门的高效协作。其次，IBM 协助华为对产品研发流程进行全面梳理和优化，强调研发活动的计划性和严格评审，确保研发过程的规范化和高效化，从而缩短研发周期、降低研发成本。例如，华为在引入 IPD 之前，研发项目缺乏统一规划和协调，各部门之间信息不畅，导致研发周期长、产品推向市场速度慢。通过 IPD 流程再造，华为建立了从市场需求收集、产品规划、研发设计到产品上市的全流程管理体系，各环节紧密衔接，大大提高了研发效率和产品质量。

经过此次流程再造，华为取得了显著成效。到 2003 年，订单及时交货率从 1998 年 12 月之前的 30%提升至 65%，库存周转率从 3.6 次/年上升到 5.7 次/年，订单履行周期从 20～25 天缩短到 17 天。华为于 2010 年首次进入《财富》世界 500 强，排名第 397 位。

5.1.3　业务流程建模和优化的技巧

以下是业务流程建模和优化的一些技巧。

1．业务流程建模技巧

（1）准确理解业务流程。在进行建模之前，必须深入了解业务流程的每一个细节。这包括流程的起始点、终止点、涉及的部门和人员、各个环节的输入/输出，以及流程执行的顺序和条件等。例如，在医院的挂号—看病—缴费—取药流程中，要清楚了解不同科室挂号的规则差异、医生诊断与检查项目的关联、缴费方式对流程的影响以及取药窗口的分配规则等。

（2）选择合适的建模工具。根据业务流程的复杂程度和特点选择合适的建模工具。常见的有 ARIS、Visio、BPMN Modeler 等。对于相对简单、以流程步骤展示为主的业务，Visio 可以清晰地绘制出流程图形；而对于复杂的企业级业务流程，尤其是涉及大量数据交互和规则的流程，ARIS 等专业工具则更具优势。例如，一家小型电商企业的订单处理流程可以使用 Visio 来建模，而大型制造企业的供应链管理流程可能需要使用 ARIS 来准确描述。

（3）合理划分流程层次。对于复杂的业务流程，将其划分为不同层次进行建模。顶层模型展示主要流程和关键环节，然后逐步向下细化到子流程和具体操作。以汽车制造企业为例，顶层模型可以是从设计、采购、生产、质检到销售的整体流程；第二层可以针对生产环节进一步细化为冲压、焊接、涂装、总装等子流程；再下层可以是每个子流程中的具体操作步骤，如冲压环节中模具的安装与调试流程。

（4）明确流程中的角色和职责。在模型中清晰地标识出每个环节涉及的角色和职责。这有助于理解流程中不同人员的工作内容和协作关系。例如，在软件开发项目流程中，明确需求分析师负责收集和整理用户需求、架构师设计软件架构、程序员编写代码、测试人员进行软件测试等，并且在流程模型中体现他们之间的交互和信息传递。

（5）注重数据的流动和处理。业务流程往往伴随着数据的流动和处理，在建模时要准确标示数据的来源、去向和处理方式。例如，在银行贷款审批流程中，客户提交的申请资料作为输入数据，在各个审批环节中进行数据的核实、评估（如信用评分计算），最终形成审批结果数据作为输出，这些数据的流动和处理都要在模型中清晰体现。

2. 业务流程优化技巧

（1）消除不必要的环节。仔细审查流程模型，找出那些对流程结果没有实质价值的环节并予以消除。例如，在企业办公用品采购流程中，如果存在多层审批，但其中某些审批环节只是形式上的签字，没有实际的审核作用，就可以考虑取消这些环节，以加快采购速度。

（2）简化复杂环节。对于过于复杂的环节，尝试简化操作步骤或减少不必要的决策点。比如，某企业的报销流程中，原来需要员工填写大量重复信息和附上多种证明材料，经过优化，简化了报销表格，只要求提供关键信息和必要证明，减少了员工的工作量和报销处理时间。

（3）整合相关环节。将可以合并的环节进行整合，以提高效率。例如，在生产流程中，如果有两个相邻的检验环节，检验内容有部分重叠，可以将这两个环节整合为一个综合检验环节，同时调整检验标准和方法。

（4）并行处理流程中的活动。对于一些没有先后顺序依赖的活动，可以将它们改为并行处理。例如，在新产品研发过程中，市场调研和技术可行性研究可以同时开展，而不是依次进行，这样可以缩短整个研发前期的时间。

（5）优化流程中的资源分配。根据流程各环节的需求，合理分配人力、物力、财力等资源。例如，在餐厅营业流程中，根据不同时间段的客流量，合理安排厨师、服务员的数量，避免高峰时期人手不足、低峰时期人员闲置的情况，同时合理采购食材，减少库存成本。

（6）引入信息技术改进流程。利用信息技术实现流程的自动化和信息化。例如，在企业的考勤流程中，从原来的人工签到打卡改为使用指纹识别或人脸识别的电子考勤系统，不仅提高了考勤的准确性，还减少了人工统计考勤的工作量；在仓库管理流程中，引入库存管理软件和条形码扫描技术，实现货物的快速出入库和库存的实时监控。

5.1.4　提升产品思维和结构化思维

1．产品思维

（1）产品思维的内涵。产品思维是一种从用户需求出发，致力于打造满足用户需求、具有价值的产品的思维方式。它涵盖了对用户体验、产品功能、产品价值以及商业价值等多方面的思考。拥有产品思维意味着要站在用户的角度看待问题，理解用户在使用产品过程中的痛点、期望和行为模式。

（2）举例说明。以智能手机为例，具有产品思维的开发者会关注用户在使用手机时的各种场景。比如，用户在户外强光下查看屏幕内容的需求，促使开发者采用高亮度、高对比度的屏幕技术，并开发自动调节亮度功能；考虑到用户单手操作手机的便利性，手机设计不断优化，如将电源键和音量键调整到合适位置，推出单手模式等。再如，对于一款办公软件，产品思维会关注用户在文档编辑、数据处理、团队协作等方面的需求。如果用户经常抱怨文档格式在不同设备间转换出现问题，开发者就会致力于优化格式兼容功能，提升用户体验。

安克创新是一家位于湖南省长沙市岳麓区的创业板公司，股票代码为 300866，其创始人是阳萌，公司成立于 2011 年 12 月 6 日。

阳萌创立安克创新的理念源自对用户体验的关注，他在使用不同电子产品充电时，发现存在诸多不便，于是致力于研发出质量好且兼容性强的充电产品，以解决用户在已有产品使用过程中的痛点。这一案例体现了创业并非凭空产生，而是通过发现并解决市场中存在的痛点问题来创造商业价值和机会，推动企业的发展。

（3）提升产品思维的方法。

深入了解用户需求：通过用户调研、用户反馈收集、用户行为分析等方式，全面了解用户的真实需求。例如，电商平台可以通过分析用户的购买历史、浏览记录、搜索关键词等数据，了解用户的购物偏好和潜在需求，从而为用户推荐更符合其需求的商品，优化商品展示页面和搜索功能。

关注用户体验：从产品的易用性、便捷性、视觉效果等多个维度提升用户体验。例如，一款在线教育产品，要确保课程播放流畅、界面简洁易懂，同时提供方便的学习进度记录和交互功能，如提问、讨论等，让用户在学习过程中感受到舒适和高效。

不断优化产品功能：根据用户需求和市场变化，持续改进和增加产品功能。例如，社交软件不断更新功能，从最初的简单文字聊天，发展到可以发送语音、图片、视频，支持群聊、创建话题群组、支付功能等，以满足用户在社交和生活中的多样化需求。

重视产品价值和商业价值的平衡：产品不仅要满足用户需求，还要为企业创造价值。例如，对于免费使用的手机游戏，开发者通过合理设置广告投放、内购道具等商业模式，在不影响用户游戏体验的前提下实现盈利，同时不断更新游戏内容以保持用户黏性。

2．结构化思维

（1）结构化思维的内涵。结构化思维是指在分析和解决问题时，将问题或事物按照一定的结构进行分解、分析和组合，使其更有条理、更清晰的思维方式。它强调从整体到局部、从框架到细节的思考过程，有助于高效地理解复杂问题、梳理信息和制定解决方案。

（2）举例说明。在制订项目计划时，可以运用结构化思维。例如，一个建筑工程项目可以分为前期规划、设计阶段、施工阶段、验收阶段。前期规划又包括项目可行性研究、选址、预算估算等；设计阶段涵盖建筑设计、结构设计、给排水设计等专业设计；施工阶段可细分为基础施工、主体施工、装修施工等；验收阶段包括分项验收、分部验收和整体竣工验收。通过这种结构化的分解，项目团队可以清晰地了解每个阶段和环节的任务、目标、时间节点和责任人，有条不紊地推进项目。

再如，分析一家公司的市场竞争力，可以从产品、价格、渠道、促销四个维度（即 4P 理论）进行结构化分析。在产品方面，分析产品的质量、功能、外观等；价格方面，考虑成本、定价策略、价格竞争力等；渠道方面，研究销售渠道的多样性、渠道的覆盖范围和效率等；促销方面，关注广告宣传、促销活动、公关活动等。这种结构化的分析方法能全面、系统地评估公司在市场中的地位和竞争力。

（3）提升结构化思维的方法。

学会分解问题： 将复杂的问题按照一定的逻辑或维度进行分解。例如，分析企业的成本问题，可以从固定成本和变动成本两个大的维度分解，固定成本再细分为租金、设备折旧、管理人员工资等，变动成本可以分为原材料采购、直接人工等。通过这样的分解，可以更清晰地找出成本控制的关键点。

构建思维框架： 根据不同的问题类型和场景，建立相应的思维框架。比如，在写作议论文时，可以采用"提出问题—分析问题—解决问题"的框架，或者按照"论点—论据—论证"的结构进行写作。在制定战略规划时，可以使用 SWOT 分析框架（优势、劣势、机会、威胁），从这四个方面对企业内外部环境进行分析，为战略决策提供依据。

对信息进行分类整理： 当面对大量信息时，按照一定的标准进行分类。例如，在整理市场调研数据时，可以按照不同的产品类别、用户年龄段、地域等维度进行分类，然后分析各类别数据之间的关系和规律，这样能更有效地利用信息，避免信息混乱。

自上而下表达和沟通： 在向他人传达信息或观点时，先从总体结论或目标说起，然后逐步展开细节和理由。比如在汇报项目进展时，可以先说"项目目前整体进展顺利，已完成 70%，预计可以按时交付"，然后再详细介绍各个子项目的完成情况、遇到的问题及解决方案。这种表达方式有助于对方快速理解核心内容，提高沟通效率。

5.1.5 利用 AIGC 优化流程分析和设计

1. AIGC 简介

AIGC（Artificial Intelligence Generated Content）即人工智能生成内容，是指利用人工智能技术自动生成文本、图像、音频、视频等多种形式内容的技术集合。它基于大规模数据训练和复杂的机器学习算法，特别是深度学习中的神经网络架构，使计算机能够模仿人类的创造性思维和表达能力，生成具有一定逻辑性、连贯性和价值的内容。例如，目前广泛应用的语言生成模型可以根据给定的主题或提示生成文章、故事、对话等文本内容，图像视频生成模型则能依据描述生成相应的画面和画面序列。

2．AIGC 在业务流程分析与设计优化中的应用

（1）业务流程分析阶段。

生成分析问卷和访谈提纲：AIGC 可以根据业务流程的类型和目标，自动生成用于收集信息的问卷和访谈提纲内容。例如，对于一家连锁餐饮企业的服务流程分析，AIGC 可以生成包含"您在为顾客点餐时，经常遇到的问题是什么？""从顾客下单到上菜的时间，您认为是否合理？"等问题的员工访谈提纲，以及针对顾客的"您在餐厅等待就餐的时间是否让您满意？""您对餐厅的点餐方式有什么建议？"等问卷内容，确保收集到全面且有针对性的数据。

生成流程描述文档初稿：依据现有的部分流程信息，AIGC 能够创作流程描述文档的初稿。假设是一家制造企业的生产流程，AIGC 可以根据生产线上的基本步骤记录，生成详细的流程描述，包括每个生产环节的操作内容、所需设备、参与人员角色等信息，如"零件加工环节，使用数控机床，由操作员按照设计图纸设置参数，对原材料进行切割、钻孔等操作，完成零件的初步加工。"

协助识别流程问题点：AIGC 可以通过分析已有的流程相关数据和文档，生成关于潜在问题点的内容。例如，在分析电商企业的订单处理流程时，AIGC 可以根据订单处理时长数据、客户投诉内容等，生成"订单处理流程中，物流信息更新不及时可能导致客户频繁询问，影响客户满意度""退款处理环节中，财务审核与客服沟通不畅，可能导致退款延迟"等问题提示，帮助分析人员聚焦关键问题。

（2）业务流程设计阶段。

生成设计方案思路：AIGC 基于对业务目标和分析结果的理解，生成流程设计方案的思路内容。以金融机构的贷款审批流程设计为例，AIGC 可以根据合规要求、风险评估需求和提高审批效率的目标，生成"引入大数据信用评估系统，在初审环节快速筛选低风险客户；对于高风险客户，增加专家评审步骤，同时优化各部门之间的信息传递流程，确保资料的及时共享"等设计思路。

设计创新环节建议：为流程设计提供创新元素相关内容。例如，对于企业的员工培训流程设计，AIGC 可以生成"引入虚拟现实（VR）技术进行模拟操作培训，增强员工的实践体验；创建在线学习社区，鼓励员工分享学习心得和经验，促进知识共享和交流"等创新建议，使流程更具竞争力和先进性。

生成新流程文档：根据最终确定的流程设计方案，AIGC 可以生成完整的新流程文档。如对于新设计的物流配送中心的工作流程，AIGC 能详细描述从货物入库、分拣、配载到送货上门的整个流程，包括每个环节的操作规范、人员职责、时间安排以及不同环节之间的交接标准等内容，为流程的实施提供清晰的指导。

（3）业务流程优化阶段。

生成优化策略内容：AIGC 结合流程运行数据和业务变化，生成流程优化策略相关的内容。例如，对于企业的办公用品采购流程，若发现采购成本过高且审批周期长的问题，AIGC 可以生成"建立办公用品供应商电子竞价平台，降低采购成本；优化审批流程，对于小额且常用的办公用品采购，实行简易审批程序"等优化策略建议。

模拟优化效果预测：AIGC 可以通过生成模拟结果内容来预测优化效果。以企业的会议组织流程优化为例，AIGC 可以根据优化方案模拟新流程下会议准备时间、参会人员满

意度等指标的变化情况，生成"优化后，预计会议准备时间将缩短 30%，参会人员对会议安排的满意度将提高 20%"等模拟结果，帮助决策者评估优化方案的可行性。

5.2 业务模块效果优化

⊙知识目标

1．理解业务模块效果评估的方法和指标。
2．掌握业务模块优化的原则和技巧。

⊙工作任务

1．对业务模块进行效果评估、问题识别和优化。
2．提高业务模块的性能和效果。

5.2.1 业务模块效果评估的方法和指标

1．业务模块效果评估方法概述

业务模块效果评估是确定业务模块是否有效实现其目标的关键环节。评估方法需综合考虑多个维度，通过一系列评估指标来衡量业务模块在功能、性能、用户体验等方面的表现。

2．评估方法与指标

（1）功能完整性评估。

① 需求覆盖度。

指标定义：衡量业务模块所实现的功能与业务流程设计中所规划的功能需求的匹配程度，计算已实现功能点数量与总需求功能点数量的比值。

评估方法：依据业务流程设计文档，梳理出所有功能需求点，逐一核对业务模块中是否已实现。通过公式"需求覆盖度=（已实现功能点数/总需求功能点数）×100%"来计算。例如，如果业务流程设计中有 50 个功能需求点，业务模块实现了 45 个，则需求覆盖度为（45/50）×100%=90%。

② 功能正确性。

指标定义：检查业务模块的每个功能是否按照预定的业务规则准确执行。

评估方法：针对每个功能，设计详细的测试用例，输入符合业务规则和边界条件的数据，检查输出结果是否正确。例如，对于一个订单处理模块中的价格计算功能，输入不同的商品数量、折扣信息等，验证计算出的订单总价是否准确。测试用例设计方法主要有等价类划分法、边界值分析法、错误推测法、因果图法、判定表驱动法、正交试验法、场景法。

（2）性能评估。

① 响应时间。

指标定义：从用户发起操作请求到业务模块给出响应的时间间隔。

评估方法：使用专业的性能测试工具，模拟用户在不同负载条件下（如低负载、正常负载、高负载）的操作，记录每次操作的响应时间。例如，对于一个在线交易业务模块，在正常负载下，用户点击"下单"按钮到系统显示下单成功的提示，这个时间应在合理范围内，如小于 3 秒。

② 吞吐量。

指标定义：单位时间内业务模块能够处理的业务请求数量。

评估方法：在性能测试环境中，逐步增加并发请求数量，观察业务模块在稳定状态下能够处理的请求数量。如一个数据查询业务模块，在每秒 100 次查询请求的情况下能够稳定运行，吞吐量即为 100 次/秒。

③ 资源利用率。

指标定义：业务模块运行过程中对服务器资源（如 CPU、内存、磁盘 I/O、网络带宽等）的使用情况。

评估方法：通过系统监控工具，在业务模块运行期间，实时采集服务器资源的使用数据。例如，观察 CPU 的使用率，正常情况下应保持在合理区间，如不超过 80%，以确保系统的稳定性。

（3）用户体验评估。

① 易用性。

指标定义：用户操作业务模块的便捷程度，包括界面设计的合理性、操作流程的简洁性等。

评估方法：邀请不同类型的用户（如新手用户、有经验的用户）进行试用，收集用户反馈。观察用户在完成业务操作过程中是否遇到困难，例如，界面上的按钮是否易于识别和点击，操作步骤是否符合用户的思维习惯。

② 用户满意度。

指标定义：用户对业务模块整体的满意程度。

评估方法：通过问卷调查、用户评分等方式收集用户评价。问卷可以包括对业务模块功能、性能、界面等方面的满意度问题，例如，"您对本业务模块的功能是否满意？"，答案可设置为非常满意、满意、一般、不满意、非常不满意五个等级，并计算满意度得分。

（4）稳定性评估。

① 故障率。

指标定义：业务模块在运行过程中出现故障的频率。

评估方法：记录业务模块在一定运行时间内（如一个月）出现故障的次数。例如，若业务模块在一个月内出现 3 次故障，则故障率为 3 次/月。故障的定义包括功能异常、性能严重下降、无法响应等情况。

② 恢复时间。

指标定义：业务模块出现故障后恢复正常运行所需的时间。

评估方法：当业务模块发生故障时，记录故障开始时间和恢复正常的时间，两者之间即为恢复时间。例如，一次故障发生在上午 10:00，经过维护后于上午 10:30 恢复正常，恢复时间为 30 分钟。

（5）可扩展性评估。

① 新增功能的适应性。

指标定义：业务模块对新增功能的兼容和支持能力。

评估方法：模拟新增功能场景，观察业务模块是否能够在不影响原有功能的前提下，顺利集成新增功能。例如，在一个客户关系管理业务模块中，新增一个营销活动管理功能，检查是否能与原有的客户信息管理、销售机会管理等功能协同工作。

② 数据量增长的适应性。

指标定义：业务模块在处理不断增长的数据量时的性能表现。

评估方法：通过数据生成工具，逐步增加业务模块中的数据量，观察其在数据存储、查询、处理等方面的性能变化。如一个库存管理业务模块，随着库存商品数量的增加，检查其查询库存信息的响应时间是否仍在可接受范围内。

5.2.2 业务模块优化的原则

以下是业务模块优化的原则。

1. 以用户为中心

业务模块的优化应始终围绕用户需求和体验展开。深入了解用户在使用过程中的痛点、期望和行为习惯，确保优化后的业务模块能够更好地满足用户需求，提高用户满意度和忠诚度。例如，根据用户反馈简化操作流程，使界面更加简洁直观，方便用户操作。

2. 与业务目标一致

优化需紧密结合业务模块的既定目标，确保各项优化措施有助于提升业务模块对整体业务的贡献度。无论是提高效率、降低成本还是增加收益，都要以实现业务目标为导向。比如，若业务目标是提高销售额，那么在优化销售业务模块时，可着重于优化销售流程，提高销售转化率。

3. 数据驱动决策

依靠数据来评估业务模块的现状和问题，通过收集、分析相关数据，如用户行为数据、业务流程数据、性能数据等，找出存在的瓶颈和可优化点。依据数据制定优化策略和衡量优化效果，确保优化工作的科学性和有效性。比如，通过分析用户访问路径数据，发现某个环节的跳出率较高，从而有针对性地进行优化。

4. 整体系统考虑

业务模块是整个业务系统的组成部分，优化时需从整体系统的角度出发，考虑模块与其他相关模块之间的相互关系和协同工作。避免因局部优化而导致系统整体性能下降或出现功能冲突等问题。例如，在优化库存管理模块时，要考虑与采购、销售等模块的数据交互和业务流程的连贯性。

5. 渐进式优化

优化工作不宜一蹴而就，应采用渐进式的方法，分阶段、有步骤地进行。每次优化选择重点问题或关键环节进行突破，逐步积累优化成果，降低优化风险。这样可以及时根据优化效果进行调整和改进，确保优化工作的可控性和可持续性。比如，先优化业务模块中最影响用户体验的功能，再逐步完善其他方面。

6. 保持灵活性和可扩展性

优化后的业务模块应具备一定的灵活性和可扩展性，以适应未来业务发展和变化的需求。在技术架构、功能设计、数据结构等方面要预留一定的扩展空间，便于后续的功能升级、业务拓展和系统集成。例如，采用模块化的设计理念，使业务模块能够方便地添加或替换子模块。

5.2.3 业务模块优化的技巧

1. 基于以用户为中心原则的技巧

用户调研与反馈分析：深入了解用户需求和痛点。例如，在智能客服业务模块优化中，通过收集用户与客服交互的文本记录，分析常见问题和用户不满之处。如发现用户频繁询问某个产品功能的使用方法，但当前智能客服回答不够清晰，就可以针对性地优化答案逻辑和表达方式，提高回答的准确性和易懂性，更好地满足用户对信息获取的需求。

用户体验测试：邀请不同类型用户参与测试。以智能安防监控系统的业务模块为例，可让普通用户、安保人员等试用新的监控界面和操作流程。如果普通用户觉得查看监控画面的操作过于复杂，安保人员认为报警信息提示不明显，就可以根据这些反馈优化界面设计和信息呈现方式，提高易用性。

2. 基于与业务目标一致原则的技巧

明确关键业务指标（Key Performance Indicator，KPI）：确定与业务目标紧密相关的指标并以此指导优化。比如在人工智能医疗诊断业务模块中，如果业务目标是提高诊断准确率，那么就将诊断准确率作为关键 KPI。通过分析误诊案例数据，发现是图像识别算法在某些病症特征提取上存在不足，对算法进行改进，从而提高诊断准确率，使优化直接服务于业务目标。

业务流程重构：审视现有业务流程是否符合业务目标。在智能物流配送业务模块优化中，如果目标是降低配送成本和提高配送效率，可分析当前路线规划、货物分配等流程。若发现存在不合理的配送路线规划导致运输里程过长，可利用人工智能算法重新规划路线，减少不必要的运输环节，实现降本增效。

3. 基于数据驱动决策原则的技巧

建立数据监测体系：全面收集和分析业务模块运行数据。以智能推荐系统业务模块为例，建立数据监测体系，收集用户浏览、购买等行为数据，以及推荐内容的点击率、转化率等数据。通过数据分析发现某些推荐算法在特定用户群体中的转化率较低，就可以进一步研究这些用户的行为特征，调整算法参数，提高推荐的精准度。

A/B 测试：对比不同方案的效果。在智能广告投放业务模块中，设计两种不同的广告投放策略（如不同的投放时间、投放平台组合等）作为 A、B 组。同时向类似用户群体投放，通过对比两组广告的点击率、转化率等数据，确定更优的投放策略，为优化提供依据。

4. 基于整体系统考虑原则的技巧

接口与集成优化：确保业务模块与其他相关模块之间的接口稳定和高效。在智能城市交通管理系统中，交通流量监测模块与信号灯控制模块需要交互。优化时，要保证两者之间数据传输的及时性和准确性。如果发现因数据传输延迟导致信号灯调整不及时，影响交通流畅度，就需要优化接口通信协议或采用更高效的数据传输方式。

功能协同优化：使业务模块内功能相互配合，同时与其他模块功能协同。在智能制造系统中，生产计划模块、质量检测模块和设备维护模块相互关联。若生产计划频繁变动影响质量检测安排，可通过优化各模块之间的协同机制，让质量检测计划能根据生产计划的调整自动更新，确保整个系统的稳定运行。

5. 基于渐进式优化原则的技巧

制定优化路线图：分阶段规划优化工作。在智能教育平台的业务模块优化中，可先优化课程推荐功能，根据用户学习进度和兴趣提高推荐的准确性。完成这一阶段后，再优化学习效果评估功能，逐步提升整个平台的性能，而不是同时对所有功能进行大规模改动，降低优化过程中对用户正常使用的影响。

小步快跑迭代：每次优化迭代幅度不宜过大。例如，在智能语音助手业务模块优化时，每次更新只针对少数几个语音指令的识别准确率进行改进，快速发布更新版本并收集用户反馈。如果一次对大量语音指令进行修改，可能会引入新的问题且难以快速定位和解决。

6. 基于保持灵活性和可扩展性原则的技巧

技术选型与架构设计：选择具有扩展性的技术和架构。在人工智能图像识别业务模块开发中，采用微服务架构。当需要增加新的图像识别算法或对现有算法进行升级时，可以独立开发和部署新的微服务，而不会影响整个系统的其他部分。同时，使用可插拔式的算法模块设计，方便添加新的算法类型，以应对未来可能出现的新的图像识别需求。

数据结构优化：设计易于扩展的数据结构。在智能金融风险预测业务模块中，对于存储用户财务数据和交易数据的数据结构，采用分层式、可扩展的数据存储方式。当需要添加新的风险评估维度（如新型金融产品交易数据）时，可以方便地在数据结构中添加相应字段和关联关系，而无须对整个数据库进行大规模重构。

5.3　业务分析（实训）

在完成业务流程分析和设计相关内容后，我们进入业务分析实训环节。业务流程分析和设计侧重于对流程本身的设计、优化等原则和方法的探讨，而此处的业务分析实训则聚焦于具体的业务数据处理与分析方法，通过掌握数据透视表的使用来实现数据分类汇总，并运用聚类分析方法和相关分析方法对数据集进行分组分类以及评估变量间的线性关系，这是从流程层面到数据层面的进一步深化，二者共同构成了完整的业务分析知识和技能体系。

5.3.1　训练目标

⊙技能目标

1. 能（会）熟练掌握运用数据透视表进行数据分类汇总的操作技巧，包括创建、布局调整、数据筛选和计算字段的设置。

2. 能（会）独立运用聚类分析方法对给定数据集进行有效分组和分类，准确识别数据中的模式和趋势。

3. 能（会）正确运用相关分析方法，评估变量之间的线性关系，并能够解读相关系数的意义和作用。

⊙知识目标

1. 掌握数据透视表的工作原理和适用场景，知晓其在数据分析中的重要性和优势。

2. 掌握聚类分析的基本概念、常用算法和评估指标，能够根据数据特点选择合适的聚类方法。

3. 掌握相关分析的数学基础、假设检验原理以及如何在实际问题中判断变量之间的相关性强弱。

⊙职业素养目标

1. 提高分析/解决生产实际问题的能力。
2. 养成良好的思维和学习习惯。
3. 保持积极的好奇心与求知欲，养成良好的团队合作精神。
4. 提高职业技能和专业素养。

5.3.2　训练任务

本次培训旨在提升学员在数据分析方面的综合能力。重点围绕数据透视表、聚类分析和相关分析展开。数据透视表作为高效的数据分类汇总工具，能快速整合和分析大量数据。聚类分析则帮助学员发现数据中的隐藏模式和分组结构，为深入洞察数据提供新视角。相关分析使学员能够准确衡量变量间的关系，为决策提供有力依据。通过本次培训，学员将掌握这些实用的数据分析方法和技巧，提升数据处理和解读能力，从而更好地应对复杂的数据分析任务，为工作中的决策和问题解决提供有力支持。

5.3.3　知识准备

（1）简述数据透视表在数据处理中的主要作用和优势。

（2）解释聚类分析中常用的距离度量方法（如欧氏距离、曼哈顿距离等），并说明它们在不同数据类型中的适用性。

（3）举例说明在实际工作中，变量之间的相关性如何影响决策制定，并阐述相关分析在此类情况中的重要性。

5.3.4　训练活动

⚡ 活动一：知识抽查

要求：
老师对学员知识准备情况进行抽查，具体抽查内容见知识准备的问题。
抽查方式：√口答　　□试卷　　□操作
老师要记录学员回答问题的情况，必要时做简单的讲解。

☉ 活动二：示范操作

内容一：销售数据分析。

【需求分析】

为了更好了解公司的销售情况，公司需要对近几年的销售数据进行详细分析，包括了解 2022 年各月销售总额、每种商品的销售情况和支付方式占比情况等，从而帮助公司优化库存管理、调整营销策略和提高客户满意度。在日常数据处理中，Excel 可以解决非常多的数据分析问题，本案例介绍 Excel 数据分析的利器——数据透视表，利用数据透视表完成对上述销售数据的统计分析工作。

使用数据透视表分析 2022 年各月销售总额、每种商品的销售情况和支付方式占比情况的主要任务为：

（1）创建数据透视表。

（2）根据需求拖动字段到适当的区域。

（3）根据需求设置"值筛选"方式筛选数据。

（4）根据实际应用场景，对某些字段插入切片器或排序等。

（5）最后美化报表。

【任务实现】

任务 1：使用数据透视表统计 2022 年每月销售金额。

步骤 1：插入数据透视表。打开"电商用户购物.xlsx"表，选中数据的整个表格区域，在 Excel 的菜单栏点击"插入"选项卡，选择"数据透视表"按钮；在弹出的对话框中，确认所选的数据范围是否正确，选择"新工作表"放置数据透视表，然后点击"确定"按钮，如图 5-1 所示。

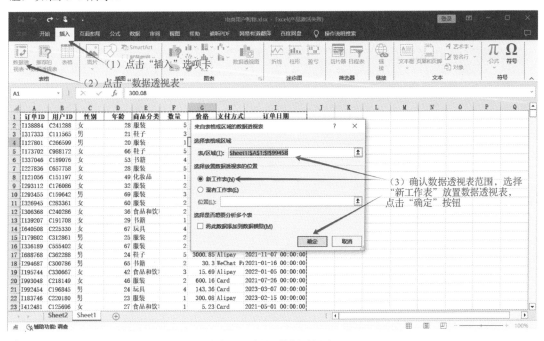

图 5-1 插入数据透视表

步骤2：拖动字段到数据透视表。

（1）将"订单日期"拖动到行标签区域，若字段栏没有"月""季度""年"，则点击行标签中任意日期，选择"组合"；在弹出的对话框中，勾选"年""季度"和"月"，然后点击"确定"按钮，数据就会按年、季度和月份进行分组显示，如图5-2所示。

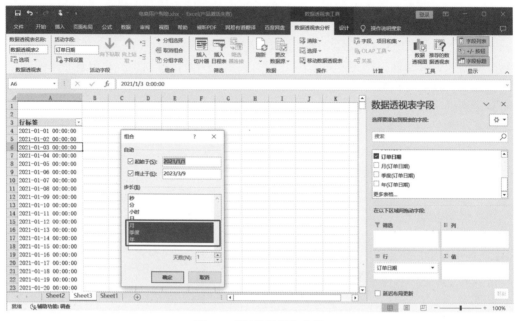

图5-2　"订单日期"分组

（2）删除行区域的"年"和"季度"字段，将"价格"拖动到值区域，默认设置为"求和"；将"年"拖动到筛选区域，点击透视表上方的筛选器，只选择"2022年"筛选出2022年的价格数据，如图5-3所示。

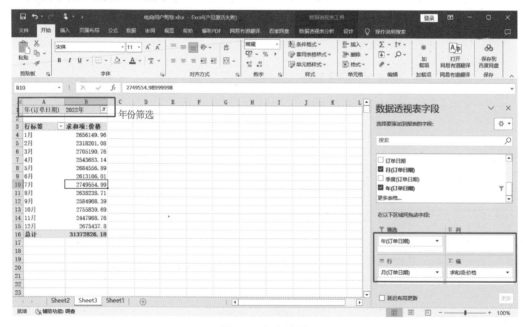

图5-3　字段设置

步骤 3：美化数据透视表。点击数据透视表，在菜单栏选择"设计"选项卡，为数据透视表选择合适的数据透视表样式，如图 5-4 所示。

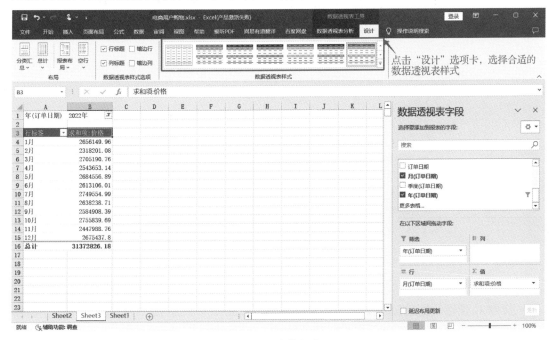

图 5-4　美化报表

任务 2：使用数据透视表统计 2022 年每种商品的销售总金额。

步骤 1：根据任务 1 的步骤 1 插入一个新的数据透视表。

步骤 2：添加字段到数据透视表。将"商品分类"拖动到行标签区域；将"价格"拖动到值区域，并设置汇总方式为"求和"，如图 5-5 所示。

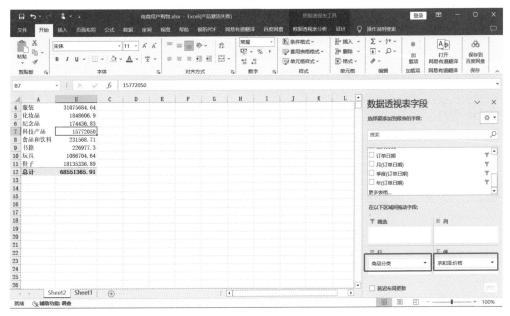

图 5-5　任务 2 字段设置

步骤 3：过滤 2022 年的数据。将"年"拖动到筛选区域，如图 5-6 所示。

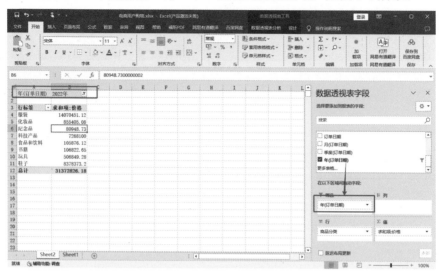

图 5-6　过滤 2022 年数据

步骤 4：查看结果并美化报表，为报表设置合适的样式。

任务 3：使用数据透视表统计 2022 年 7 月份各商品支付方式占比，商品按总价降序排序。

步骤 1：根据任务 1 的步骤 1 插入一个新的数据透视表。

步骤 2：添加字段到数据透视表。将"商品分类"拖动到行区域，"支付方式"拖动到列区域，"年"和"月"拖动到筛选区域，"价格"拖动到值区域；在透视表上方的"年"筛选器右侧，点击小箭头图标，选择"2022 年"，点击"月"筛选器右侧小箭头图标，选择"7 月"，如图 5-7 所示。

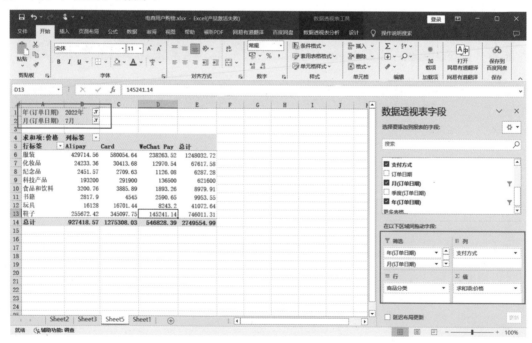

图 5-7　任务 3 字段设置

步骤 3：右击数据透视表任意单元格，选择"值字段设置"选项，在弹出的对话框中，点击"值显示方式"，设置值显示方式为"总计的百分比"，然后点击"确定"按钮，如图 5-8 所示。

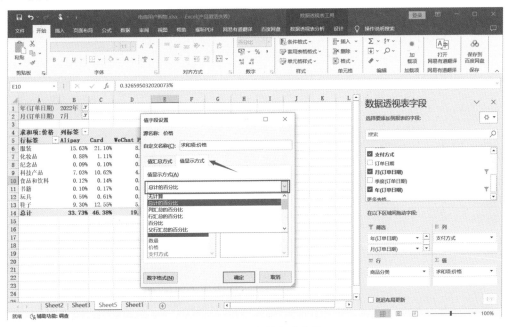

图 5-8　设置支付方式占比

步骤 4：插入切片器。点击透视表任意位置，选择 Excel 菜单栏"数据透视表分析"选项，点击"插入切片器"按钮，在弹出的对话框中，勾选上"商品分类"，点击"确定"按钮，如图 5-9 所示。

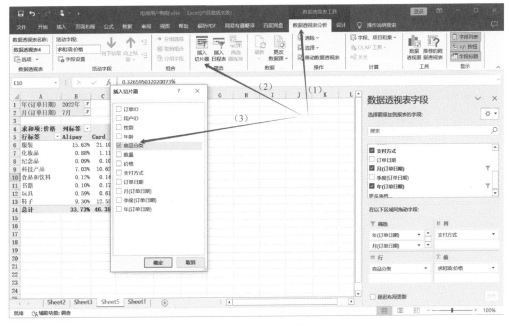

图 5-9　插入切片器

步骤5：按商品总价降序排序。点击数据透视表中的任意单元格，选择 Excel 菜单栏"数据"选项卡，点击其中的"排序"按钮，在打开的对话框中勾选"降序"，然后点击"确定"按钮，如图5-10所示。

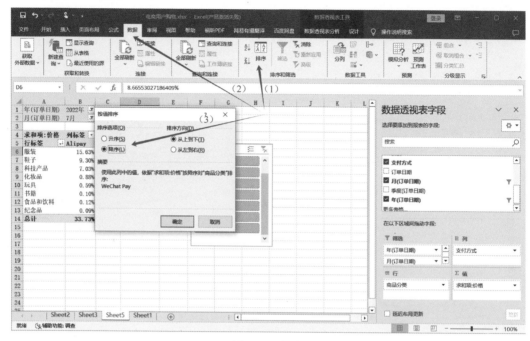

图 5-10　排序

步骤 6：美化报表。点击菜单栏中的"设计"，为报表和切片器选择合适的样式，如图 5-11 所示。

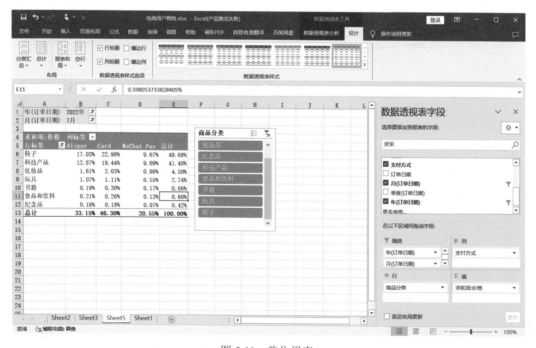

图 5-11　美化报表

内容二：电商客户价值分析。

【需求分析】

近年来，某电商平台积累了大量的用户和交易数据，这些数据包含了客户的购买历史、行为偏好、支付习惯等多个方面信息，如何有效利用这些数据提升客户价值和平台收益，仍是一个挑战。为此，该电商平台决定启动一个客户价值分析项目，旨在通过数据分析和建模技术，全面评估客户的整体价值，并有针对性地制定营销策略。本项目包含以下任务：

（1）数据生成。使用大模型生成模拟的淘宝客户数据，确保数据的多样性。

（2）基本数据统计分析。统计客户数量、订单数量、总销售额等基本信息。

（3）可视化分析。通过图表展示订单金额分布、每月销售额趋势等关键指标。

（4）构建 RFM 模型，进行聚类分析。基于最近一次购买时间（Recency）、购买频次（Frequency）和购买金额（Money）三个指标，评估每个客户的综合价值，利用聚类算法将客户分成不同的价值群体，为每个群体制定个性化的营销策略；进行聚类模型评价。

【任务实现】

任务 1：数据生成。

步骤 1：打开 PyCharm，新建一个项目 data-analyze，在终端窗口使用下列命令安装所需要用到的库。

```
pip install numpy
pip install pandas
pip install matplotlib
pip install scikit-learn
```

步骤 2：使用大模型（比如 Kimi、通义千问等）生成数据表。向大模型对话框输入"请为我生成一份淘宝客户数据，其中包括客户 ID、订单 ID、订单日期、商品 ID、商品分类、订单金额、支付方式、地址、性别和年龄等信息"，模型会给出一定样例，如图 5-12 所示，本案例使用大模型平台"通义千问"。

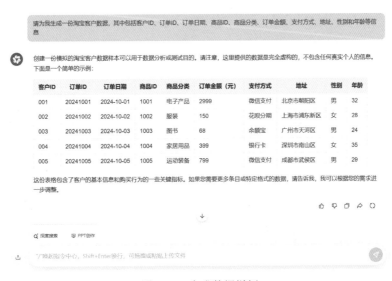

图 5-12　生成数据样例

步骤 3：若样本内容符合需求，可继续增加数据规模，提出进一步约束内容，如图 5-13

所示，进一步输入"生成的数据集 一共有 50000 条，涉及的用户有 8000 人，订单日期跨度从 2023 年 1 月到 2023 年 12 月，订单尽量符合实际场景"。

图 5-13　数据生成约束

步骤 4：还可以对某些列的数据提出进一步要求，如图 5-14 所示，输入"数据集中，地址具体到某个区，遇到例如双十一等节假日的订单有明显变化""人们喜欢用支付宝或花呗进行商品购买，请继续优化数据集"等。

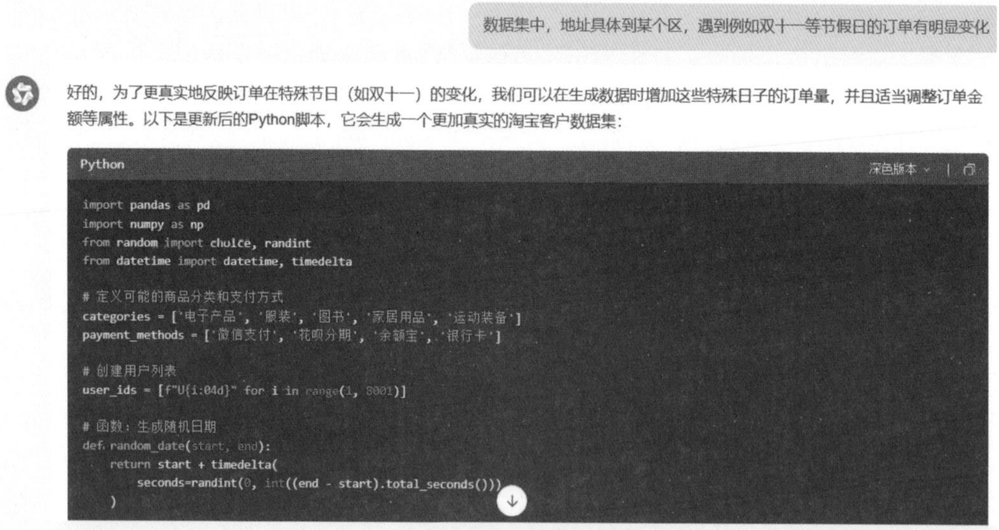

图 5-14　进一步细化数据要求

步骤 5：点击代码框右上角的"复制代码"按钮，复制整个代码模块。右击项目data-analyze，新建一个 Python 文件，在弹出的对话框中，设置文件名称，点击"确定"按钮，最后在打开的新文件中粘贴复制的代码内容，如代码 5-1 所示。

代码 5-1 数据生成代码

```python
import pandas as pd
import numpy as np
from random import choice, randint
from datetime import datetime, timedelta


# 定义可能的商品分类和支付方式
categories = ['电子产品', '服装', '图书', '家居用品', '运动装备']
payment_methods = ['微信支付', '花呗分期', '余额宝', '银行卡']


# 创建用户列表
user_ids = [f"U{i:04d}" for i in range(1, 8001)]


# 函数：生成随机日期
def random_date(start, end):
    return start + timedelta(
        seconds=randint(0, int((end - start).total_seconds()))
    )


# 设置日期范围
start_date = datetime.strptime('2023-01-01', '%Y-%m-%d')
end_date = datetime.strptime('2023-12-31', '%Y-%m-%d')


# 特殊节日列表
special_days = [
    datetime.strptime('2023-02-14', '%Y-%m-%d'),  # 情人节
    datetime.strptime('2023-06-18', '%Y-%m-%d'),  # 京东618
    datetime.strptime('2023-11-11', '%Y-%m-%d'),  # 双十一
    datetime.strptime('2023-12-25', '%Y-%m-%d')   # 圣诞节
]


# 生成数据
data = {
    '客户ID': [],
    '订单ID': [],
    '订单日期': [],
    '商品ID': [],
    '商品分类': [],
    '订单金额（元）': [],
    '支付方式': [],
    '地址': [],
    '性别': [],
    '年龄': []
}


# 普通日期的订单数量
normal_order_count = 45000
```

```python
    # 特殊节日的订单数量
    special_order_count = 5000

    # 生成普通日期的订单
    for _ in range(normal_order_count):
        date = random_date(start_date, end_date)
        while date in special_days:
            date = random_date(start_date, end_date)

        data['客户ID'].append(choice(user_ids))
        data['订单ID'].append(f"O{i:06d}" for i in range(1,
normal_order_count + 1))
        data['订单日期'].append(date.strftime('%Y-%m-%d'))
        data['商品ID'].append(f"P{i:04d}" for i in range(1,
normal_order_count + 1))
        data['商品分类'].append(choice(categories))
        data['订单金额（元）'].append(round(np.random.lognormal(mean=2.5,
sigma=1.0), 2))
        data['支付方式'].append(choice(payment_methods))
        data['地址'].append(f"{choice(['北京市', '上海市', '广州市', '深圳市', '
成都市'])}{choice(['区', '县'])}")
        data['性别'].append(choice(['男', '女']))
        data['年龄'].append(randint(18, 60))

    # 生成特殊节日的订单
    for day in special_days:
        for _ in range(special_order_count // len(special_days)):
            data['客户ID'].append(choice(user_ids))
            data['订单ID'].append(f"O{i:06d}" for i in
range(normal_order_count + 1, normal_order_count + special_order_count + 1))
            data['订单日期'].append(day.strftime('%Y-%m-%d'))
            data['商品ID'].append(f"P{i:04d}" for i in
range(normal_order_count + 1, normal_order_count + special_order_count + 1))
            data['商品分类'].append(choice(categories))
            # 特殊节日订单金额更高
            data['订单金额（元）'].append(round(np.random.lognormal(mean=3.0,
sigma=1.5), 2))
            data['支付方式'].append(choice(payment_methods))
            data['地址'].append(f"{choice(['北京市', '上海市', '广州市', '深圳市
', '成都市'])}{choice(['区', '县'])}")
            data['性别'].append(choice(['男', '女']))
            data['年龄'].append(randint(18, 60))

    # 将数据转换成DataFrame
    df = pd.DataFrame(data)
```

```
# 导出为CSV文件
df.to_csv('taobao_customer_data.csv', index=False,
encoding='utf-8-sig')

print("数据集已成功生成并保存为 taobao_customer_data.csv")
```

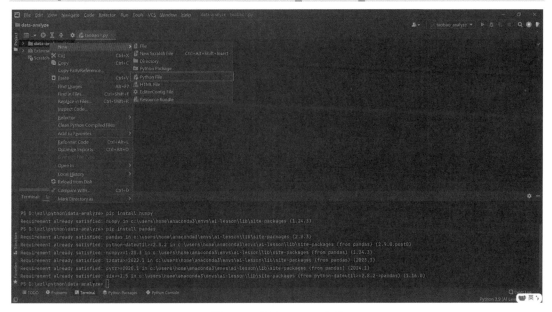

图 5-15　新建 Python 文件

步骤 6：右击 Python 文件任意位置，选择 "Run 文件名" 命令，运行 Python 代码，如图 5-16 所示。

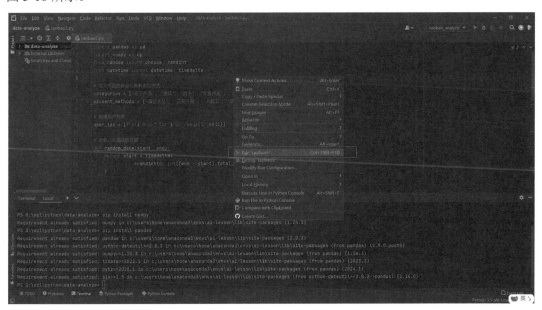

图 5-16　运行数据生成代码

最后，代码运行结束会生成一个文本文件存储在本地目录，如图 5-17 所示。

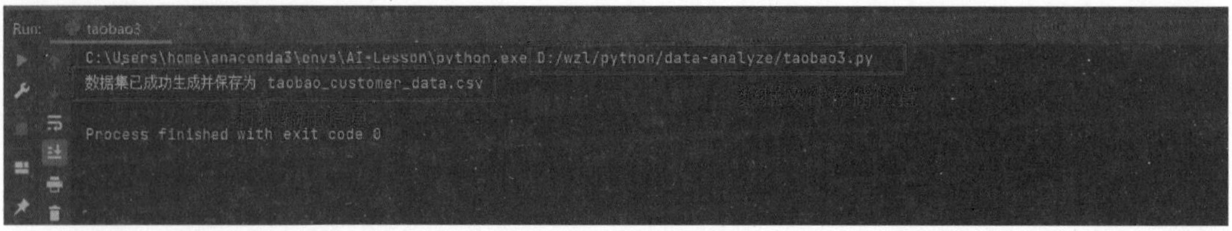

图 5-17　代码运行结果

任务 2：基本数据统计分析。

步骤 1：新建一个 Python 文件，命名为 taobao-analyze.py，导入 pandas 库，并读取数据文件。

步骤 2：将“订单日期”列的数据类型转换为时间类型，打印文件前 5 行内容，运行结果如图 5-18 所示。

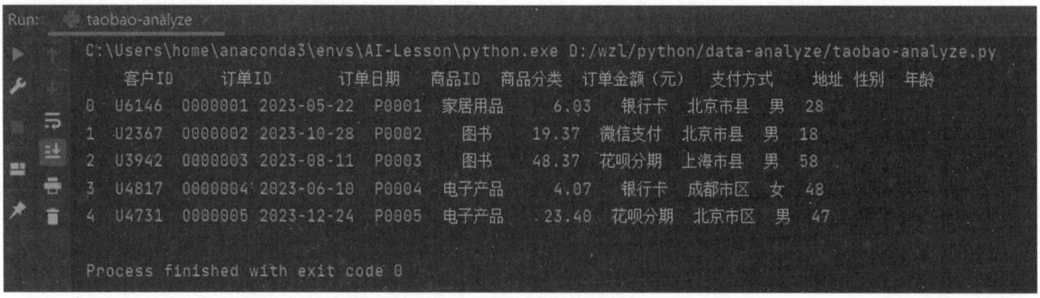

```
C:\Users\home\anaconda3\envs\AI-Lesson\python.exe D:/wzl/python/data-analyze/taobao-analyze.py
    客户ID     订单ID       订单日期  商品ID  商品分类  订单金额（元）  支付方式    地址  性别  年龄
0  U6146  0000001 2023-05-22  P0001   家居用品      6.03    银行卡  北京市县   男  28
1  U2367  0000002 2023-10-28  P0002     图书     19.37   微信支付  北京市县   男  18
2  U3942  0000003 2023-08-11  P0003     图书     48.37   花呗分期  上海市县   男  58
3  U4817  0000004 2023-06-10  P0004   电子产品      4.07    银行卡  成都市区   女  48
4  U4731  0000005 2023-12-24  P0005   电子产品     23.40   花呗分期  北京市区   男  47

Process finished with exit code 0
```

图 5-18　打印数据前 5 行

步骤 1～2 代码如代码 5-2 所示。

代码 5-2　数据读取和数据类型转换

```
import pandas as pd
# 读取数据文件
data = pd.read_csv('taobao_customer_data.csv')
# 转换“订单日期”数据类型
data['订单日期'] = pd.to_datetime(data['订单日期'])
print(data.head())
```

步骤 3：调用 describe 进行基本信息统计。

步骤 4：进行基本数据统计分析：统计客户数量、订单数量、总销售额、商品品类等。

步骤 3 和步骤 4 代码如代码 5-3 所示，结果如图 5-19 所示。从结果可以看到该数据集订单金额介于[0.06～25968.62]之间，其中平均订单金额约为 24.8 元；客户的平均年龄约为 39 岁；不同客户有 7981 人，订单有 50000 单，总销售金额为 1240154.56 元，一共有 5 类商品。

代码 5-3　基本数据统计分析

```
# 基本信息统计
print(data.describe())
print("客户数量：", data['客户ID'].nunique())
print("订单数量：", data['订单ID'].nunique())
print("总销售额：", data['订单金额（元）'].sum())
print("商品分类有：", data['商品分类'].unique())
```

图 5-19　数据基本统计信息

任务 3：可视化分析

项目内容：

（1）绘制每种支付方式的总金额占比图（饼图）。

（2）绘制每月销售额趋势图（折线图）。

（3）绘制 10~12 月每种商品的订单数量对比图（直方图）。

（4）各年龄段男女的消费能力对比图（折线图）。

　　所有图形可以绘制在同一张画布上，通过绘制子图的方式呈现。每一张图的设置步骤分为添加子图，绘制图形，添加图例、标题，设置 x/y 轴标签等，最后保存或输出图形。

　　步骤 1：在第一张子图中，绘制第一张子图，即每种支付方式的总金额占比图，代码如代码 5-4 所示。

代码 5-4　绘制每种支付方式的总金额占比图代码

```
# 设置matplotlib的参数，使得图表可以正确显示中文
plt.rcParams['font.sans-serif'] = ['SimHei']  # 使用黑体字体
plt.rcParams['axes.unicode_minus'] = False    # 解决负号显示问题
# 创建一个新的图形对象，指定图形的宽度为12英寸，高度为8英寸
p = plt.figure(figsize=(12, 8))
# 在2x2的网格中添加第一个子图
p.add_subplot(2, 2, 1)

# 使用data.groupby('支付方式')['订单金额（元）'].sum()对不同支付方式下的订单金
额进行汇总
# labels参数指定了饼图扇区的标签，即不同的支付方式
# autopct参数用于显示每个扇区占总体的比例，格式为1位小数的百分比
plt.pie(data.groupby('支付方式')['订单金额（元）'].sum(),
    labels=data['支付方式'].unique(), autopct='%1.1f%%')
# 为饼图设置标题
plt.title('每种支付方式的总金额占比')
```

　　步骤 2：在第二张子图中绘制每月销售额趋势图，代码如代码 5-5 所示。

代码 5-5　每月销售额趋势图代码

```
# 继续在之前创建的图形对象上操作
p.add_subplot(2, 2, 2)  # 在2x2的网格中添加第二个子图
```

```
# 从订单日期列中提取月份信息，并将其保存到新的列'month'中
data['month'] = data['订单日期'].apply(lambda x: x.month)
# 绘制折线图，展示2023年每个月份的销售额趋势
# 使用data.groupby('month')['订单金额（元）'].sum()计算每个月的总销售额
# index属性获取月份作为x轴数据，sum()的结果作为y轴数据
# 参数c设置线条颜色为绿色，marker设置数据点标记样式为菱形
plt.plot(
    data.groupby('month')['订单金额（元）'].sum().index,
    data.groupby('month')['订单金额（元）'].sum(),
    c='g', marker='D')
# 设置x轴刻度为实际的月份值
plt.xticks(data.groupby('month')['订单金额（元）'].sum().index)
plt.title('2023年每月销售额趋势图')  # 设置图表标题
plt.xlabel('月份')    # 设置x轴标签
plt.ylabel('总销售额（元）')    # 设置y轴标签
```

步骤3：在第三张子图中，绘制10~12月每种商品的订单数量对比图，代码如代码5-6所示。

代码5-6　绘制10~12月每种商品订单数直方图

```
# 创建2x2布局中的第三个子图
p.add_subplot(2, 2, 3)

# 初始化索引变量，用于调整每个条形的位置
idx = 1
# 定义颜色列表，用于不同的商品分类
colors = ['#FFFF00','#FF00FF','#00FF00','#00CCFF','#993366']
# 遍历指定的月份列表
for i in [10, 11, 12]:
    # 对于每个月份，根据商品分类统计订单数量
    tmp = data.loc[data['month'] == i, :].groupby('商品分类
')['month'].count()
    # 获取所有独特的商品分类
    categories = data['商品分类'].unique()
    # 遍历每个商品分类，绘制对应的条形图
    for j in range(len(categories)):
        # 计算每个条形图的位置，确保同一月份的不同商品分类不会重叠
        plt.bar(i + 0.3 * j + idx * (i - 10), tmp[categories[j]],
color=colors[j], width=0.3)
# 设置图表标题
plt.title('10~12月每种商品的订单数量对比图')
# 设置x轴标签
plt.xlabel('月份')
# 设置正确的y轴标签
plt.ylabel('订单数量')
# 自定义x轴刻度标签，使它们对应于正确的月份
plt.xticks([10.5, 11.8, 13.1], ['10月', '11月', '12月'])
```

步骤 4：在第四个子图中，绘制各年龄段男女的消费能力对比图，代码如代码 5-7 所示。

代码 5-7 各年龄段男女消费能力

```python
# 添加子图，参数(2,2,4)表示在2x2的网格中创建第4个子图
p = fig.add_subplot(2, 2, 4)
# 对数据集中的'年龄'字段进行分段处理
data['年龄分段'] = pd.cut(data['年龄'], [0, 20, 30, 40, 50, 60])
# 计算每种性别在不同年龄分段中的数量
tmp1 = data.groupby(['性别'])['年龄分段'].value_counts()

# 绘制男性在各个年龄分段的订单数
plt.plot(range(0, data['年龄分段'].nunique()), tmp1['男'].sort_index(),
marker='o', label='男性')
# 绘制女性在各个年龄分段的订单数
plt.plot(range(0, data['年龄分段'].nunique()), tmp1['女'].sort_index(),
marker='*', label='女性')

# 设置X轴刻度标签
plt.xticks(range(0, data['年龄分段'].nunique()), ['0~20', '20~30',
'30~40', '40~50', '50~60'])
# 设置图表标题
plt.title('各年龄段男女的消费能力对比图')
# 设置x轴标签
plt.xlabel('年龄分段')
# 设置y轴标签
plt.ylabel('订单数')
plt.show()
```

最终可视化结果图如图 5-20 所示。图中显示，2023 年，用户使用余额宝和银行卡进行支付的金额较高；用户在 2 月、6 月、11 月和 12 月的消费金额较高，因为这几个月涉及春节、618、双十一等一些节日促销活动；10～12 月各类别商品订单数量比较可以看出每月各商品类别订单数差别不大，最后 20 岁以上的男女客户消费订单数量差别不大，但小于20 岁的客户订单数明显小于其他年龄段。

任务 4：构建 RFM 模型，进行聚类分析，并进行聚类模型评价。

RFM 模型是一种常用的客户细分方法，广泛应用于市场营销领域，特别是客户关系管理。RFM 是三个英文单词的缩写，分别代表：

- R（Recency），最近一次购买的时间间隔。这个指标反映了客户的活跃程度，即客户最后一次购买距离现在有多久了。一般而言，最近一次购买时间越近的客户，其活跃度越高。
- F（Frequency），购买频率。这个指标反映了客户在特定时间段内购买的次数。购买频率高的客户通常被认为是忠诚度较高的客户。
- M（Monetary），消费金额。这个指标反映了客户在特定时间段内的总消费金额。消费金额高的客户通常是高价值客户。

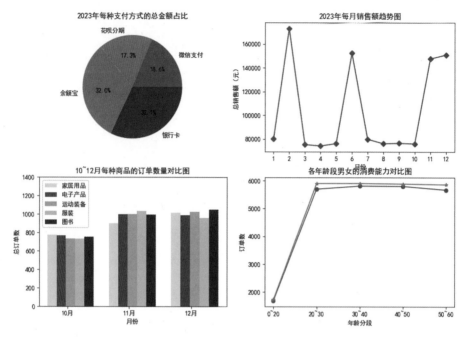

图 5-20　数据可视化结果

步骤 1：构建 RFM 模型，分别利用购买时间和购买金额构建 R（Recency）特征、F（Frequency）特征和 M（Monetary）特征，代码如代码 5-8 所示。

代码 5-8　构建 RFM 特征

```
# 创建一个空的DataFrame来存储RFM值
RFM = pd.DataFrame()

# 计算Recency (R)：最近一次购买的时间间隔
# 使用pd.Timestamp('2024.1.1')作为基准日期，减去每个客户的最近一次购买日期
RFM['R'] = pd.Timestamp('2024.1.1') - data.groupby('客户ID')['订单日期'].max()
# 将时间差转换为天数
RFM['R'] = RFM['R'].apply(lambda x: x.days)

# 计算Frequency (F)：购买频率
# 统计每个客户在特定时间段内的购买次数
RFM['F'] = data.groupby('客户ID')['订单日期'].count()

# 计算Monetary (M)：消费金额
# 计算每个客户在特定时间段内的总消费金额
RFM['M'] = data.groupby('客户ID')['订单金额（元）'].sum()
```

步骤 2：数据标准化。使用 StandardScaler()创建一个 StandardScaler 对象，用于标准化数据；fit_transform 对 RFM 数据进行标准化处理，标准化后的数据将存储在变量 scaler 中，每个特征的均值为 0，标准差为 1，如代码 5-9 所示。

代码 5-9　数据标准化

```
from sklearn.preprocessing import StandardScaler
# 使用StandardScaler对RFM数据进行标准化处理
# StandardScaler会将每个特征的均值变为0，标准差变为1，这有助于消除量纲的影响
scaler = StandardScaler().fit_transform(RFM)
```

步骤 3：构建聚类模型并对聚类结果可视化。利用聚类算法将客户分成不同价值群体，然后通过降维对聚类结果可视化。其中 KMeans(4, n_init=10, random_state=6)创建一个 KMeans 对象，指定聚类数目为 4，初始化次数为 10，随机种子为 6；fit(scaler)函数使用标准化后的数据进行聚类训练，返回一个训练好的 KMeans 模型。PCA(n_components=2)创建一个 PCA 对象，指定降维到 2 维；fit_transform(scaler)则使用标准化后的数据进行降维，返回降维后的数据。代码如代码 5-10 所示。

代码 5-10　构建聚类模型并可视化

```
from sklearn.cluster import KMeans
from sklearn.decomposition import PCA

# 使用KMeans进行聚类分析
model = KMeans(3, n_init=10, random_state=6).fit(scaler)

# 使用PCA进行降维，将数据从多维降到二维
tsne = PCA(n_components=2).fit_transform(scaler)
# 将降维后的数据转换为DataFrame，并添加聚类标签
df = pd.DataFrame(tsne)
df['labels'] = model.labels_

# 绘制聚类结果
plt.figure(figsize=(8, 6))
# 绘制每个聚类的点
s = '各类别数量：'
for i in range(3):
    plt.scatter(df.loc[df['labels'] == i, 0], df.loc[df['labels'] == i,
1], s=5)
    s = s + '\n标签' + str(i) + '：' + str(df[df['labels'] ==
i]['labels'].count())

    # 绘制聚类中心
    plt.scatter(model.cluster_centers_[:, 0], model.cluster_centers_[:, 1],
c='black', marker='x', s=100)
    # 添加图例
    plt.legend(['Cluster 0', 'Cluster 1', 'Cluster 2', 'Cluster 3',
'Centroids'])
    # 添加类别数量的文本
    plt.text(-5, 12, s)
    # 设置y轴和x轴的范围
    plt.ylim(-1, 15)
```

```
plt.xlim(-6, 10)

# 保存图表
plt.savefig('E:\\wzl\\教材开发\\高级工教程\\Figure_2.png')
plt.show()  # 显示图表
```

运行结果如图 5-21 所示，其中标签 2 的分类中只有 1 个客户，显示为绿色，由于该点偏离比较远，超出画面范围，故在图中没有显示出来。

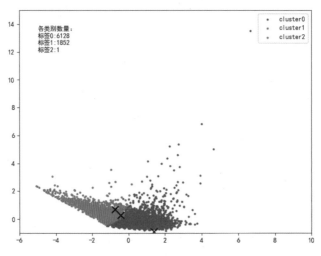

图 5-21　聚类模型可视化结果

步骤 4：使用轮廓系数法和 Calinski-Harabase 指数评价法评价聚类模型。代码如代码 5-11 所示，分别计算了聚类数为 2~8 的情况下的聚类评价得分，并根据结果绘制了每种评价指标与得分之间的关系图。

代码 5-11　聚类模型评价

```
from sklearn.metrics import silhouette_score, calinski_harabasz_score

# 初始化两个列表，用于存储不同聚类数下的评估分数
score1 = []
score2 = []
# 循环计算不同聚类数下的Silhouette Score和Calinski-Harabasz Score
for i in range(2, 9):
    kmeans = KMeans(n_clusters=i, n_init=10, random_state=6).fit(scaler)
    score1.append(silhouette_score(scaler, kmeans.labels_)) # 计算
Silhouette Score
    # 计算Calinski-Harabasz Score
    score2.append(calinski_harabasz_score(scaler, kmeans.labels_))

# 绘制Silhouette Score的变化曲线
plt.figure(figsize=(12, 6))
plt.subplot(1, 2, 1)
plt.plot(range(2, 9), score1, marker='o')
plt.title('Silhouette Score vs Number of Clusters')
```

```
plt.xlabel('Number of Clusters')
plt.ylabel('Silhouette Score')
plt.grid(True)

# 绘制Calinski-Harabasz Score的变化曲线
plt.subplot(1, 2, 2)
plt.plot(range(2, 9), score2, marker='o')
plt.title('Calinski-Harabasz Score vs Number of Clusters')
plt.xlabel('Number of Clusters')
plt.ylabel('Calinski-Harabasz Score')
plt.grid(True)
# 显示图表
plt.show()
```

结果如图 5-22 所示。使用轮廓系数法所得分（即轮廓系数值）越高越好，Calinski-Harabasz 指数的值越大，表示聚类效果越好；左图中聚类数为 3 时轮廓系数值最大，右图中聚类数为 2～3 或 3～4 时的指数变化最大，所以聚类数为 3 时，聚类效果相对来说较好。

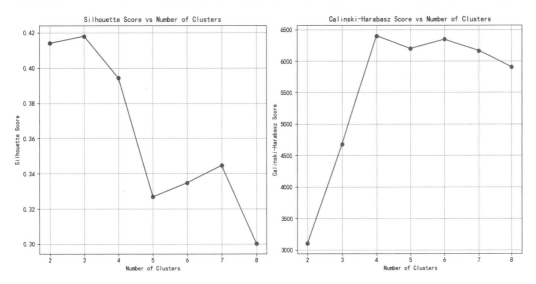

图 5-22　聚类模型评价

⚓ 活动三　根据所讲述和示范案例，完成下面任务。

内容一：统计 2022 年每个月销售金额最高的商品。

简要参考步骤如下：

步骤 1：创建数据透视表。

步骤 2：拖动字段到各区域。拖动"年"到筛选器，拖动"月"和"商品分类"到行区域，拖动"价格"到值区域。

步骤 3：鼠标点击数据透视表中的任意位置，选择 Excel 菜单栏中的"设计"选项，点击"报表布局"按钮，在打开的对话框中选中"以大纲形式显示"。

步骤 4：点击"商品分类"右侧的小箭头图标，在下拉菜单中选择"值筛选"中的"前10 项"，在弹出的对话框中，将 10 改为 1，点击"确定"按钮。

步骤 5：点击透视表上方的"年"筛选器右侧的小箭头图标，选择"2022 年"。

步骤 6：美化报表，为报表设置合适的样式。

5.3.5 过程考核

表 5-1 所示为《业务分析》训练过程考核表。

表 5-1 《业务分析》训练过程考核表

姓名		学员证号			日期		年 月 日	
类别	项目	考核内容		得分	总分	评分标准		教师签名
理论	知识准备（100 分）	1. 简述数据透视表在数据处理中的主要作用和优势（20 分）				根据完成情况打分		
		2. 解释聚类分析中常用的距离度量方法（如欧氏距离、曼哈顿距离等），并说明它们在不同数据类型中的适用性（30 分）						
		3. 举例说明在实际工作中，变量之间的相关性如何影响决策制定，并阐述相关分析在此类情况中的重要性（30 分）						
实操	技能目标（60 分）	1. 能（会）熟练掌握运用数据透视表进行数据分类汇总的操作技巧，包括创建、布局调整、数据筛选和计算字段的设置（30 分）	会□/不会□			1. 单项技能目标"会"该项得满分，"不会"该项不得分 2. 全部技能目标均为"会"记为"完成"，否则，记为"未完成"		
		2. 能（会）独立运用聚类分析方法对给定数据集进行有效分组和分类，准确识别数据中的模式和趋势（10 分）	会□/不会□					
		3. 能（会）正确运用相关分析方法，评估变量之间的线性关系，并能够解读相关系数的意义和作用（20 分）	会□/不会□					
	任务完成情况		完成□/未完成□					
	任务完成质量（40 分）	1. 工艺或操作熟练程度（20 分）				1. 任务"未完成"此项不得分 2. 任务"完成"，根据完成情况打分		
		2. 工作效率或完成任务速度（20 分）						
	安全文明操作	1. 安全生产 2. 职业道德 3. 职业规范				1. 违反考场纪律，视情况扣 20～45 分 2. 发生设备安全事故，扣 45 分 3. 发生人身安全事故，扣 50 分 4. 实训结束后未整理实训现场扣 5～10 分		

续表

评分说明	
备注	1. 评分表原则上不能出现涂改现象，若出现则必须在涂改之处签字确认 2. 每次考核结束后，及时上交本过程考核表

5.3.6 参考资料

1. 数据透视表

（1）什么是数据透视表。

数据透视表是一种强大的数据汇总和分析工具，它可以帮助您快速从大量的数据中提取有价值的信息，并以清晰、直观的方式呈现出来。

想象一下您有一个包含成千上万行数据的电子表格，手动筛选、计算和汇总这些数据将是一项极其烦琐的任务。而数据透视表就像是您的智能助手，能够自动为您完成这些复杂的工作。

（2）数据透视表的主要功能。

① 数据分类汇总。您可以轻松地按照不同的字段（如产品类别、地区、时间等）对数据进行分类，并计算总和、平均值、计数等统计指标。

② 快速筛选数据。通过简单的拖曳操作，您可以快速筛选出感兴趣的数据子集，只查看符合特定条件的数据。

③ 数据排序。可以对汇总数据进行升序或降序排列，让您更直观地比较不同类别的数据大小。

④ 数据分组。能够将数据按照您的需求进行分组，例如，将日期分为年、季度、月等。

（3）创建数据透视表的步骤。

① 准备数据。确保您的数据具有列标题，并且数据格式规范、没有空行或重复的标题。

② 选择数据。在 Excel 中，选中您要分析的数据区域。

③ 插入数据透视表。在菜单栏中选择"插入"选项卡，然后点击"数据透视表"按钮。

④ 选择放置位置。您可以选择将数据透视表放置在新的工作表或现有工作表的指定位置。

⑤ 拖曳字段。将需要分析的字段拖曳到"行""列""值"等区域，即可自动生成汇总结果。

（4）数据透视表的应用示例。

假设您有一份销售数据，包含产品名称、销售地区、销售金额和销售日期等信息。通过创建数据透视表，您可以快速了解不同产品在各个地区的销售总额、不同月份的销售趋势等重要信息，从而为您的决策提供有力支持。

2. 聚类分析

（1）聚类分析的定义与用途。

聚类分析是一种数据分析技术，它的主要目的是将相似的数据点聚集在一起，形成不同的组或类别，同时让不同组之间的数据点差异较大，简单来说，就是把一堆看似混乱的数据，按照它们的内在相似性进行分类。

聚类分析在许多领域都有重要的用途。比如在市场营销中，可以根据客户的购买行为、消费习惯等数据，将客户分成不同的群体，以便企业制定更有针对性的营销策略；在生物学中，可以对基因表达数据进行聚类，帮助研究人员发现具有相似功能的基因群；在图像识别中，能够对图像中的像素进行聚类，从而识别出不同的物体或区域。

（2）聚类分析的常见类型。

① 层次聚类。这种方法就像是构建一棵家族树。它从每个数据点作为一个单独的类开始，然后逐步将最相似的类合并在一起，形成一个层次结构。

层次聚类又分为凝聚层次聚类（从下往上合并）和分裂层次聚类（从上往下分裂）。

其优点是能够清晰地展示聚类的层次关系，但计算量较大。

② 划分聚类。最常见的是 K-Means 聚类算法。首先需要指定要分成的类别数量 K，然后随机选择 K 个数据点作为初始的聚类中心。接下来，根据数据点与各个聚类中心的距离，将其分配到最近的聚类中。

重新计算每个聚类的中心，重复这个过程，直到聚类中心不再变化或者达到指定的迭代次数。

③ 密度聚类。基于数据点的密度来确定聚类。如果一个区域内的数据点密度超过某个阈值，就将其视为一个聚类。它能够发现任意形状的聚类，对于处理噪声数据和离群点有较好的效果。

（3）聚类分析的一般步骤。

① 数据准备。

收集和整理数据：确保数据的准确性和完整性。

数据清洗：处理缺失值、异常值和重复数据。

数据标准化或归一化：将不同量纲的数据转换到相同的尺度上，避免某些变量因为数值过大或过小而对聚类结果产生过大影响。

② 选择合适的距离度量。距离度量用于衡量数据点之间的相似程度。常见的距离度量包括欧氏距离（适用于连续变量）、曼哈顿距离、余弦相似度（适用于向量数据）等。

想象您在一个地图上，要从一个点走到另一个点。欧式距离就是您沿着直线走过去的实际路程。比如，从您家到学校，直接测量两点之间的直线长度，这就是欧式距离。它是最常见的计算两点之间距离的方式，就像我们平常说的"直线距离"。

还是在那个地图上，但是这次您只能沿着水平和垂直的街道走，不能走斜线。比如说，从一个十字路口走到另一个十字路口，您只能先横着走一段，再竖着走一段。把横着走的距离和竖着走的距离加起来，就是曼哈顿距离。它就像是在城市里的街区中行走，只能沿着道路的方向走。

假设您和朋友都喜欢各种水果，您喜欢苹果、香蕉、橙子的程度分别是 3、2、1，朋友喜欢的程度是 2、3、1。余弦相似度不是看具体的数值大小，而是看你们喜欢水果的"方向"是不是相似。如果你们喜欢水果的比例很接近，比如都比较喜欢苹果多一些，香蕉其次，橙子少一些，那就算方向相似，余弦相似度就大；如果一个人特别喜欢苹果，另一个人特别喜欢橙子，那方向差别大，余弦相似度就小。

选择距离度量时要考虑数据的特点和分析的目的。

③ 确定聚类算法。根据数据的规模、形状、分布以及分析的需求来选择。如果数据量较小且对聚类的层次结构感兴趣，则可以选择层次聚类；如果数据量较大且希望快速得到结果，则 K-Means 聚类可能更合适；如果数据分布不规则且存在噪声，则密度聚类可能表现更好。

④ 指定聚类数量。这是一个关键但有时具有挑战性的步骤。可以通过经验判断、业务知识或者一些启发式方法来确定。

例如，肘部法则，它通过绘制不同聚类数量下的聚类误差平方和（SSE）曲线，曲线的拐点处对应的聚类数量可能是较优的选择。

⑤ 执行聚类。使用选择的算法和参数对数据进行聚类操作。这通常可以通过使用统计软件或编程语言中的相关库来实现。

⑥ 评估聚类效果。使用内部评估指标，如轮廓系数、Calinski-Harabasz 指数等，来衡量聚类结果的质量。轮廓系数的值越接近 1，表示聚类效果越好；Calinski-Harabasz 指数越大，聚类效果通常越好。也可以通过可视化的方法，如绘制数据点在二维或三维空间的分布，直观地观察聚类效果。

⑦ 解释和应用结果。分析聚类得到的各个类别，理解其特征和含义。根据聚类结果制定相应的决策或采取进一步的行动。例如，针对不同的客户聚类群体，提供个性化的产品推荐或服务。

3. 相关分析

（1）相关分析的定义与作用。相关分析是一种用于探究两个或多个变量之间关联程度和方向的统计方法。它能帮助我们发现变量之间的内在联系，为进一步的研究和决策提供有价值的信息。

比如，想知道员工的工作经验与工作绩效是否相关，或者某种药物的剂量与治疗效果之间的关系，相关分析就能发挥作用。

（2）相关分析的类型。

① 线性相关。当两个变量的关系近似表现为一条直线时，称为线性相关。

② 非线性相关。变量之间的关系呈现出曲线形态。

（3）常用的相关系数。

① 皮尔森相关系数（Pearson Correlation Coefficient），衡量两个连续变量之间的线性关系强度和方向，适用于变量呈正态分布、线性关系明显的情况。取值范围在-1 到 1 之间，-1 表示完全负相关，1 表示完全正相关，0 表示无相关。

② 斯皮尔曼相关等级相关系数（Spearman's Rank Correlation Coefficient），基于变量的秩次（排序后的顺序）计算，适用于变量不满足正态分布或非线性关系的情况。

③ Kendall 等级相关系数（Kendall's Tau），也是基于秩次的一种相关系数，对数据中的结（相同秩次）处理方式与斯皮尔曼系数有所不同。

（4）相关系数的显著性检验。得到相关系数后，还需要进行显著性检验，以确定这种相关关系是否具有统计学意义。通常使用 t 检验或基于特定分布的检验方法来判断相关系数是否显著不为 0。如果检验结果显著，则说明变量之间的相关关系不太可能是偶然产生的；如果不显著，则不能排除这种相关是由于随机因素造成的。

（5）相关分析的结果解读。

① 观察相关系数的数值，接近 1 或-1 表示强相关，接近 0 表示弱相关。

② 结合散点图，直观地展示变量之间的关系趋势。

（6）相关分析的应用场景。

① 市场研究，分析消费者收入与消费行为的关系。

② 医学研究，探究不同治疗方法与患者康复情况的关联。

③ 社会科学，研究教育程度与社会地位的相关性。

（7）相关分析的注意事项。

① 相关关系不等于因果关系，两个变量相关，不一定意味着一个变量变化会导致另一个变量也发生变化。

② 可能存在其他影响因素，要综合考虑多种可能干扰的因素。

③ 样本的代表性，确保数据能反映总体的真实情况。

4．显著性检验

（1）显著性检验简介。显著性检验是一种统计方法，用于判断样本数据所反映的某种情况是否具有代表性，从而推断总体的情况。在相关分析中，显著性检验可以帮助我们判断两个变量之间的相关系数是否由随机因素引起的，还是具有实际意义。

（2）显著性检验的步骤。

① 提出假设。

零假设（H0）：变量之间没有显著的相关关系。

备择假设（H1）：变量之间有显著的相关关系。

② 选择显著性水平。显著性水平（α）是用来判断零假设是否成立的概率阈值。常见的显著性水平有 0.05、0.01 等。

③ 计算检验统计量。在相关分析中，检验统计量通常是相关系数的 t 值。

④ 确定拒绝域。根据显著性水平和自由度，查找 t 分布表，确定对应的临界值。如果计算出的检验统计量落在拒绝域内，则拒绝零假设；否则，接受零假设。

⑤ 得出结论。如果拒绝零假设，则认为变量之间有显著的相关关系。

如果接受零假设，则认为变量之间没有显著的相关关系。

（3）实例说明。

假设我们有一个数据集，包含两列变量 X 和 Y。我们使用 Pearson 相关系数来衡量 X 和 Y 之间的线性关系。

① 提出假设。

H0：X 和 Y 之间没有显著的相关关系。

H1：X 和 Y 之间有显著的相关关系。

② 选择显著性水平。假设我们选择显著性水平 $\alpha=0.05$。

③ 计算检验统计量。计算 Pearson 相关系数 r。

④ 确定拒绝域。根据自由度（$df = n^2$，其中 n 是样本量）和显著性水平 $\alpha=0.05$，查找 t 分布表，确定对应的临界值。

⑤ 得出结论。

如果$|r|$大于临界值，则拒绝零假设，认为 X 和 Y 之间有显著的相关关系。

如果|r|小于或等于临界值，则接受零假设，认为 X 和 Y 之间没有显著的相关关系。在实际应用中，需要根据具体情况进行分析和判断。

5.4 第 5 章小结

第 5 章主要围绕业务分析展开。先是学习业务流程的分析与设计，包括其基本原则方法、建模和优化技巧，强调提升产品思维与结构化思维，还有利用 AIGC 优化流程相关内容。接着学习业务模块效果优化，涵盖评估方法、指标以及优化原则。实训部分练习了用数据透视表和 Python 编程进行业务分析的技能。通过本章学习，可掌握业务分析从流程到模块效果优化的知识及相关分析技能。

5.5 思考与练习

5.5.1 单选题

1. 业务流程分析中，以下关于基本原则的说法错误的是（   ）。

  A．完整性原则要求分析应涵盖流程的各个环节和所有可能的情况，不遗漏关键信息

  B．客观性原则强调分析过程要依据客观事实和数据，不受主观偏见影响，且不能引入未经证实的假设

  C．逻辑性原则指流程分析需符合逻辑推理，各环节之间的因果关系和顺序应清晰合理

  D．在运用完整性原则时，若某环节出现频率极低，可在不影响整体理解下暂时忽略

2. 在业务流程设计中，关于风险可控原则，以下说法正确的是（   ）。

  A．风险可控原则是指在业务流程设计阶段不需要考虑风险，待流程运行后出现问题再解决

  B．只要对可能出现的风险进行了识别，就满足了风险可控原则

  C．风险可控原则要求不仅要识别风险，还需要对风险进行评估，并制定相应的应对措施，使风险发生的概率和影响程度处于可接受的范围

  D．风险可控原则意味着要完全消除业务流程中的所有风险

3. 在使用 A/B 测试对比不同方案的效果时，以下说法正确的是（   ）。

  A．A/B 测试只需要简单地将用户随机分配到 A 组和 B 组，不需要考虑两组用户的初始特征是否相似

  B．A/B 测试可以在测试过程中随时调整 A 组或 B 组的方案内容，不会影响测试结果的准确性

  C．样本量越大，A/B 测试的结果越准确，但当样本量达到一定程度后，边际效益会递减，对结果准确性的提升作用变小

  D．A/B 测试结果只需要看两组数据的直观差异，不需要进行统计显著性检验

5.5.2 多选题

1. 在业务流程设计过程中，以下关于各项原则的描述正确的有（   ）。

  A．战略匹配原则要求业务流程的设计方向要与企业的长期战略目标相一致，并且能随着战略的调整而灵活变化

B. 顾客导向原则意味着业务流程设计只需要关注外部顾客的需求，内部顾客（如企业内部的其他部门）的需求可以暂时忽略

C. 简洁高效原则是指在保证流程质量的前提下，尽量简化流程步骤，去除不必要的环节，以提高流程的运行效率

D. 创新思维原则鼓励在业务流程设计中打破常规，引入新的技术、方法或理念，但不需要考虑其与现有系统和流程的兼容性

E. 持续改进原则要求企业定期对业务流程进行评估和优化，根据内外部环境的变化不断完善流程，以保持竞争力

2. 在业务流程设计方法中，关于流程再造法，以下说法正确的是（　　）。

A. 流程再造法通常是对企业现有的业务流程进行渐进式的小幅度改良

B. 流程再造法强调从根本上重新思考和彻底重新设计业务流程，以实现业绩的巨大飞跃

C. 采用流程再造法时，可能会涉及企业的组织结构、文化和信息技术系统等多方面的变革

D. 流程再造法在实施过程中风险较低，因为它是基于成熟的理论和模型

E. 流程再造法一般只适用于出现小问题的业务流程，对于复杂的、效率低下的流程效果不佳

3. 在业务模块效果评估中，以下关于各评估方法的描述正确的是（　　）。

A. 功能完整性评估主要关注业务模块是否涵盖了所有预期的功能，即使部分功能的实现质量较低也不影响评估结果

B. 性能评估不仅包括业务模块的响应时间和处理速度，还涉及资源利用率等多个方面

C. 用户体验评估主要侧重于业务模块的界面美观程度，对操作的便捷性和用户反馈机制要求不高

D. 稳定性评估要求业务模块在不同的环境条件和负载情况下都能保持正常运行，偶尔的崩溃是可以接受的

E. 可扩展性评估需要考虑业务模块在面对业务增长、功能扩展和用户数量增加时，是否能方便地进行升级和扩展

第6章

智能训练

在智能训练领域，从最初的起步筹备，历经严谨的训练实施与精细调优，再到全面系统的测试评估，构成了一个完整且环环相扣的知识与实践体系。本章将带领读者依次深入各个环节，详细剖析智能训练从数据处理的基石搭建，到经典与前沿训练平台及架构的运用，再到算法测试的严格把关等多方面内容，最终通过综合性实训环节，助力读者切实掌握智能训练的核心要义和实践技能，为在该领域的深入探索与应用筑牢根基。

6.1 数据处理规范制定

⊙知识目标

1. 掌握数据处理规范制定的方法和原则。
2. 理解数据处理规范对训练效果的影响。

6.1.1 数据清洗标注流程与规范

1. 数据清洗流程与规范

（1）数据收集与整合。

流程及要点： 从多个数据源（如数据库、文件系统、网络爬取等）收集与智能训练相关的数据，并将其整合到统一的数据存储位置。例如，在进行图像识别智能训练时，可能需要从不同的图像数据库、公开的图像网站爬取各类图片，然后把这些分散的图片集中存放在本地的特定文件夹中，方便后续处理。

要确保数据来源的合法性与可靠性，避免使用侵权或错误的数据。同时，需记录好各数据的来源信息，方便后续追溯及评估数据质量。比如，对于每一张收集来的图像，要标注清楚是从哪个网站获取的、获取的时间等关键信息，以防出现版权纠纷以及方便了解数据的初始特征。

规范： 明确合法合规的数据来源渠道清单，严禁从非法或未经授权的数据源获取数据。例如，在收集医疗数据时，只能从已授权的医疗机构数据库或公开的合法医疗数据集获取，且需遵循相关隐私保护法规，对患者敏感信息进行妥善处理，如匿名化处理等，确保数据来源的合法性与安全性。

规定数据收集的格式标准，确保不同来源的数据在整合时能够顺利对接。比如，对于收集的表格型数据，要求所有数据文件都采用统一的 CSV 格式，且各列的数据类型（如数值型、字符型等）要有明确规定，日期格式统一为"YYYY-MM-DD"等，避免因格式混乱导致数据整合困难或错误。

（2）数据去噪。

流程及要点：识别并去除数据中的噪声数据，噪声数据即那些不符合预期格式、存在错误值或明显偏离正常范围的数据。以文本情感分析训练为例，在收集用户评论数据时，可能会存在一些乱码、重复多次无意义的字符等，这时候就需要通过编写相应的规则或者利用一些工具来检测并去除这些干扰正常分析的数据。比如，可以设定规则去除连续重复超过一定次数（如 10 次）的字符序列，将不符合常规编码格式的乱码文本筛除。

去噪规则要依据数据类型和训练目标合理制定，不能过于严格导致有效数据丢失，也不能太宽松使噪声残留过多影响后续训练。例如，在处理上述文本数据时，如果把稍微长一点的正常重复词语（如"非常非常好"这种合理的强调表述）也当作噪声去除，那就可能改变了原文本的语义，影响训练效果；而若去噪规则制定得太松，大量无意义乱码存在，模型在学习过程中就难以准确把握正常文本的规律。

规范：制定详细的噪声数据判定规则集，根据数据类型和应用场景确定哪些数据属于噪声。以传感器采集的环境监测数据为例，若数据明显超出正常物理范围（如温度数据高于 1000℃，而实际监测场景中不可能出现如此高温）或数据值频繁跳变且不符合物理规律（如在短时间内气压值忽高忽低变化极大），则判定为噪声数据，应予以去除，确保去噪操作有章可循，避免误判。

确定去噪操作的记录要求，每次去除噪声数据都要详细记录噪声数据的特征、数量、所在位置等信息，以便后续对数据清洗过程进行审计和优化。例如，在处理网络流量监测数据时，若发现并去除了一些异常的超大流量数据包（判定为噪声），需记录这些数据包的源 IP、目的 IP、流量大小、出现时间等信息，为分析网络异常原因或优化数据清洗策略提供依据。

（3）数据重复处理。

流程及要点：检测数据集中的重复数据，根据具体情况选择保留一份或者进行合并等操作。例如，在训练语音识别模型时，可能由于采集过程中的一些失误，同一语音片段被多次采集录入，这时可以通过计算语音文件的特征指纹（类似一种音频特征的标识）来判断是否重复，若重复则只保留一份，以减少数据冗余，提高训练效率。

对于重复数据的处理要谨慎，有些重复数据可能在不同场景下有细微差别（比如同一段语音在不同环境背景噪声下录制），若简单删除可能丢失有价值的变化信息。所以要综合考虑数据特征及训练需求，决定是完全删除重复项还是进行适当的合并整合，比如将带有不同背景噪声的同一段语音进行降噪处理后合并为一个标准样本用于训练，让模型能学习到语音本身核心特征不受噪声变化干扰。

规范：建立精确的重复数据检测算法标准，根据数据的唯一标识或特征指纹计算方法来确定数据是否重复。如在处理电商订单数据时，以订单号作为唯一标识，若出现相同订单号的多条记录，则判定为重复数据；对于图像数据，可通过计算图像的哈希值（一种特征指纹）来判断图像是否重复，只有哈希值完全相同且图像尺寸、格式等属性也一致时，才确认为重复图像，保证重复数据判断的准确性。

明确重复数据的处理方式选择依据，综合考虑数据量、数据特征以及训练目标等因素。如果是大规模的数据集且重复数据占比较小，则可直接删除重复数据以节省存储空间和训练计算资源；若重复数据存在一些细微差异且这些差异可能对训练有影响（如同一商品的不同拍摄角度图片），则可根据具体情况选择合并或保留部分有代表性的重复数据，确保处理方式的合理性。

（4）数据缺失值处理。

流程及要点：查找数据中存在缺失值的部分，采用合适的方法进行填充或处理。常见的方法有删除含缺失值的记录（当缺失值占比较小且该条数据对整体影响不大时），用均值、中位数、众数填充（针对数值型数据），或者根据其他相关特征推测填充（适用于有一定关联性的数据）等。比如在训练一个预测客户购买行为的模型时，收集的客户信息数据里可能有部分客户的年龄字段缺失，如果大部分客户年龄集中在某个区间，可考虑用该区间的中位数填充；或者若发现年龄与客户职业等其他特征有一定关联，可根据职业等信息合理推测出大概年龄进行填充。

选择填充或处理缺失值的方法要基于数据特点和对模型的潜在影响。若盲目删除含缺失值的记录，可能导致样本量过少影响模型的泛化能力；而随意用均值等填充，可能破坏数据原本的分布规律，使模型学习到错误的特征关联。例如，如果用整体客户年龄的均值去填充所有缺失年龄的客户记录，而实际上不同地区、不同消费层次的客户年龄分布是有差异的，这样就可能让模型在后续根据年龄做购买行为预测时产生偏差。

规范：制定缺失值比例阈值标准，根据数据整体规模和特征重要性确定当缺失值占比超过某个阈值时的处理方式。例如，在一个大规模的市场调研数据集中，如果某个非关键特征（如被调查者的家庭宠物数量）缺失值比例不超过 10%，可考虑采用均值填充；若缺失值比例超过 30%，则可能需要进一步分析缺失原因，或者考虑删除该特征列，防止因大量缺失值填充对数据整体特征产生较大扭曲。

规定不同类型数据的缺失值填充方法选择原则，对于数值型数据，优先考虑使用均值、中位数、众数填充或基于数据分布特征的统计方法填充；对于分类型数据，则根据类别出现的频率选择众数填充或采用基于模型的预测填充方法（如利用决策树模型根据其他相关特征预测缺失的类别值），确保填充方法与数据类型相适配，最大程度保留数据信息。

（5）数据一致性检查与处理。

流程及要点：检查数据在各个属性之间的一致性，确保逻辑上的合理性。比如在训练一个物流配送时间预测模型时，若订单创建时间晚于订单发货时间，这显然不符合逻辑，就需要通过编写逻辑判断规则来检测这类不一致的数据，并进行修正或者删除等操作。

数据一致性规则要贴合实际业务逻辑和数据的内在关系设定。不同类型的数据在不同场景下有不同的一致性要求，忽视这些要求，让不一致的数据参与训练，会导致模型学习到错误的因果关系和规律，进而影响其在实际应用中的准确性。例如，在上述物流时间预测中，如果不纠正订单时间的不一致问题，模型可能会错误地认为先发货后创建订单是正常情况，从而在预测配送时间时给出完全不合理的结果。

规范：构建数据一致性逻辑规则库，涵盖数据各属性之间的内在逻辑关系以及业务规则约束。如在金融交易数据中，规定交易金额必须大于 0，且交易时间必须在系统正常运行时间范围内（如不能早于系统上线时间，不能晚于当前时间）；在员工信息数据中，员工的入职时间必须早于离职时间（若有离职记录）等，通过这些逻辑规则对数据进行一致性检查，及时发现和纠正数据中的逻辑错误。

确定不一致数据的修正优先级和方法，对于严重违反业务逻辑的不一致数据（如金额为负数的交易数据）优先进行修正或删除，可采用人工审核与自动修正相结合的方式。例如，对于一些疑似错误但又难以确定的不一致数据（如员工年龄与工作经验不符），先进行人工审核，根据实际情况决定是修正数据还是进一步调查核实，保证数据一致性处理的严谨性和有效性。

2. 数据标注流程与规范

（1）标注任务定义。

流程及要点：明确需要标注的数据特征以及标注的类别、层级等要求。例如，在进行图像分类智能训练中，要确定是按照动物、植物、风景等大类别进行标注，还是进一步细分到具体的动物种类（如猫、狗、老虎等）以及植物种类等更细致的层级；对于文本情感分析训练，则要定义好是简单分为积极、消极、中性三种情感类别标注，还是再细分出不同程度的积极（如轻度积极、高度积极）和消极情感等。

标注任务定义要紧密围绕训练目标，既不能过于宽泛使标注缺乏针对性，也不能过于细致导致标注难度过大、标注成本过高且可能出现标注不一致的情况。比如在图像分类中，如果只定义为"物体"和"非物体"这样太宽泛的类别，对于后续模型学习区分不同具体事物就没什么帮助；而若要细分到极其细微的物种差异，可能需要专业的生物分类专家来标注，成本极高且不同标注人员很难保证标注的标准统一，影响模型训练的稳定性。

规范：提供标注任务定义模板，要求在定义标注任务时必须包含标注对象、标注类别体系、标注层级结构、标注粒度等关键要素的详细描述。例如，在进行图像标注任务定义时，明确标注对象为图像中的各类物体，标注类别体系分为动物、植物、人造物体等大类，每个大类下再细分具体种类，标注层级为两级，标注粒度以单个独立可识别物体为单位，确保标注任务定义的完整性和标准化，便于不同标注人员理解和执行。

制定标注类别和层级的审核机制，由领域专家和数据科学家对标注任务定义中的类别和层级设置进行审核，确保其符合训练目标和数据特征。如在医学影像标注任务中，标注类别涉及疾病种类和病灶特征等专业领域，需由医学专家审核类别设置是否准确全面，是否符合医学诊断标准和影像特征，避免因标注任务定义不合理导致标注结果无法满足智能训练需求。

（2）标注人员培训。

流程及要点：对参与标注工作的人员进行系统培训，使其熟悉标注任务要求、标注工具使用方法以及标注的规范和标准等。比如通过线上课程、线下讲解结合实际案例演示的方式，让标注人员了解在文本标注中如何准确判断一句话属于哪种情感类别，以及如何在标注工具中正确录入标注结果等。

培训内容要通俗易懂、可操作性强，并且要进行考核确保标注人员真正掌握标注技能和规范。若培训不到位，标注人员对标注标准理解不一致，就会出现大量标注错误或不一致的情况，例如，在情感分析标注中，有的标注人员把"还可以"标注为积极，有的标注为中性，这就会让后续训练的模型无所适从，无法准确学习到正确的情感特征规律。

规范：编制标准化的标注人员培训教材，内容包括标注任务的详细说明、标注工具的使用教程、标注规范和标准的解读、常见标注错误案例分析等。例如，在培训文本情感标注人员时，教材中详细阐述积极、消极、中性情感的判断标准，列举不同类型文本（如新闻报道、社交媒体评论、产品评价等）的情感标注示例，并分析常见的标注错误（如将带有讽刺意味的消极表述误判为积极），通过系统全面的培训教材增强培训效果和标注人员的专业水平。

建立培训效果考核指标体系，从理论知识掌握程度、标注工具操作熟练度、标注准确性等方面对标注人员进行考核。如通过在线考试检验标注人员对标注任务定义、标注规范等理论知识的理解；设置标注实操测试，要求标注人员在规定时间内完成一定数量的标注任务，并根据标注结果的准确率、一致性等指标评估其标注能力，只有考核合格的标注人员才能参与正式标注工作，保证标注团队的整体素质。

（3）标注过程管理。

流程及要点：在标注过程中实时监控标注进度、标注质量，及时解决标注人员遇到的问题，并定期对已标注的数据进行抽检复查。比如通过标注管理系统实时查看每个标注人员每天完成的标注量，以及利用一些质量评估算法检测标注数据中是否存在明显的逻辑错误、标注不一致等问题，对于发现的问题及时反馈给标注人员修正，同时定期抽取一定比例（如10%）的已标注数据进行人工复查，确保标注质量。

标注过程管理要严格细致，质量把控要贯穿始终，只有高质量地标注数据才能训练出性能良好的智能模型。若疏于管理，大量低质量标注数据进入训练集，模型会学习到错误的特征模式，例如，在图像标注中，若很多图像的物体类别都标注错了，模型在识别物体时就会频繁出错，无法达到预期的智能训练效果。

规范：设定标注进度监控指标和预警机制，以标注任务完成比例、单位时间标注量等指标实时监控标注进度，当进度明显滞后或出现异常波动时发出预警。例如，在一个大规模图像标注项目中，设定每天每个标注人员的标注任务量基准，如果连续三天某个标注人员的标注完成量低于基准的50%，则系统自动发出预警，提醒项目管理人员及时了解情况并采取相应措施（如提供技术支持、调整任务分配等），确保标注项目按时推进。

制定标注质量评估指标和抽检频率标准，采用准确率、召回率、F1值等指标评估标注质量，定期对标注数据进行抽检。如对于文本分类标注任务，每周抽取10%的标注数据进行人工审核，计算标注结果的准确率（标注正确的数据量占抽检数据总量的比例）、召回率（实际正确标注的数据被正确标注的比例）和F1值（综合准确率和召回率的评估指标），当质量指标低于设定阈值时，及时对标注过程进行回溯分析，找出问题根源并加以解决，保证标注质量稳定可靠。

（4）标注结果审核与整合。

流程及要点：对全部标注完成的数据进行最终审核，确保标注的准确性和一致性，然后将审核通过的标注数据按照规定格式进行整合，以便后续能顺利导入到智能训练模型中使用。例如，由经验丰富的标注审核人员对所有标注文本情感分析的数据再次逐一核对，对于有争议的标注结果组织讨论确定最终标注，之后将这些标注好的数据整理成统一的表格形式（每行对应一条文本及对应的情感标注结果），方便模型读取训练。

审核过程要严谨，不能放过任何可能存在的标注错误，整合时要遵循模型输入数据的格式要求。若审核不严格，错误标注混入训练数据，模型性能必然受影响；而若整合格式不符合模型要求，数据无法正确导入，前期的标注工作就都白费了，严重阻碍智能训练的正常开展。

规范：建立标注结果多轮审核制度，先由标注小组内部进行交叉审核，再由专业审核人员进行二次审核，最后由项目负责人进行最终审核。例如，在语音标注结果审核中，标注小组成员相互检查对方标注的语音片段，重点检查标注的准确性、一致性以及是否存在遗漏；专业审核人员从语音学专业角度对标注结果进行全面审核，确保语音标注符合语言学规范和训练要求；项目负责人则从整体项目目标出发，对审核后的标注结果进行最终把关，确保标注结果的高质量交付。

制定标注结果整合的数据格式转换和存储规范，根据智能训练模型所使用的开发框架和数据读取要求，将标注结果转换为相应的格式（如 JSON 格式、特定数据库表结构等）并进行存储。在存储过程中，要对标注结果进行分类存储、建立索引，方便数据查询和调用，同时要做好数据备份和版本管理工作，防止数据丢失或混乱，确保标注结果能够顺利导入智能训练模型并有效利用。

3. 在智能训练起始阶段的重要性

数据清洗和标注流程及规范在智能训练起始阶段起着奠基性的关键作用。

从数据质量角度来看，未经清洗的数据充斥着噪声、缺失值、重复数据等问题，就如同用一堆杂乱无章、错误百出的建筑材料去盖房子，模型在学习这样的数据时很难准确把握其中的规律和特征，最终训练出来的模型准确率低、泛化能力差。例如，一个垃圾邮件识别模型，如果训练数据里混入大量格式错误、内容混乱的邮件文本（未经过数据清洗），则模型很难准确区分正常邮件和垃圾邮件的特征，在实际应用中就会频繁误判。

而不准确、不一致的数据标注更会直接误导模型的学习方向。好比给一个要学习辨别水果种类的小孩指错了苹果和橙子的名称（错误标注），小孩就会学到错误的知识，模型也是如此。如果图像分类标注中把很多猫的图片标注成了狗，模型在训练后就会把猫的特征当作狗的特征去识别，导致在实际面对猫的图像时做出错误判断。

只有严格按照科学合理的数据清洗和标注流程与规范开展工作，才能为智能训练提供高质量、准确可靠的数据基础，就像盖房子有了优质整齐的建筑材料以及正确的施工图纸一样，模型才能在此基础上高效准确地学习到数据中的特征和规律，进而在后续应用中发挥出良好的智能性能，为解决各类实际问题提供有力支持。

综上，数据清洗和标注的流程与规范是智能训练起始阶段不可或缺且至关重要的环节，关乎整个智能训练项目的成败和最终模型应用的效果。

6.1.2 经典平台使用与特征工程

1. 经典人工智能训练平台基本使用方法

经典人工智能训练平台在人工智能技术发展进程中扮演着关键角色。TensorFlow 凭借其强大的计算图机制、多设备支持及丰富的 API，在工业界与学术界广泛应用，能高效处理复杂模型训练且可视化。Keras 以简洁易用著称，适合快速搭建模型，虽灵活性欠佳，但对初学者与小型项目极为友好，可基于多种后端运行。PyTorch 因动态计算图在研究领域颇受青睐，代码书写自然，调试便捷，于自然语言处理等多领域表现优异且社区资源丰富。PAI 提供一站式深度学习服务，具备大规模分布式训练及高效资源管理能力，适用于企业级大规模数据任务处理。这些平台各有特色，为人工智能从研究到应用的多层面发展提供了有力支撑，推动着人工智能技术不断向前迈进，在不同场景下满足了开发者与研究者多样化的需求，共同构建起人工智能训练的坚实基础架构。

（1）TensorFlow 平台。

① 安装与导入。TensorFlow 的安装需依据操作系统和硬件环境选择合适方式。对于常见的 Linux 和 Windows 系统，可使用 pip 命令 pip install tensorflow 或 pip install tensorflow-gpu 进行安装。在 Python 脚本或交互式环境中，通过 import tensorflow as tf 导入 TensorFlow 库，这是使用 TensorFlow 进行后续操作的基础。

② 构建计算图。

数据输入节点：使用 tf.placeholder 来定义数据的占位符，例如，

x = tf.placeholder(tf.float32, [None, 784]),

这里 None 表示样本数量不定，784 可能是图像展平（Flatten）后的特征数量，用于在运行时传入实际数据。

网络层构建：利用 tf.layers 模块构建各种网络层。如构建卷积层使用如下命令

tf.layers.conv2d(inputs, filters, kernel_size, activation='relu'),

其中 inputs 是输入数据，filters 是卷积核数量，kernel_size 是卷积核大小。

构建全连接层可使用如下命令

tf.layers.dense(inputs, units, activation='sigmoid')，units 为输出单元数。

输出节点定义：根据任务需求确定输出节点，如在多分类任务中可能是一个经过 softmax 激活的全连接层，输出各类别的概率分布。

③ 会话执行。

创建会话：sess = tf.Session()，会话是 TensorFlow 运行计算图的环境。

模型训练：先定义损失函数，如交叉熵损失

Loss = tf.reduce_mean(tf.nn.softmax_cross_entropy_with_logits(labels=y_true, logits=y_pred)),

其中，y_true 是真实标签，y_pred 是模型预测输出。然后选择优化器，如

optimizer = tf.train.AdamOptimizer(learning_rate=0.001).minimize(loss),

并在会话中通过 sess.run(optimizer, feed_dict={x: x_train, y_true: y_train})

进行训练，其中 feed_dict 用于传入训练数据。

模型预测：通过 sess.run(y_pred, feed_dict={x: x_test})获取测试数据的预测结果。

（2）Keras 平台。

① 安装与导入。

使用 pip install keras 安装 Keras。在代码中导入相关模块，

from keras.models import Sequential 用于创建序贯模型，

from keras.layers import Dense, Conv2D, MaxPooling2D, Flatten 等用于导入不同类型的网络层。

② 模型搭建。

序贯模型创建：model = Sequential()。

网络层添加：例如，构建一个简单的卷积神经网络，

model.add(Conv2D(32, (3, 3), activation='relu', input_shape=(28, 28, 1))),

表示添加一个具有 32 个 3×3 卷积核、使用 relu 激活函数的卷积层，input_shape 为输入数据的形状；接着可添加池化层 model.add(MaxPooling2D((2, 2)))进行下采样；再使用 model.add(Flatten()) 将多维数据展平，以便连接全连接层 model.add(Dense(128, activation='relu'))。

③ 模型编译与训练。

编译模型：

model.compile(optimizer='adam', loss='categorical_crossentropy', metrics=['accuracy']),

这里指定了 adam 优化器、交叉熵损失函数和准确率评估指标。

训练模型：

model.fit(x_train, y_train, epochs=10, batch_size=32, validation_data=(x_val, y_val)),

其中 epochs 是训练轮数，batch_size 是每批数据的数量，validation_data 用于在训练过程中验证模型性能。

2．特征工程实施要点

（1）数据预处理。

① 数据清洗。

噪声处理：在音频数据中，可能存在电流干扰产生的杂音，可通过滤波算法去除特定频率的噪声信号。在传感器采集的数据中，如因设备抖动产生的异常波动数据，可根据数据的稳定性和连续性判断并修正。

异常值处理：在金融数据中，若股票价格出现远超正常波动范围的极大值或极小值，可结合数据的历史趋势、均值和标准差等统计信息进行处理。若异常值是由于数据录入错误，可直接删除；若可能是特殊事件导致的，则可能需要进行特殊标记或采用更复杂的修正方法，如根据相邻数据进行插值修正。

重复数据处理：在数据库存储的用户行为数据中，可能存在因系统故障或操作重复导致的重复记录，可通过数据的唯一标识或特征组合判断并删除重复数据。

② 数据标准化。

归一化：对于图像像素值在 0～255 之间的数据，可使用公式

x_normalized = (x - min_value)/(max_value - min_value)

将其映射到 0～1 区间，其中 min_value 和 max_value 分别是数据中的最小值和最大值。

标准化：对于具有一定分布特征的数据，如学生成绩数据，若其大致符合正态分布但均值和标准差不标准，可使用公式 x_standardized=(x - mean)/std 进行标准化，其中 mean 是数据均值，std 是标准差，使数据转换为标准正态分布，以便更好地被模型处理。

（2）特征提取。

① 手工特征提取。

文本数据：除了词频统计，还可进行词性标注，统计不同词性的比例；构建 n-gram 模型，提取相邻词组合的特征，以捕捉文本中的局部语义信息。例如，在情感分析任务中，某些形容词和副词的组合可能强烈反映情感倾向。

图像数据：在人脸识别中，除了边缘特征，还可提取面部器官的相对位置、形状特征

等。如计算眼睛间距与脸宽的比例、鼻子长度与脸长的比例等几何特征，这些特征有助于区分不同的人脸。

② 自动特征提取。

卷积神经网络（CNN）：在医学影像分析中，能够自动学习到病变组织与正常组织在图像纹理、密度等方面的细微差异特征，从而实现疾病的自动诊断和病灶定位。

循环神经网络（RNN）：在语音识别中，可学习到语音信号随时间变化的特征，包括音素的连读、语调的变化等，将语音信号转换为文本信息。

（3）特征选择。

① 过滤式方法。

互信息：在生物信息学基因数据处理中，计算基因特征与疾病表型之间的互信息，选择互信息值较大的基因特征作为与疾病相关的关键特征，从而减少数据维度，提高后续分析模型的效率和准确性。

方差阈值：在大规模的商品销售数据中，对于一些销售数量波动极小（方差小于设定阈值）的商品特征，如某些冷门商品的日销售量，可认为其对整体销售趋势分析的贡献较小，可以予以剔除。

② 包裹式方法。

遗传算法：在特征选择中，将特征子集视为个体，通过遗传算法的选择、交叉和变异操作，不断生成新的特征子集。根据每个特征子集训练模型得到的准确率等性能指标作为适应度函数，经过多代进化，找到最优的特征子集。例如，在图像分类任务中，利用遗传算法从众多图像特征中筛选出最能提升分类准确率的特征组合。

3. 对数据处理及智能训练走向深入的推动意义

（1）数据处理。

训练平台提供了高效的数据处理能力。例如，TensorFlow 和 Keras 可以方便地处理大规模数据集，通过数据加载器（如 tf.data.Dataset）能够将数据分批次加载到内存中进行训练，避免内存溢出问题，提高数据处理的可操作性。

特征工程有助于提高数据的质量和可用性。数据清洗去除了干扰数据，标准化使数据更适合模型处理，合适的特征提取和选择能够降低数据维度，突出数据中的关键信息，从而使数据能够更好地被模型学习和理解，提高模型的训练效果和泛化能力。

（2）智能训练走向深入。

训练平台为智能训练提供了强大的计算框架。它们支持复杂神经网络模型的构建、训练和优化，能够利用 GPU 等硬件加速计算，缩短训练时间。例如，在深度学习中，复杂的深度神经网络结构（如深度残差网络）可以在这些平台上方便地实现和训练，推动了模型向更深层次、更复杂结构发展。

特征工程是智能训练深入的重要保障。有效的特征工程能够挖掘数据中的隐藏信息，为模型提供更有价值的输入，使模型能够学习到更高级、更抽象的知识表示。例如，在图像识别领域，良好的特征工程使得模型能够从简单的图像像素特征学习到物体的类别、位置等语义信息，促进了智能训练从简单的模式识别向更高级的语义理解、场景分析等方向深入发展。

6.1.3 训练策略调优与架构再探

1. 智能模型训练策略调优

在智能模型训练中，训练策略调优对提升模型性能极为关键，需精细调整各环节与参数，以达更好训练效果，包括加快训练速度、提高准确率与增强泛化能力等。

（1）数据处理技巧。数据是模型训练的根基，其处理方式会影响训练成果。数据增强是常用且有效的技术。比如在图像识别任务里，可对原始图像做多种变换来扩充数据量。像将图像随机旋转一定角度，如在-15度到15度间改变朝向；进行水平或垂直翻转；或者随机裁剪图像部分区域等。以 CIFAR-10 图像数据集为例，未用数据增强时，模型测试准确率可能约70%，采用后，因能学习更多图像特征，准确率有望提升到75%~80%。然而，应当明确的是，若数据量本身极为稀少，即便采用数据增强技术，其对模型效果的改善程度也较为有限。由于数据增强只是基于现有的少量数据进行变换操作，无法从根本上弥补数据量匮乏所带来的信息缺失问题。在这种情况下，模型可能难以充分学习到数据中的复杂模式与特征，其泛化能力的提升也会受到较大制约，难以达到在大规模数据基础上进行训练时所能实现的理想效果。

同时，数据清洗不可或缺。实际收集的数据常含噪声与错误标注。如医学图像诊断数据集中，若部分图像标注错误，模型学习就会受误导，降低实际诊断准确性。所以要用数据清洗技术，像基于统计学的离群值检测法，找出并去除噪声与错误标注数据，保障数据质量，为模型训练筑牢基础。

（2）超参数调整策略。超参数在模型训练中需预先设定且相对固定，其取值影响训练走向与结果。其中学习率设定很关键。学习率决定模型权重每次更新的步长。若学习率过高，模型训练可能跳过最优解，无法收敛甚至发散；若过低，训练会极慢，耗费大量计算资源与时间。

常用学习率衰减策略，如步衰减。训练开始设置较大的初始学习率，如0.01，随着训练步数增加，每隔一定步数，如每10000步，将学习率乘以衰减因子，如0.1。以自然语言处理任务中的深度神经网络为例，训练初期大学习率让模型快速捕捉数据大致特征，后期衰减后的学习率使模型精细调整参数，避免错过最优解，让训练集损失值稳定下降，验证集准确率逐步提升，防止过拟合，增强泛化能力。

除学习率，批处理大小和迭代次数也是重要超参数。批处理大小决定每次更新权重时的数据样本数。大的批处理大小利用矩阵运算高效性加快计算，但可能增加内存需求且使模型收敛性变差；小的批处理大小让训练更随机化，增强泛化能力，但计算效率降低。迭代次数是对整个数据集的遍历次数。一般要通过试验并观察模型在验证集中的表现确定合适值。如在图像分类任务中，先尝试不同批处理大小，像32、64、128 等，观察固定迭代次数下验证准确率与损失值变化，确定合适批处理大小后，再调整迭代次数以达最佳训练效果。

（3）优化算法的选择与优化。优化算法是推动模型训练中权重更新的关键。常见的有随机梯度下降（SGD）及其变种，如带动量的 SGD、Adagrad、Adadelta、Adam 等。

在数学与相关技术领域中，斜率是一个相对基础且易于理解的概念，而梯度对于未系统学习微积分的学员而言较为抽象晦涩。通过对二者进行对比与联系，能极大地帮助学员更好地理解梯度概念。

首先，斜率主要应用于二维平面中的直线情境。对于直线方程 $y=kx+b$（其中 k 为斜率），它直观地刻画了直线相对坐标轴的倾斜状况。例如，直线 $y=3x-2$，其斜率 $k=3$，表明直线每沿 x 轴正方向移动 1 个单位，y 值就相应地增加 3 个单位，斜率单纯地反映了直线在二维平面内这种单向的变化比例关系，它仅仅是一个标量，不存在方向的内涵，仅仅描述了直线在某个特定方向（通常是 x 轴到 y 轴）上的变化速率。

与之相对，梯度是多元函数中的重要概念且表现为一个向量。以二元函数 $z=f(x,y)$ 为例，其梯度记为

$$\nabla f(x, y) = \left(\frac{\partial f}{\partial x}, \frac{\partial f}{\partial y} \right)$$

从直观理解角度出发，如果将二元函数想象为一个三维空间中的曲面，那么在曲面上某一点处的梯度向量，其方向指向该曲面在这一点上升速度最快的方向，而向量的模长（即向量的长度）则表示在这个最快上升方向上的上升速率。例如，对于函数 $z=x^2+y^2$，在点$(1,1)$处，通过计算偏导数可得到梯度向量$(2, 2)$，这个向量就指示了在该点函数增长最快的方向以及对应的速率 $2\sqrt{2}$。

在斜率和梯度的联系方面，当我们考虑一元函数时（可视为二元函数在 y 变量不产生影响的特殊情形，即 $z=f(x)$），此时梯度就退化为该一元函数的导数，而这个导数其实就是我们所熟知的斜率。例如，对于函数 $y=2x+1$，它的导数（也就是斜率）为 2，从梯度角度看，此时梯度向量为(2)，是一个一维向量，其模长（值）与斜率相同为 2。这就表明，斜率实际上是梯度在一元函数这种特殊情况下的表现形式。当函数从一元扩展到多元时，梯度以向量的形式全面地描述了函数在多个变量方向上的综合变化趋势，它是斜率概念在多元情境下的一种推广与拓展，通过与斜率的对比联系，能让学员以熟悉的斜率概念为基础，逐步构建起对梯度概念的认知框架，从而更好地理解梯度这一相对复杂的概念及其在多元函数分析、优化等诸多领域中的重要意义。

随机梯度下降依单个样本梯度更新权重，因仅参考单个样本梯度，故训练波动大，收敛慢。

带动量的 SGD 引入动量项，类似给梯度更新加了惯性，更新权重时既考虑当前样本梯度方向，又参考历史梯度更新趋势。面对连续相似梯度方向时可加速收敛，避免陷入局部最小值。

Adagrad 依每个参数历史梯度信息自适应调整学习率。频繁更新且梯度大的参数，学习率渐小；更新少或梯度小的参数，学习率较大。处理稀疏数据有优势，但训练中学习率可能衰减过快，后期模型难以充分学习。

Adadelta 改进 Adagrad，引入衰减因子控制历史梯度信息积累，使学习率衰减更平缓，训练中保持较稳学习率，提升训练效果。

Adam 综合动量法与自适应学习率优点，应用广泛。为各参数分别计算自适应学习率并结合动量项加速收敛。训练复杂深度学习模型做图像生成任务时，Adam 能在较短时间让模型生成高质量图像，在图像清晰度、细节丰富度与真实图像相似度等方面表现较好。

但特定任务与模型结构下，仍需有针对性地选择与优化算法。如处理大规模稀疏文本数据，Adagrad 虽有学习率衰减快问题，但适当调整其梯度累积项，如设上限以防学习率

过快下降，或结合其他算法优点混合优化，可能比 Adam 效果好。我们需深入理解算法原理特性，结合具体任务需求、数据特点与模型架构权衡选择。

2. Transformer 架构深度解析

Transformer 架构是现代自然语言处理的重大创新，相比传统的循环神经网络（RNN）和卷积神经网络（CNN），在处理序列数据时，尤其在长序列与复杂语义理解上表现卓越，是众多先进模型的核心基础。

（1）核心组件——注意力机制。Transformer 的核心创新是多头注意力机制。注意力机制就像给序列数据中的不同部分分配不同关注度，让模型能精准捕捉关键信息与特征关系。以机器翻译任务来说，把一种语言句子译为另一种语言时，要明白源句子里每个单词和其他单词的语义关联，以及在目标语言里的对应表达。

多头注意力机制里，模型并行用多个不同注意力头从多方面分析输入序列。比如在 8 个头的注意力模块中，一个头可能重点关注单词本身意思及近义词、反义词等语义关系；另一个头侧重语法结构，看单词在句子里的词性、句法角色和句子语法组成；还有的头会聚焦句子逻辑关系，像因果、转折关系等。这些不同头捕捉的信息之后会综合起来，帮助模型生成目标句子里的每个单词。

简单地说，对于输入序列，模型先通过一些计算得到查询向量、键向量和值向量，然后算出注意力得分，经处理得到注意力分布，再用它和值向量相乘得到结果。多头注意力机制会多次并行做这个过程，最后把各头结果整合起来。这让模型能同时关注序列多种特征信息，大大提高对序列数据的理解与处理能力。

（2）编码器——解码器结构。Transformer 用经典的编码器—解码器结构，在自然语言处理任务中应用广泛且功能强大。编码器主要对输入序列提取特征并编码，把原始序列转成富含语义的向量表示。比如文本分类任务中，编码器对输入文本逐词编码，经多层神经网络结构（如多层 Transformer 编码器层）逐步提取词汇、语法和语义特征，整合到最终编码向量中。

解码器在编码器基础上工作，依据编码器输出的语义向量和目标序列已有的信息，逐步生成目标序列。以文本生成任务为例，解码器从起始标记开始，每步生成时，结合编码器对输入文本的编码信息和已生成的目标序列部分，通过注意力机制关注输入文本相关部分，预测下一个可能的单词，加入已生成序列，生成完整目标文本序列。

这种结构灵活通用，能处理不同长度输入与输出序列，适应多种自然语言处理任务，如机器翻译、文本摘要、对话生成等。经大规模数据训练，Transformer 模型能学到丰富语言知识与语义表示，在各任务中表现出色。比如在大型机器翻译数据集训练后，Transformer 能高质量跨语言翻译，生成流畅、准确且符合语言习惯的翻译结果。

（3）位置编码的重要性。Transformer 架构主要靠注意力机制处理信息，本身不直接含序列顺序信息。但在处理序列数据时，单词顺序对语义理解很重要。比如"我吃了苹果"和"苹果吃了我"，单词相同顺序不同，语义完全不同。所以 Transformer 还引入了位置编码机制。

位置编码给序列每个位置以独特向量表示，让模型能知道单词在句子中的位置，正确理解处理序列顺序关系。通常用正弦—余弦函数生成位置编码向量，大致是按特定公式，根据位置和向量维度算出对应位置编码向量值。这种方式的好处是在长序列里能有效区分不同位置信息。比如在文本摘要任务中，模型处理长原始文本时，靠位置编码能明白句子间和句子内单词的顺序关系，提取关键信息生成准确摘要。

如图 6-1 所示为 Transformer 的架构框图。

Input Embedding 即输入嵌入：模型首先将输入的单词或符号转换为向量形式，这些向量能够捕捉单词的语义信息。

Positional Encoding 即位置编码：由于 Transformer 模型本身不具备处理序列顺序的能力，位置编码需要被添加到输入嵌入中，以提供单词在句子中位置的信息。

Multi-Head Attention 即多头注意力：这是 Transformer 的核心机制之一。它允许模型在不同的表示子空间中关注输入序列的不同部分。多头注意力机制可以并行处理，提高模型的效率和性能。

Add & Norm 即加法和归一化：在多头注意力层之后，模型会将结果与输入相加（残差连接），然后进行归一化（Layer Normalization），这有助于稳定训练过程。

Feed Forward 即前馈网络：这是一个全连接的神经网络层，它对每个位置的向量独立地进行非线性变换。

Output Embedding 即输出嵌入：与输入嵌入类似，输出嵌入将模型的输出转换为向量形式。

Masked Multi-Head Attention 即掩码多头注意力：在解码器（图 6-1 中右侧）中，掩码多头注意力确保在预测下一个单词时，模型只能关注到当前和之前的单词，而不能"看到"未来的单词。

线性层和 Softmax：在解码器的最后，线性层将模型的输出转换为与词汇表大小相同的向量，然后通过 Softmax 函数转换为概率分布，表示每个可能输出单词的概率。

Output Probabilities 即输出概率：这是模型最终的输出，表示给定输入序列，每个可能输出单词的概率。

整个 Transformer 模型由多个这样的层（图 6-1 中用 Nx 表示）堆叠而成，允许模型学习复杂的语言模式和关系。这种架构因其并行化处理能力和在多种 NLP 任务中的卓越性能而受到青睐。

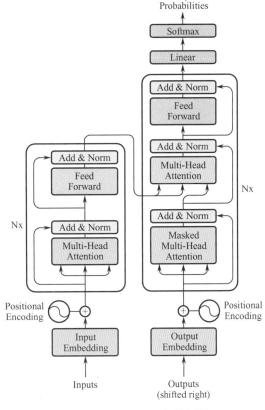

图 6-1 Transformer 架构框图

6.2 算法测试

⊙知识目标

1．掌握算法测试的基本方法和流程。

2．理解算法测试对模型效果评估的重要性。

6.2.1 算法测试数据集管理

在人工智能算法测试领域，数据集的管理是构建精准、可靠模型的根基，其中训练集、测试集与验证集各司其职，且对其合理维护尤为关键。

训练集是模型学习和成长的"土壤"，它为模型提供丰富的素材以学习数据中的模式与规律。例如，在图像分类任务里，海量且多样的带标签图像数据组成训练集，助力模型逐步掌握区分不同图像类别的能力。

但对于训练集，并非只能全盘接收。一方面，要保证数据的准确性，需仔细审查其中是否存在错误标注信息，如将猫的图片错误标注为狗，若存在此类错误应及时修正，以免误导模型学习。另一方面，为提升模型的泛化能力，还可对训练集进行数据增强操作，如对图像进行旋转、翻转、裁剪等变换，扩充数据量与多样性。

验证集在模型训练进程中扮演着"指南针"的角色，用于调整超参数并监控模型训练状态，避免过拟合现象。以金融风险预测模型为例，验证集可帮助确定诸如决策树深度、正则化系数等超参数的最优值。在维护验证集时，需确保其数据分布与训练集相似且具有代表性，同时也要检查数据的完整性，防止因数据缺失而导致超参数调整失误。

测试集则是模型在完成训练后接受检验的"考场"，用以评估模型在实际应用场景中的泛化水平。例如，在智能翻译系统中，测试集涵盖各种不同语言风格、领域及难度的文本。针对测试集，使用者应保证其独立性与公正性，即测试集中的数据不能在训练过程中被模型接触到，这样才能真实反映模型的泛化能力。在维护方面，要根据模型应用场景的变化及时更新测试集内容，使其能紧跟实际需求的发展。

总之，在算法测试工作中，对于训练集、验证集和测试集不能简单地全盘接受，而是要依据不同集的功能特点，深入细致地进行维护与管理工作，从而为人工智能算法的高效性与准确性提供坚实的数据保障。

6.2.2 人工智能测试实施与分析

1. 软件测试原则在人工智能测试中的应用

（1）独立性原则。在人工智能产品测试中，独立性原则确保测试不受开发团队主观因素影响，从而得出客观公正的结果。例如，在测试一款基于深度学习的医疗影像诊断系统时，测试团队需独立构建测试方案与用例。开发团队可能侧重于展示系统正确诊断的案例，但测试团队要从独立视角出发，全面纳入各类复杂病例影像，包括罕见病症、边界模糊病例以及不同成像设备获取的影像等，以此来全面评估系统的诊断准确性与稳定性，避免因开发团队的偏向性而遗漏潜在问题。

（2）全面性原则。全面性要求对人工智能产品的功能、性能、用户体验等多方面进行详尽测试。以智能教育辅助系统为例，功能测试方面，需检查其课程内容推荐是否精准匹配学生学习进度与兴趣偏好，从小学到高中不同学科知识的讲解是否准确无误，练习与测试功能是否正常运作等。性能测试上，要考查在大量学生同时在线使用时，系统的响应时间、资源占用率以及是否会出现卡顿或崩溃现象。对于用户体验，需关注界面设计是否符合学生与教师的操作习惯，如操作流程是否简洁明了、视觉效果是否舒适等，确保产品在各个维度都能满足用户需求。

（3）可重复性原则。可重复性能够保证测试结果的可靠性与稳定性。例如，在对一个自然语言处理模型进行语义理解测试时，使用相同的语料库作为输入数据，无论何时进行测试，模型对特定语句的理解与生成的回答应该具有一致性。如输入"苹果从树上掉下来"，模型每次都应能准确理解其语义并给出相关的逻辑回应，如"苹果受到重力作用而掉落"等。若结果出现偏差，则表明模型内部可能存在不稳定因素，如参数初始化的随机性未得到有效控制或者数据预处理环节存在不一致性等问题，需要进一步排查与修正。

2．人工智能产品的测试方法

（1）功能测试。功能测试可分为黑盒测试与白盒测试。

黑盒测试：黑盒测试将人工智能产品视为一个黑箱，不考虑其内部结构与实现细节，仅关注输入与输出。主要方法包括等价类划分、边界值分析、决策表测试等。

等价类划分是把输入数据域划分为若干等价类，从每个等价类中选取代表性数据进行测试。例如，在测试智能语音助手的语音指令识别功能时，可将语音指令按功能划分为播放音乐、查询天气、设置闹钟等价类。对于播放音乐指令，选取不同歌手、不同歌曲风格（流行、古典、摇滚等）的指令作为代表进行测试，以确定系统对各类播放音乐指令的识别准确性。

边界值分析着重测试输入数据的边界情况。如在测试智能图像识别软件对图像分辨率的支持范围时，除了测试正常分辨率的图像，还要特别关注最低和最高支持分辨率的图像。若系统宣称支持 100×100 到 10000×10000 像素的图像识别，那么就需测试 99×99、100×100、10000×10000、10001×10001 等边界像素值的图像，因为在边界处往往容易出现错误。

决策表测试适用于存在多个输入条件且不同组合会产生不同输出的情况。以智能电商推荐系统为例，输入条件可能包括用户性别、年龄、历史购买记录、浏览商品类别等。通过构建决策表，列出不同输入条件组合下的预期推荐结果，然后进行测试，以验证系统推荐策略的正确性，如图 6-2 所示。

用户性别	用户年龄	历史购买记录	浏览商品类别	推荐结果
男	18-25	无	服装	推荐服装
男	18-25	低	电子产品	推荐电子产品
男	18-25	中	家居用品	推荐家居用品
男	18-25	高	书籍	推荐书籍
女	26-35	无	服装	推荐服装
女	26-35	低	家居用品	推荐家居用品
女	26-35	中	电子产品	推荐电子产品
女	26-35	高	书籍	推荐书籍
其他	36-45	无	书籍	推荐书籍
其他	36-45	低	家居用品	推荐家居用品
其他	36-45	中	任何类别	推荐混合类别
其他	36-45	高	任何类别	推荐混合类别

图 6-2　决策表测试示例

白盒测试：白盒测试则基于对产品内部代码结构和逻辑的了解来设计测试用例。在人工智能产品中，如对一些简单的算法模块或自定义函数进行白盒测试时，可采用语句覆盖、分支覆盖、路径覆盖等方法。例如，对于一个实现简单图像分类算法的函数，语句覆盖要求测试用例能使函数中的每一条语句至少执行一次；分支覆盖则要确保函数中的每个分支条件（如 if-else 语句中的不同分支）都被测试到；路径覆盖更为严格，需测试所有可能的执行路径。但由于人工智能产品大多基于复杂的机器学习模型，如深度神经网络，其内部结构复杂且参数众多，白盒测试实施难度较大且往往难以全面覆盖，所以在实际人工智能产品功能测试中，黑盒测试应用更为广泛。

（2）性能测试。性能测试主要评估人工智能产品在不同条件下的运行表现。以智能安防监控系统为例，在不同监控场景规模下进行测试，如小型办公室环境（监控摄像头数量较少）、大型商场环境（摄像头数量众多且分布广泛）以及复杂的工业园区环境（存在多种干扰因素，如强光、阴影、物体遮挡等）。测试指标包括目标检测的实时性，即从画面中出现异常目标到系统发出警报的时间延迟；目标识别的准确率，如对不同类型人员（员工、访客、可疑人员）、车辆（轿车、货车、摩托车）的识别精确程度；以及系统在长时间运行过程中的稳定性，是否会出现因内存泄露、资源竞争等问题导致的系统故障或性能下降等情况。

（3）兼容性测试。兼容性测试确保人工智能产品能在多种软硬件环境中正常运行。以智能车载系统为例，需要测试其与不同汽车品牌的车载硬件设备（如不同型号的中控显示屏、车载传感器、音响系统等）的兼容性，确保系统在各种硬件配置下都能正常启动、显示清晰、操作流畅且与硬件功能完美结合，如与车载音响系统的音频传输与控制、与传感器的数据交互准确无误。在软件方面，要测试在不同操作系统版本（如安卓汽车版的不同更新版本、苹果 CarPlay 的不同 iOS 支持版本）以及其他车载应用同时运行时，智能车载系统的稳定性与功能完整性，避免出现软件冲突、界面显示异常或功能失效等问题。

3．测试结果分析

（1）定性分析。定性分析侧重于对人工智能产品在测试过程中的行为表现进行主观评估。例如，在测试一款社交机器人时，观察其在与用户互动过程中的语言风格是否符合社交礼仪，回答是否具有逻辑性与连贯性，情感表达是否恰当。若机器人在面对用户关于心情低落的倾诉时，能够以同情、安慰的语气回应，并提供一些合理的建议，如"我很理解你现在的感受，或许你可以尝试听听音乐放松一下"，则表明其在情感交互方面表现良好；反之，若回答生硬、缺乏逻辑，如"我不知道你在说什么，你可以换个问题"，则说明在这方面存在缺陷，需要进一步优化其对话策略与情感模型。

（2）定量分析。定量分析依据具体的量化指标对测试结果进行精确评估。在对一个图像识别模型进行测试时，通过计算准确率、召回率、F1 值等指标来衡量其性能。例如，若模型在对一万张包含猫和狗的图像进行识别时，准确识别出猫的数量为 4500 张，而实际猫的图像总数为 5000 张，那么猫的识别准确率为 4500/5000=90%；若模型将 4800 张图像正确地判断为包含猫或狗，而实际包含猫或狗的图像总数为 5200 张，那么召回率为 4800/5200≈92.3%，进而可以根据公式计算出 F1 值，通过这些量化指标全面评估模型在图像识别任务中的性能优劣，并为进一步的模型优化提供数据依据。

4．规范测试报告撰写

测试报告是测试工作的全面总结与呈现，应遵循严格的规范。首先，明确测试目的，如评估某人工智能产品的新版本是否在功能与性能上有所提升，或者确定产品是否满足特定行业标准与用户需求。其次，界定测试范围，详细列出所测试的功能模块、性能指标、兼容的软硬件环境等。在测试方法部分，阐述采用的功能测试、性能测试、兼容性测试等具体方法及使用的测试工具与环境配置。

测试环境描述应包括硬件设备（如计算机的 CPU、内存、显卡型号、服务器的配置等）、软件环境（操作系统版本、数据库系统、相关依赖软件等）以及网络环境（带宽、网络拓扑结构等）。对于测试结果，应分模块、分指标详细列出数据与现象，如功能测试中各功能是否通过，性能测试中的各项指标数值（响应时间、吞吐量、错误率等）。在结果分析部分，结合定性与定量分析结果，深入剖析产品的优势与不足，解释数据背后的原因，如性能瓶颈可能是由于算法复杂度高、硬件资源不足或数据传输延迟等因素导致。最后，在结论与建议部分，明确给出产品是否通过测试的结论，针对存在的问题提出具体的改进建议，如优化算法代码、升级硬件设备、调整数据处理流程等，为产品的后续改进与优化提供明确的方向与依据，确保测试报告能够为人工智能产品的开发与完善提供有力的支持与保障。

6.2.3 算法错误案例剖析与纠正

1．常用工具及应用场景

在算法测试错误案例剖析中，常用的工具包括调试器、性能分析器、数据可视化工具等。

调试器如 Python 中的 pdb，它允许测试人员逐行执行代码，查看变量值的变化，从而精准定位错误发生的位置。例如，在一个简单的机器学习预测模型代码中，如果预测结果与预期相差甚远，通过 pdb 调试器可以检查数据加载、预处理、模型训练及预测过程中的每一个变量。在数据加载阶段，查看读取的数据是否完整、格式是否正确；在模型训练时，检查损失函数值的变化是否符合预期，若发现损失函数值始终不变或异常波动，就可能暗示模型结构或训练参数存在问题。

性能分析器如 cProfile（Python 自带），它能分析代码各部分的执行时间，帮助找出性能瓶颈。以一个图像识别算法为例，如果整体运行速度过慢，则使用 cProfile 可以确定在数据读取、图像预处理、模型推理等环节中哪个环节耗时最多。若发现图像预处理部分占用大量时间，则可能是因为图像缩放、裁剪等操作的算法不够优化，需要进一步检查代码逻辑或寻找更高效的图像处理库。

数据可视化工具如 matplotlib 或 seaborn，在分析错误案例时可直观展示数据特征与模型输出的关系。例如，在一个回归分析算法中，通过绘制数据散点图与模型预测曲线，可以清晰看到模型是否拟合数据。如果预测曲线与数据点偏离较大，则可能是模型选择不当或者训练数据存在异常值。可视化工具还可用于展示错误案例在特征空间的分布情况，比如在一个分类算法中，观察不同类别错误案例在特征空间中的聚类情况，判断是否存在类别混淆区域，进而分析是特征提取不足还是模型决策边界不合理。

2．案例剖析与纠正

以一个基于神经网络的手写数字识别算法为例。在测试过程中，发现对数字"4"和"9"的识别错误率较高。

首先，使用数据可视化工具查看这两类错误案例在图像特征空间的分布。通过绘制数字图像的像素值分布直方图等可视化方式，发现"4"和"9"在某些笔画特征上有相似性，导致模型容易混淆。这表明在特征提取阶段可能没有充分捕捉到区分这两个数字的关键特征。

于是，重新设计特征工程部分，增加了一些针对数字"4"和"9"独特笔画结构的特征提取算法，如对特定拐角、弧线特征的提取与分析，具体做法如下。

（1）拐角特征提取。

① 图像预处理。首先对输入的手写数字图像进行灰度化处理，将彩色图像转换为单通道灰度图像，以简化后续计算并突出图像的轮廓信息。然后进行二值化操作，设定合适的阈值，使图像中的笔画变为白色（像素值为 255），背景变为黑色（像素值为 0）。

② 轮廓检测。利用边缘检测算法，如 Canny 边缘检测算子，获取图像中数字笔画的边缘轮廓。该算子通过计算图像梯度的大小和方向，能够精准地定位边缘像素点，从而勾勒出手写数字的轮廓形状。

③ 拐角点检测。在得到轮廓后，采用角点检测算法，例如，Harris 角点检测算法。它基于图像局部窗口在不同方向上的灰度变化来确定角点。对于手写数字"4"，其顶部的横折拐角、左下角的竖弯拐角，以及数字"9"顶部的圆弧形拐角附近，灰度变化在多个方向上都较为显著，通过 Harris 角点检测算法能够识别出这些潜在的拐角点。

④ 特征描述。在确定拐角点后，以拐角点为中心，选取一定大小的邻域窗口（如 5×5 或 7×7 像素）。计算该邻域内边缘像素点的分布特征，例如，边缘方向的直方图统计。将不同方向上边缘像素点的数量作为特征值，以此描述拐角的形状特性。对于数字"4"的横折拐角，其水平和垂直方向上的边缘像素分布会有明显特征；而数字"9"的圆弧形拐角则在特定的曲线方向上边缘像素更为集中。这些特征值可作为后续神经网络输入的一部分，帮助模型更好地区分数字"4"和"9"。

（2）弧线特征提取。

① 曲线拟合。对于手写数字图像，尤其是数字"9"中的圆弧形部分，可采用曲线拟合方法。例如，最小二乘法拟合椭圆曲线，将图像中的弧线部分近似为椭圆的一部分。通过这种方式，可以用椭圆的参数（如长半轴、短半轴长度、中心坐标、旋转角度等）来描述弧线的形状特征。

② 弧长与曲率计算。在拟合曲线后，计算弧线的弧长和曲率。弧长可通过对拟合曲线的积分求得，它反映了弧线的长度特征。曲率则衡量了曲线在某一点处的弯曲程度，对于数字"9"的圆弧形部分，其曲率相对较为均匀且有特定的取值范围。通过计算弧线上各点的曲率，并统计曲率的均值、方差等特征值，能够有效表征弧线的弯曲特性，为区分数字"4"和"9"提供重要依据。

③ 特征组合与归一化。首先将提取到的拐角特征和弧线特征进行组合，形成一个特征向量。由于不同特征的取值范围可能差异较大，为了避免在神经网络训练过程中某些特征对结果产生过大影响，需要对特征向量进行归一化处理。例如，采用 min-max 归一化方法，

将特征值映射到[0, 1]区间，使所有特征在相同的尺度下参与模型训练，从而提高模型的训练效果和准确性。

通过以上针对特定拐角、弧线特征的提取与分析操作，能够为基于神经网络的手写数字识别算法提供更具区分性的特征信息，有助于降低数字"4"和"9"的识别错误率，提升整体算法性能。

接着，使用调试器检查模型训练过程。在训练过程中，发现损失函数在某些批次数据上出现异常增大的情况。经过排查，发现原因是数据增强操作时，对图像的旋转角度设置过大，导致部分数字图像变形严重，影响了模型学习。将图像旋转角度的范围进行合理调整后，重新训练模型。

最后，再次对模型进行测试，发现数字"4"和"9"的识别错误率显著降低，整体模型的准确率得到提升。通过这个案例可以看出，利用合适的工具深入剖析错误案例产生的原因，并针对性地进行纠正，能够有效提高算法的性能与准确性，这也是算法测试中错误案例处理的重要流程与意义所在。

6.2.4 算法测试核心要点掌握

1. 人工智能算法测试基本方法流程

（1）测试规划阶段。明确测试目标，确定是侧重于功能准确性、性能效率还是模型的鲁棒性等方面。例如，对于一个医疗影像诊断的人工智能算法，测试目标可能是在确保高准确率识别疾病特征的同时，具备快速处理大量影像数据的能力，且对不同成像设备产生的影像数据都能稳定处理。依据目标规划测试资源，包括人力、计算设备以及数据资源等。组建测试团队，团队成员应具备人工智能知识、软件测试技能以及相关领域知识（如医学知识用于医疗影像诊断算法测试）。准备测试数据，数据要涵盖各种可能的情况，如不同年龄、性别、疾病阶段的医疗影像数据，并合理划分训练集、测试集与验证集。

（2）测试设计阶段。设计测试用例，根据算法的功能和预期输入/输出设计不同类型的测试用例。可采用等价类划分、边界值分析等黑盒测试方法。例如，在语音识别算法测试中，等价类划分可将语音指令按功能（如播放音乐、查询天气、拨打电话等）、语音特征（如不同口音、语速、音量等）进行分类，从每个等价类中选取代表性样本作为测试用例。同时，针对算法中的关键模块或函数，若有条件可进行白盒测试设计，确定语句覆盖、分支覆盖或路径覆盖的测试路径。确定测试环境，包括硬件环境（如服务器配置、移动设备型号等）和软件环境（如操作系统、依赖的库与框架版本等）。

（3）测试执行阶段。按照测试用例在选定的测试环境中运行算法进行测试。记录测试过程中的各种数据，如输入数据、输出结果、运行时间、资源占用情况等。对于出现的异常或错误，详细记录错误信息、发生的步骤以及相关的环境信息。例如，在测试一个自动驾驶算法时，若出现车辆碰撞障碍物的错误情况，记录碰撞时的路况数据、车辆速度、传感器数据以及算法决策过程中的关键参数值等。

（4）测试评估阶段。对测试结果进行分析，通过定量分析指标如准确率、召回率、F1值、均方误差（MSE）等评估算法功能的准确性。以图像识别算法为例，计算识别正确的图像数量与总图像数量的比例得到准确率，衡量算法对正样本的识别能力。从性能方面，分析算法的响应时间、吞吐量、资源利用率等指标是否满足要求。如在一个大型电商推荐系统中，评估推荐算法在高并发用户请求下的响应时间是否在可接受范围内，以及服务器资源（CPU、内存等）的占用率是否过高。根据测试结果判断算法是否达到预期目标，若未达到，分析原因并确定是否需要进行新一轮的测试。

2. 测试方法流程对模型效果评估的重要性

（1）准确反映模型性能。通过严谨的测试方法流程，能全面收集模型在不同场景下的表现数据。如在不同数据分布、不同输入特征组合下的性能指标。这些数据为准确评估模型的泛化能力、准确性、稳定性等提供了依据。例如，在自然语言处理模型中，测试流程中对不同类型文本（新闻、小说、论文等）的测试结果，能反映模型在处理多种语言表达形式时的效果，从而确定模型是否能够广泛应用于实际场景，还是仅在特定类型文本上表现良好。

（2）发现模型潜在问题。详细的测试流程有助于发现模型中隐藏的问题。在测试执行阶段对各种异常情况的记录和分析，能够挖掘出模型在边界情况、极端输入或复杂环境下的缺陷。例如，在测试一个金融风险预测模型时，测试流程中的压力测试环节，通过模拟大量异常的金融数据输入，可能发现模型在面对极端市场波动或数据缺失时的错误决策倾向，从而为模型的改进提供方向。

（3）优化模型决策依据。基于测试方法流程得到的结果和分析，能够为模型的优化提供科学的决策依据。当发现模型在某些方面性能不足时，如准确率低或响应时间长，可通过分析测试数据确定是算法结构不合理、参数设置不当还是数据质量问题。例如，如果测试发现图像识别模型对小尺寸图像识别准确率低，可能是由于在模型训练时对小尺寸图像的增强处理不够，或者模型的卷积核大小和步长设置不适合小尺寸图像特征提取，进而可以针对性地调整训练策略或模型参数，提升模型效果。

6.3 智能训练（实训）

在本次智能训练实训中，我们将系统地开展多方面的实践操作。首先会进行经典机器学习的相关训练，使大家深入理解传统机器学习的原理与应用。接着，安排深度学习的训练内容，助力大家掌握深度神经网络等前沿技术。尤为重要的是，为顺应时代发展潮流，我们还将开展大模型的训练。通过这一系列由浅入深、循序渐进的实训安排，让大家逐步构建起完整的智能训练知识与技能体系，为今后在相关领域的深入探索和应用奠定坚实基础。本章节将围绕这些核心实训内容展开深入学习与实践。

6.3.1 训练目标

⊙技能目标

1. 能（会）使用 KNN 算法进行特征提取和模型训练，以实现准确的印刷体数字识别。

2. 能（会）运用卷积神经网络的架构和参数调整技巧，成功训练出高性能的手写数字识别模型。

3. 能（会）对训练结果进行评估和优化，通过调整参数和改进算法提高数字识别的准确率和效率。

⊙知识目标

1．掌握 KNN 算法的原理、工作机制以及其在数字识别中的应用特点和局限性。

2．掌握卷积神经网络的结构、神经元连接方式、激活函数等核心知识，以及其对手写数字特征提取的优势。

3．掌握数字图像的预处理方法、特征工程在数字识别中的作用，以及如何根据实际需求选择合适的机器学习和深度学习方法。

⊙职业素养目标

1．提高分析/解决生产实际问题的能力。

2．养成良好的思维和学习习惯。

3．保持积极的好奇心与求知欲，养成良好的团队合作精神。

4．提高职业技能和专业素养。

6.3.2　训练任务

本次训练任务旨在深入探索数字识别领域的机器学习技术。在经典机器学习方面，运用 KNN 算法训练印刷体数字识别系统，以理解传统算法在特定场景下的特征提取和模式匹配能力。而在深度学习领域，通过卷积神经网络训练手写数字识别模型，聚焦于深度神经网络对复杂图像特征的自动学习和高效分类能力。此次训练将综合比较两种方法的性能和特点，为数字识别技术的应用和发展提供实践经验和理论依据。

6.3.3　知识准备

（1）在使用 KNN 算法训练印刷体数字识别系统时，影响 K 值选择的关键因素有哪些？

（2）对于卷积神经网络训练的手写数字识别模型，如何通过调整网络结构来提高识别准确率？

（3）在对智能系统进行测试时，应该采用哪些指标来全面评估数字识别系统的性能？

6.3.4　训练活动

↕活动一：知识抽查

要求：

老师对学员知识准备情况进行抽查，具体抽查内容见知识准备的问题。

抽查方式：√口答　　□试卷　　□操作

老师要记录学员回答问题的情况，必要时做简单的讲解。

↕活动二：示范操作

内容一：使用 KNN 训练印刷体数字识别模型。

步骤一：数据收集。收集大量的印刷体数字图像数据集，确保数据涵盖各种字体、大小、颜色和背景。对数据进行预处理，例如，裁剪、调整大小、灰度化等，以便后续处理。

伪代码：

```
# 读取数据
data = load_data("dataset_path")
# 预处理数据
for image in data:
    image = crop_image(image)
    image = resize_image(image)
    image = grayscale_image(image)
```

步骤二：特征提取。选择合适的特征来描述数字图像。常见的特征包括像素值、边缘特征、形状特征（如 Hu 矩）、纹理特征等。将每个数字图像转换为特征向量。

伪代码：

```
def extract_features(image):
    # 例如提取像素值特征
    pixels = image.flatten()
    return pixels


features = []
for image in data:
    feature = extract_features(image)
    features.append(feature)
```

步骤三：数据划分。将数据集划分为训练集、验证集和测试集。通常，训练集用于训练模型，验证集用于调整超参数，测试集用于评估最终模型的性能。

伪代码：

```
from sklearn.model_selection import train_test_split

X = features
y = labels  # 数字的真实类别标签
X_train, X_test, y_train, y_test = train_test_split(X, y, test_size=0.2)
X_train, X_val, y_train, y_val = train_test_split(X_train, y_train,
test_size=0.25)
```

步骤四：选择 K 值。K 值是 KNN 算法中的一个重要参数。可以通过在验证集上进行试验，选择不同的 K 值（如 1、3、5、7 等），观察分类准确率，选择效果最佳的 K 值。

伪代码：

```
best_k = None
best_accuracy = 0

for k in [1, 3, 5, 7]:
    # 使用 KNN 模型进行训练和预测
    model = KNeighborsClassifier(n_neighbors=k)
    model.fit(X_train, y_train)
    y_pred = model.predict(X_val)
    accuracy = calculate_accuracy(y_val, y_pred)
    if accuracy > best_accuracy:
        best_k = k
        best_accuracy = accuracy
```

步骤五：训练模型。对于训练集中的每个样本，计算其特征向量与其他样本特征向量的距离（如欧氏距离、曼哈顿距离等）。

当需要对新样本进行分类时，找到距离其最近的 K 个训练样本。

伪代码：

```
from sklearn.neighbors import KNeighborsClassifier

model = KNeighborsClassifier(n_neighbors=best_k)
model.fit(X_train, y_train)
```

步骤六：分类决策。根据这 K 个近邻样本所属的类别，采用多数投票的方式确定新样本的类别。

伪代码：

```
def classify_sample(sample, X_train, y_train):
    distances = calculate_distances(sample, X_train)
    sorted_indices = np.argsort(distances)
    k_nearest_indices = sorted_indices[:best_k]
    k_nearest_labels = y_train[k_nearest_indices]
    predicted_label = majority_vote(k_nearest_labels)
    return predicted_label
```

步骤七：模型评估。使用测试集对训练好的模型进行评估，计算准确率、召回率、F1值等指标。

伪代码：

```
y_pred = model.predict(X_test)
accuracy = calculate_accuracy(y_test, y_pred)
recall = calculate_recall(y_test, y_pred)
f1_score = calculate_f1_score(y_test, y_pred)
```

步骤八：模型调整与优化。如果模型性能不理想，则可以考虑调整特征提取方法、K 值、距离度量方式等，重新进行训练和评估，直至达到满意的性能。

伪代码：

```
while performance_not_satisfactory:
    # 调整参数或特征提取方法
    # 重新执行上述步骤
```

内容二：使用 CNN 训练手写体数字识别模型。

步骤一：数据准备。导入所需的库，如 TensorFlow、Keras 等。加载 MNIST 数据集，并进行数据预处理，如归一化、数据增强等。

伪代码：

```
from tensorflow.keras.datasets import mnist
from tensorflow.keras.preprocessing.image import ImageDataGenerator

# 加载数据
(x_train, y_train), (x_test, y_test) = mnist.load_data()
```

```
# 数据归一化
x_train = x_train / 255.0
x_test = x_test / 255.0

# 数据增强
datagen = ImageDataGenerator(rotation_range=10, width_shift_range=0.1,
height_shift_range=0.1)
    datagen.fit(x_train)
```

步骤二：构建模型。定义卷积层、池化层、全连接层等。

伪代码：

```
from tensorflow.keras.models import Sequential
from tensorflow.keras.layers import Conv2D, MaxPooling2D, Flatten, Dense

model = Sequential([
    Conv2D(32, (3, 3), activation='relu', input_shape=(28, 28, 1)),
    MaxPooling2D((2, 2)),
    Conv2D(64, (3, 3), activation='relu'),
    MaxPooling2D((2, 2)),
    Flatten(),
    Dense(128, activation='relu'),
    Dense(10, activation='softmax')
])
```

步骤三：编译模型。选择优化器、损失函数和评估指标。

伪代码：

```
    model.compile(optimizer='adam', loss='sparse_categorical_crossentropy',
metrics=['accuracy'])
```

步骤四：训练模型。使用训练数据进行训练，设置批次大小和训练轮数。

伪代码：

```
    model.fit(datagen.flow(x_train, y_train, batch_size=128), epochs=10,
validation_data=(x_test, y_test))
```

步骤五：模型评估。使用测试集评估模型的性能，计算准确率等指标。

伪代码：

```
loss, accuracy = model.evaluate(x_test, y_test)
print('Test Loss:', loss)
print('Test Accuracy:', accuracy)
```

步骤六：模型保存。保存训练好的模型，以便后续使用。

伪代码：

```
model.save('handwritten_digit_model.h5')
```

步骤七：模型预测。加载保存的模型，对新的手写数字图像进行预测。

伪代码：

```
from tensorflow.keras.models import load_model

model = load_model('handwritten_digit_model.h5')
new_image = # 加载新的手写数字图像
prediction = model.predict(new_image)
```

内容三：本地大模型部署。

为了深入理解大型人工智能模型并确保数据隐私安全，企业应在本地服务器上部署这些模型。本地部署有助于企业更直观地掌握模型原理，并精准应用于适宜的业务场景。同时，它有效规避了数据在云端处理时的隐私风险，增强了数据安全性。通过本地化管理，企业能够更严格地控制数据访问和处理流程，从而在保障隐私的同时，充分发挥大模型的业务价值。本地大模型部署和使用的主要任务包括：

（1）安装虚拟环境和 Python 库。

（2）加载大模型并执行文本生成。

鉴于此前大量运用 PyCharm 构建开发环境，为强化大家在实训实践中的适应性，此次采用 Jupyter Notebook，其同样基于 Python 环境运行。

任务 1：使用 conda 命令安装虚拟环境和 Python 库。

步骤 1：打开 Anaconda Navigator，选择左侧的 Environments 栏，选中 base 环境，点击 base 环境右侧的开始按钮并选择"Open Terminal"，如图 6-3 所示。

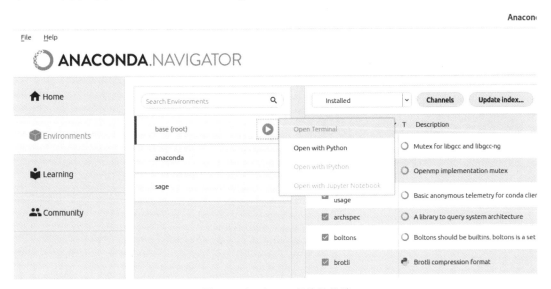

图 6-3　打开 base 环境的终端

步骤 2：在打开的终端中运行命令 conda create -n llm python=3.12 notebook -y，创建 Python 虚拟环境并安装 Jupyter Notebook，如图 6-4 所示。

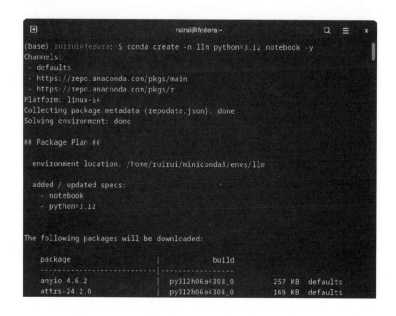

图 6-4　安装虚拟环境

步骤 3：输入命令 conda activate llm 激活虚拟环境，输入命令 jupyter notebook 打开 Jupyter Notebook，如图 6-5 所示。

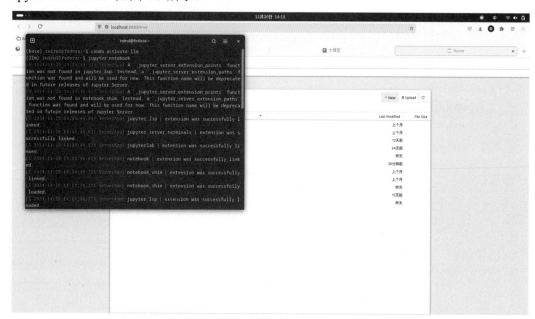

图 6-5　打开 Jupyter Notebook

步骤 4：依次点击 New→New Folder，在根目录下创建文件夹，并将其命名为 LLM-Learn，如图 6-6 所示。

步骤 5：双击打开文件夹 LLM-Learn，按照与步骤 4 相同的操作创建文件夹 Qwen2.5-0.5B-Instruct，然后双击打开文件夹 Qwen2.5-0.5B-Instruct，打开的路径如图 6-7 所示。

图 6-6　新建文件夹

图 6-7　创建文件夹

步骤 6：点击 Upload，选中下载的全部大模型文件，如图 6-8 所示，点击"打开"按钮，在弹出框中选择 Upload，将大模型上传到当前路径。

图 6-8　选择大模型文件上传

步骤 7：点击图 6-7 路径中的 LLM-Learn 返回上一级路径，依次点击 New→Python 3 创建 ipynb 文件，可将其命名为 Qwen，如图 6-9 所示。

图 6-9　创建 ipynb 文件

步骤 8：在 Jupyter Notebook 中依次输入并执行 !pip install torch --index-url https:d//download.pytorch.org/whl/cpu 和 !pip install transformers，安装需要的 Python 库，如图 6-10 所示。

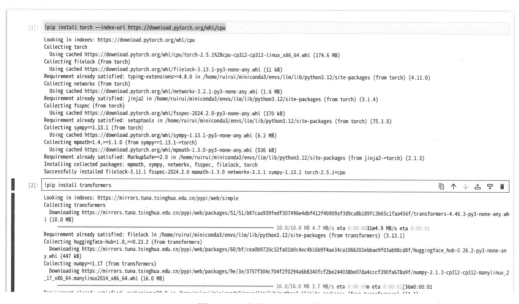

图 6-10　安装 Python 库

步骤 9：依次点击 Kernel→Restart Kernel 重启内核，如图 6-11 所示。

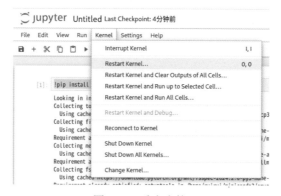

图 6-11　重启内核

任务 2：加载 Qwen 模型并生成文本。

步骤 1：执行命令导入 Python 库。

```
from transformers import AutoModelForCausalLM, AutoTokenizer
```

步骤 2：执行命令加载模型和 tokenizer，其中模型由不同的神经网络层和参数构成，tokenizer 可以实现文本和编号的相互转换，如图 6-12 所示。

```
model_name = "Qwen2.5-0.5B-Instruct"
model = AutoModelForCausalLM.from_pretrained(model_name,
torch_dtype="auto")
tokenizer = AutoTokenizer.from_pretrained(model_name)
print(model)
print(tokenizer)
```

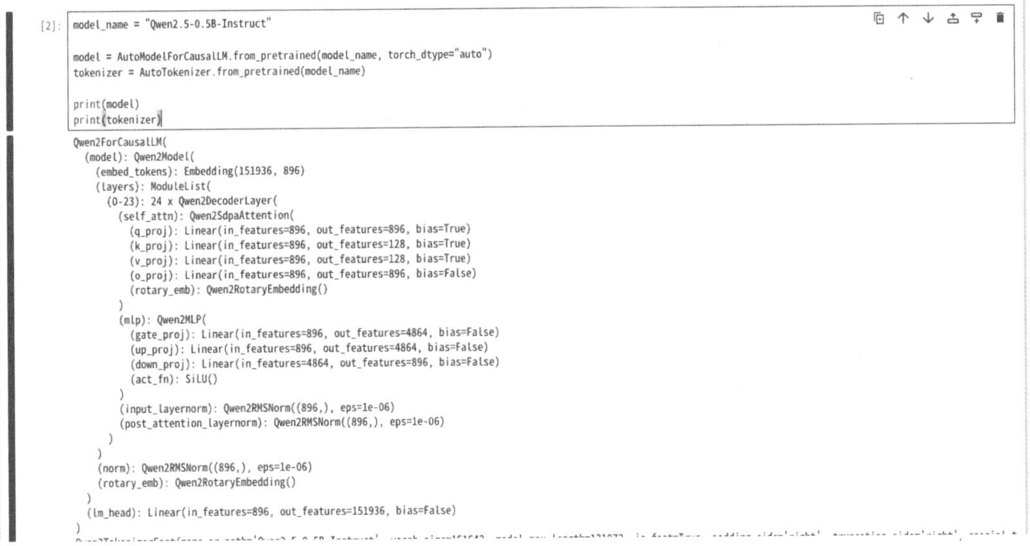

图 6-12　加载模型和 tokenizer

步骤 3：构造模型输入即 prompt，通过嵌套模板以及使用 tokenizer 将文本转化为编号，使输入转化为大模型理解的格式，如图 6-13 所示。

```
prompt = "Give me a short introduction to large language model."
messages = [{"role": "system", "content": "You are Qwen, created by Alibaba
Cloud. You are a helpful assistant."}, {"role": "user", "content": prompt}]
text = tokenizer.apply_chat_template(messages, tokenize=False,
add_generation_prompt=True)
model_inputs = tokenizer([text], return_tensors="pt").to(model.device)
print(model_inputs)
```

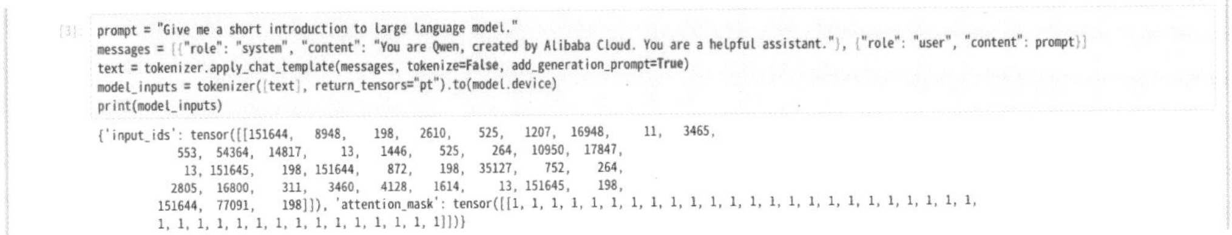

图 6-13　构造模型输入

步骤 4：利用大模型根据输入生成文本，并将大模型的输出转化为人类理解的格式，如图 6-14 所示。

```
generated_ids = model.generate(**model_inputs, max_new_tokens=512)
generated_ids = [output_ids[len(input_ids):] for input_ids, output_ids
in zip(model_inputs.input_ids, generated_ids)]
response = tokenizer.batch_decode(generated_ids,
skip_special_tokens=True)[0]
print(response)
```

```
[4]: generated_ids = model.generate(**model_inputs, max_new_tokens=512)
generated_ids = [output_ids[len(input_ids):] for input_ids, output_ids in zip(model_inputs.input_ids, generated_ids)]
response = tokenizer.batch_decode(generated_ids, skip_special_tokens=True)[0]
print(response)

Sure! A large language model is a type of artificial intelligence that can generate human-like text on its own. These models use deep learning algorithms and neural networks to understand the structure and meaning of natural language inputs and produce coherent and contextually relevant responses.

Examples of popular large language models include ChatGPT from Anthropic, Bard from Baidu, and Qwen from Alibaba Cloud. Large language models have the potential to revolutionize various fields such as education, healthcare, legal services, and more, by enabling users to communicate with AI agents who can provide accurate information, answer questions, and assist in tasks related to specific industries or domains. However, it's important to note that while these models can be incredibly powerful, they also come with their own set of challenges, including issues like bias, lack of transparency, and limitations when it comes to understanding and generating content beyond just answering simple questions.
```

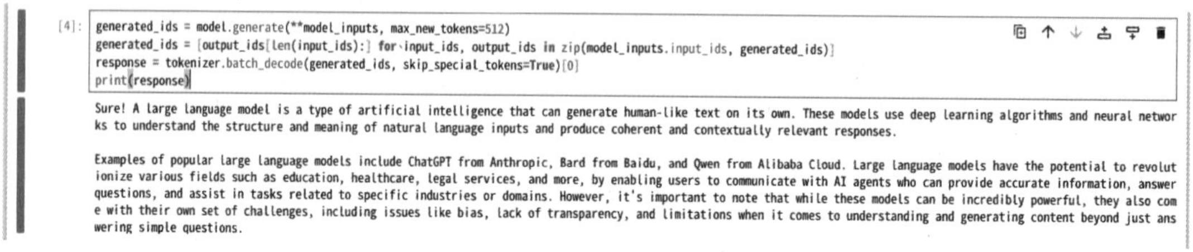

图 6-14　大模型生成结果

步骤 5：修改变量 prompt 的内容，重复步骤 3 和步骤 4，观察大模型生成结果的不同。

⇕活动三　根据所讲述和示范案例，完成下面任务。

内容：智能训练实操题。

要求：使用支持向量机（SVM）对手写数字图像数据集进行分类，达到至少 85% 的准确率。

任务描述：

（1）准备数据集。获取 MNIST 手写数字数据集，并进行预处理，包括数据归一化、图像裁剪和大小调整等操作。

（2）特征提取。提取手写数字图像的特征，例如，使用方向梯度直方图（HOG）特征、主成分分析（PCA）特征等。可以尝试不同的特征提取方法，并比较它们对分类效果的影响。

（3）训练 SVM 模型。选择合适的核函数，如线性核、多项式核、高斯核等。通过交叉验证来选择最优的核函数参数和正则化参数 C。

（4）模型评估。在测试集上评估训练好的 SVM 模型的准确率。绘制混淆矩阵，分析不同数字之间的分类错误情况。

（5）优化模型。根据评估结果，尝试调整特征提取方法或 SVM 的参数，以提高模型的准确率。

提示：

（1）可以使用 Python 中的机器学习库，如 scikit-learn 来实现 SVM 模型和相关操作。

（2）对于特征提取，可以参考相关的图像处理和特征工程知识。

（3）注意数据分割的合理性，确保训练集、验证集和测试集的分布具有代表性。

6.3.5　过程考核

表 6-1 所示为《智能训练》训练过程考核表。

表 6-1 《智能训练》训练过程考核表

姓名		学员证号			日期		年 月 日	
类别	项目	考核内容		得分	总分	评分标准	教师签名	
理论	知识准备（100分）	1. 在使用 KNN 算法训练印刷体数字识别系统时，影响 K 值选择的关键因素有哪些？（20分）				根据完成情况打分		
		2. 对于卷积神经网络训练的手写数字识别模型，如何通过调整网络结构来提高识别准确率？（30分）						
		3. 在对智能系统进行测试时，应该采用哪些指标来全面评估数字识别系统的性能？（30分）						
实操	技能目标（60分）	1. 能（会）使用 KNN 算法进行特征提取和模型训练，以实现准确的印刷体数字识别（30分）	会□/不会□			1. 单项技能目标"会"该项得满分，"不会"该项不得分 2. 全部技能目标均为"会"记为"完成"，否则，记为"未完成"		
		2. 能（会）运用卷积神经网络的架构和参数调整技巧，成功训练出高性能的手写数字识别模型（10分）	会□/不会□					
		3. 能（会）对训练结果进行评估和优化，通过调整参数和改进算法提高数字识别的准确率和效率（20分）	会□/不会□					
	任务完成情况	完成□/未完成□						
	任务完成质量（40分）	1. 工艺或操作熟练程度（20分）				1. 任务"未完成"此项不得分 2. 任务"完成"，根据完成情况打分		
		2. 工作效率或完成任务速度（20分）						
	安全文明操作	1. 安全生产 2. 职业道德 3. 职业规范				1. 违反考场纪律，视情况扣 20~45 分 2. 发生设备安全事故，扣 45 分 3. 发生人身安全事故，扣 50 分 4. 实训结束后未整理实训现场扣 5~10 分		
评分说明								
备注	1. 评分表原则上不能出现涂改现象，若出现则必须在涂改之处签字确认 2. 每次考核结束后，及时上交本过程考核表							

6.3.6 参考资料

1. 经典机器学习

经典机器学习是人工智能领域的重要分支，它致力于从数据中自动发现模式和规律，以实现预测、分类、聚类等任务。本参考材料将介绍几种常见的经典机器学习算法，包括

KNN、SVM 和朴素贝叶斯。

（1）KNN（K 近邻算法）。

① 基本原理。KNN 是一种基于实例的学习算法，它通过计算新数据点与训练数据集中已有数据点的距离来进行分类或回归预测。

对于分类问题，新数据点的类别由其 K 个最近邻数据点中出现最多的类别决定。

对于回归问题，新数据点的值由其 K 个最近邻数据点的值的平均值决定。

② 距离度量。常见的距离度量方法包括欧几里得距离、曼哈顿距离和余弦相似度等，在前面的课程中我们介绍过。

③ K 值的选择。K 值的大小对算法性能有重要影响。较小的 K 值可能导致过拟合，较大的 K 值可能导致欠拟合。

较小的 K 值容易导致过拟合，这是因为当 K 很小的时候，比如 $K=1$，那么新数据的分类或预测结果就仅仅取决于离它最近的那一个邻居。这样一来，模型会对训练数据中的噪声和局部异常值非常敏感。它可能会过度适应这些训练数据中的细微差异和特殊情况，从而不能很好地泛化到新的、未曾见过的数据上，就好像模型把训练数据中的每一个细节都记住了，变得过于"死抠"训练数据的特点，导致过拟合。

而较大的 K 值容易导致欠拟合，比如 K 值很大时，参与预测新数据的邻居数量过多。这样就相当于在做决策时考虑了太多不同类型的数据点，使得预测结果变得过于平滑和笼统，忽略了数据中的一些细微但有价值的模式和特征。模型就不能很好地捕捉到数据中的复杂关系和变化，从而无法准确地拟合训练数据，导致欠拟合。

通常通过交叉验证等方法来选择合适的 K 值。交叉验证的基本思想是将原始数据分成多个子集。常见的有 K 折交叉验证，比如将数据平均分成 K 份。

以下是使用 K 折交叉验证选择 KNN 中 K 值的一般步骤：

a. 确定要测试的 K 值范围，例如，从 1 到 20。

b. 对于每个选定的 K 值，将数据分成 K 份。依次选择其中一份作为验证集，其余 $K-1$ 份作为训练集。在训练集上训练 KNN 模型，并在验证集上进行预测和评估性能。

c. 评估性能。可以使用多种评估指标，如准确率、召回率、F1 值等，来衡量模型在验证集上的表现。

d. 重复步骤 b 和 c，使得每个子集都有机会作为验证集。

e. 综合比较不同 K 值在 K 次验证中的平均性能表现。

最终，选择在交叉验证中表现最优的 K 值作为 KNN 算法实际应用中的参数。

通过这种方式，可以更客观、全面地评估不同 K 值对模型性能的影响，从而找到最合适的 K 值，提高 KNN 算法的泛化能力和预测准确性。

④ 优缺点。

优点：简单易懂，对异常值不敏感。

缺点：计算量大，对高维数据效果不佳。

（2）SVM（支持向量机）。

① 基本思想。SVM 旨在找到一个能够将不同类别数据点分隔开的最优超平面，使得两类数据点到超平面的距离最大化。

② 核函数。为了处理非线性可分问题，引入核函数将数据映射到高维空间，使其在高

维空间中变得线性可分。常见的核函数有线性核、多项式核、高斯核等。

③ 软间隔。允许一定程度的分类错误，以提高模型的泛化能力。

④ 优缺点。

优点：在小样本情况下表现出色，具有较好的泛化能力。

缺点：计算复杂度高，对参数和核函数的选择敏感。

（3）朴素贝叶斯。

① 原理。基于贝叶斯定理和特征条件独立假设，计算后验概率来进行分类。

② 多种类型：包括高斯朴素贝叶斯、多项式朴素贝叶斯和伯努利朴素贝叶斯等，适用于不同类型的数据。

③ 优缺点。

优点：算法简单，训练速度快，对缺失数据不太敏感。

缺点：特征条件独立假设在实际中往往不成立，可能影响分类效果。

经典机器学习算法在不同的应用场景中各有优劣。在实际应用中，需要根据数据特点、问题类型和计算资源等因素选择合适的算法，并通过适当的预处理、参数调整和模型评估来优化算法性能。

2．深度学习

深度学习是机器学习领域中一个具有变革性的分支，它在处理和理解复杂数据方面展现出了卓越的能力，为众多领域带来了突破性的进展。鉴于前文多处提及相关内容，此处不再予以赘述。

6.4　第6章小结

第6章围绕智能训练展开，开篇阐述数据处理流程与规范制定的重要性，涵盖数据清洗与标注流程规范。随后介绍经典人工智能训练平台基本用法，点明特征工程实施要点及训练策略调优关键。着重剖析具有深远影响力的 Transformer 架构，明确其应用对算力的需求。随后深入讲解算法测试，包括数据集管理、产品测试实施与错误纠正案例，梳理测试基本方法流程。最后通过包含经典机器学习、卷积神经网络应用以及本地私有大模型训练部署的三个环节的实训，全面提升学生在智能训练领域的理论认知与实践操作能力，助力构建系统知识体系与实践技能框架，为深入探索人工智能领域奠定基础。

6.5　思考与练习

6.5.1　单选题

1．以下关于数据清洗和数据标注流程及规范在智能训练起始阶段作用的描述，错误的是（　　　）。

A．数据清洗可有效去除数据中的噪声、冗余与错误信息，数据标注能为模型训练提供精准的标签信息，二者共同为智能训练构建高质量的数据基础，对后续模型的准确性与泛化能力有着决定性影响

  B. 数据清洗和标注流程及规范主要是为了提高数据存储的效率，减少数据占用的存储空间，以便于数据的快速读取与调用，其对模型训练效果的影响相对较小

  C. 数据清洗和标注的规范程度直接关系到智能训练模型能否有效学习数据特征，若流程不规范，可能导致模型学习到错误或不完整的信息，从而降低模型的性能

  D. 数据清洗能够处理数据中的不一致性问题，数据标注则明确了数据的分类或属性，它们在智能训练起步阶段是不可或缺的环节，为整个智能训练体系奠定了关键基础

2. 以下关于 PAI 平台的描述，正确的是（   ）。

  A. PAI 平台是由华为云提供的，主要用于物联网设备的管理，在深度学习服务方面能力较弱

  B. PAI 平台是由阿里云提供的，是一个功能强大的一站式深度学习平台，具备大规模分布式训练和高效资源管理能力，适用于企业级大规模数据处理任务

  C. PAI 平台是由腾讯云提供的，侧重于游戏开发领域，在深度学习和大规模数据处理方面没有突出优势

  D. PAI 平台是由百度云提供的，虽然提供深度学习服务，但在大规模分布式训练方面效率较低

3. Keras 可以基于多种后端运行，以下选项中哪一个是 Keras 可以使用的后端？（   ）

  A. tkinter   B. TensorFlow   C. matplotlib   D. pandas

6.5.2 多选题

1. 在特征工程实施过程中，以下哪些说法是正确的？（   ）

  A. 数据标准化可以使不同特征具有相同的尺度，例如，常用的标准化方法有 Z - score 标准化，能有效避免某些特征因为取值范围过大而对模型产生过大的影响

  B. 手工特征提取需要人工根据领域知识和经验设计特征，这种方法虽然比较灵活，但在面对高维复杂数据时效率较低，自动特征提取可以利用深度学习等方法自动挖掘数据中的特征，能够在一定程度上克服手工提取的局限

  C. 过滤式特征选择方法是根据特征与目标变量之间的相关性等统计指标进行筛选，如皮尔逊相关系数，这种方法计算速度通常较快，但可能会忽略特征之间的相互作用

  D. 包裹式特征选择方法将特征选择看作是一个搜索问题，它会根据所选特征子集训练模型，然后根据模型性能来评估特征子集的优劣，这种方法计算复杂度通常较高

  E. 在数据预处理阶段，数据清洗主要是去除噪声数据、缺失数据和重复数据，对于缺失数据可以采用多种方法处理，如用均值、中位数填充，或者使用机器学习算法进行填充

2. 在智能模型训练策略调优过程中，以下说法正确的是（   ）。

  A. 在数据处理技巧方面，数据增强可以通过对原始数据进行随机变换（如对图像进行旋转、翻转、裁剪，对文本进行同义词替换等）来增加训练数据的多样性，从而提高模型的泛化能力

  B. 在超参数调整技巧中，网格搜索是一种全面但可能比较耗时的方法，它会在所有设定的超参数组合中进行穷举搜索，适用于超参数数量较少的情况；而随机搜索则相对高效，它随机在超参数空间中选取样本点，但可能会遗漏最优解

  C. 优化算法选择方面，随机梯度下降（SGD）算法每次更新参数只使用一个样本的梯度信息，计算速度快，但由于样本的随机性可能导致收敛不稳定；而批量梯度下降（BGD）使用全部样本的梯度信息，收敛更稳定，但计算成本高、更新速度慢

  D. 对于超参数调整，贝叶斯优化是一种基于概率模型的方法，它可以根据之前的评估结果动态地调整搜索策略，更高效地寻找最优超参数，并且一定能找到全局最优解

E. 在数据处理技巧中，归一化操作只对数据的范围进行缩放，而标准化操作会改变数据的分布，使数据符合标准正态分布，这两种操作在训练策略调优中对模型性能的影响是完全相同的

3. 关于 Transformer 架构，以下说法正确的是（　　）。

A. 注意力机制可以让模型在处理序列数据时关注到输入序列的不同部分，就像人在阅读文章时会重点关注某些关键词一样

B. 编码器主要用于对输入序列进行特征提取，解码器则是根据提取的特征生成输出序列，就像一个翻译过程，先理解原文（编码器），再生成译文（解码器）

C. 位置编码对于 Transformer 架构不是很重要，因为注意力机制已经能够很好地处理序列顺序信息

D. Transformer 架构只能用于处理文本数据，不能用于处理像图像、音频这样的数据

E. 在 Transformer 架构中，解码器在生成输出时是完全独立的，不需要参考编码器的任何信息

智能系统设计

7.1 智能系统监控和优化

⊙知识目标

1. 理解智能系统监控及其优化的方法和技巧。
2. 掌握智能系统运行状态的监测和分析技术。

7.1.1 智能系统监控的概念及包含的主要内容

智能系统监控是指通过一系列技术手段和工具，对智能系统的整体运行过程和环境进行全面、持续地观察、记录、分析和控制的过程，以确保系统安全、稳定、高效地运行，并满足用户和业务的需求。

智能系统监控主要包含以下内容。

1. 运行状态监测

（1）性能指标监测。对 CPU 使用率进行实时监控，了解处理器的繁忙程度。例如，在一个大型数据处理系统中，监控 CPU 在数据批处理任务时的使用率是否在合理区间，正常情况下，CPU 使用率可能保持在 30%～70%，若长时间超过 90%，可能表示系统存在性能瓶颈。

内存占用情况的监测也至关重要，包括系统内存和应用程序内存的占用量、内存的读写速度等。例如，一个图形渲染智能系统，在渲染复杂场景时会占用大量内存，监控可以确保内存使用不超过系统承受范围，避免系统崩溃。在图形渲染系统中，系统管理员或开发人员依据硬件性能与系统特性设定内存使用阈值。当监控系统检测到内存使用长时间超阈值时，一方面会触发报警机制，及时通知相关人员。另一方面，自动启用预设策略，如降低渲染细节等级，通过减少纹理精度、简化模型结构等方式降低对内存的需求，从而使内存使用量回落至合理区间，确保系统在安全稳定的内存使用范围内持续运行，避免因内存过载引发系统崩溃、渲染错误或运行效率大幅降低等问题。

监测存储设备（如硬盘、固态硬盘）的 I/O（输入/输出）操作频率和数据传输速度。在数据库系统中，频繁的数据读写操作需要监控存储设备的 I/O 性能，以保证数据的快速存取。

网络带宽的使用情况也是重点监测内容。对于提供网络服务的智能系统，如云计算平台，需要监控网络带宽的占用率，确保数据能够顺畅地在网络中传输，避免因带宽不足导致服务质量下降。

（2）系统进程监测。跟踪系统中各个进程的运行状态，包括进程的启动、停止、挂起和恢复。例如，在操作系统的智能监控中，要确保系统关键进程（如系统服务进程）一直正常运行，若某个关键进程意外停止，监控系统能及时发现并尝试重启。

监控进程的资源占用情况，如进程占用的 CPU 时间、内存空间等。在多任务处理的智能系统中，防止某个进程过度占用资源而影响其他进程的正常运行。

2. 用户行为监控

（1）用户操作记录。详细记录用户登录系统的时间、地点（通过 IP 地址定位）、使用的终端设备类型（如计算机、手机等）。例如，在企业资源规划（ERP）系统中，记录员工登录的这些信息可以用于安全审计和追踪异常操作。

记录用户在系统内进行的所有操作，包括功能模块的访问、数据的增删改查操作等。在金融交易系统中，对用户每一笔交易操作进行记录，以便在出现问题时可以追溯操作过程。

（2）用户行为分析。分析用户行为模式，判断是否存在异常操作。例如，通过机器学习算法分析用户的操作习惯，若发现某用户在非工作时间频繁访问敏感数据，或者操作速度异常快（可能是自动化工具在操作），则视为异常行为。

根据用户角色和权限，监控用户操作是否越权。在内容管理系统中，普通用户如果试图进行只有管理员才能进行的内容发布审批操作，监控系统就会发出警报。

3. 数据监控

（1）数据流动监控。跟踪数据的来源和去向，确保数据在系统内部和与外部系统交互过程中的合法性和合规性。例如，在数据共享平台中，监控数据从哪个部门流出，流向哪个合作单位，防止数据被非法传输。

监测数据传输的速度和量，在大数据分析系统中，大量的数据在不同节点之间传输，监控数据传输的情况可以保证数据能够及时到达分析节点，避免数据传输延迟影响分析结果。

（2）数据质量监控。检查数据的完整性，确保数据没有缺失部分。例如，在医疗信息系统中，患者的病历数据如果缺少关键的诊断信息，监控系统就要发出提示。

验证数据的准确性，通过数据验证规则和算法来判断数据是否正确。在金融报表系统中，对财务数据的准确性进行监控，防止错误数据导致财务决策失误。

4. 安全监控

（1）外部威胁监测。检测网络攻击行为，如监测是否有外部 IP 地址对系统进行端口扫描、暴力破解密码等恶意行为。在网络安全监控系统中，一旦发现有 IP 频繁尝试连接系统的敏感端口，就会判定为潜在的安全威胁。

识别和防范恶意软件和病毒的入侵，通过病毒检测软件和行为分析工具，对系统中的文件和进程进行实时监控。例如，若发现某个文件的行为符合病毒特征（如自我复制、修改系统关键文件等），就会及时隔离和清除。

（2）安全防护措施监控。对防火墙、入侵检测/预防系统（IDS/IPS）等安全设备的运行状态进行监控。确保防火墙规则有效，能够阻挡未经授权的访问。例如，若防火墙出现故障，监控系统会及时通知管理员进行修复。

监控加密机制的使用情况，包括数据加密、通信加密等。在电子商务系统中，监控用户登录和交易数据的加密过程是否正常，保证数据在传输和存储过程中的安全性。

7.1.2 智能系统监控优化的方法和技巧

1. 性能优化

性能优化是智能系统监控优化的关键部分，目的是让监控系统更高效地收集、处理和展示数据。它主要涉及以下几个方面。

（1）数据采集优化。采用高效的数据采集协议与工具，减少采集过程中的系统资源占用。例如，运用轻量级的数据采集代理，仅在特定时间间隔或事件触发时采集关键数据，避免持续、高频的数据采集对系统性能造成压力。同时，优化数据采集的代码逻辑，减少不必要的计算和数据传输。

（2）存储优化。选择合适的存储架构与数据库类型。对于大规模、高并发的监控数据，可采用分布式数据库，如 HBase 等，将数据分散存储在多个节点上，提高存储和查询效率。对历史数据进行归档处理，将不常用的历史数据迁移到低成本的存储介质，如磁带库等，释放宝贵的在线存储资源。

（3）分析算法优化。运用增量式算法进行数据分析，避免对全量数据的重复计算。例如，在计算系统资源的使用率趋势时，基于上次计算结果，仅处理新增的数据点，快速得出最新的趋势变化。采用并行计算框架，如 Apache Spark 等，将复杂的分析任务分解为多个子任务，在多核心处理器或集群环境中并行执行，显著缩短分析时间。

除了上述三个方面，性能优化还可能包括数据传输优化（确保数据在网络中高效传输，如优化网络协议、带宽分配等）、监控界面渲染优化（使监控结果展示更流畅、直观）等多个方面，这些方面相互配合，共同提升智能系统监控的性能。

2. 资源利用优化

资源利用优化旨在确保智能系统监控在运行过程中，能够以最高效的方式分配和使用各类资源，包括硬件资源与软件资源，以实现监控系统性能的最大化，同时避免资源浪费与闲置。其主要涵盖以下几个重要方面。

（1）动态资源分配。根据系统的实时负载情况，动态调整监控资源的分配。在系统负载高峰期，优先保障关键监控任务的资源需求，如对核心业务流程的监控；而在负载低谷期，适当减少资源分配，或将闲置资源用于数据备份或系统维护等任务。利用虚拟化技术，如 Docker 容器或虚拟机，灵活创建和销毁监控实例，实现资源的弹性伸缩，提高资源利用率。

（2）硬件资源升级与优化。定期评估监控系统的硬件性能瓶颈，适时升级硬件设备。例如，增加内存以应对大规模数据缓存需求，更换高速硬盘或 SSD 提升数据存储和读取速度，升级网络适配器以满足高带宽的数据传输要求。对硬件资源进行合理配置，如调整服务器的 BIOS 设置，优化内存频率、CPU 核心分配等参数，榨取硬件的最大性能潜力。

3. 监控策略优化

监控策略优化是智能系统监控中的重要环节，旨在通过合理规划与精细调整监控方式、规则及重点，使监控系统能够更精准、高效地发现系统异常，提供更具价值的决策依据。其主要包括以下几个核心要点。

（1）智能阈值设定。摒弃传统固定阈值的局限性，采用智能化的阈值设定方法。基于大数据分析与机器学习技术，深度挖掘系统历史运行数据中的规律与模式，构建动态阈值模型。该模型能够根据不同的业务场景、时间周期以及系统负载变化，自动生成适应性强的阈值范围。例如，对于网络流量监控，在业务高峰期与低谷期分别设定不同的流量阈值，且阈值能够随着系统长期运行数据的积累而持续优化调整，有效减少误报与漏报，提高监控的准确性与可靠性。

（2）分层监控与聚焦。依据系统组件的重要性、业务功能的层级关系以及故障影响范围，实施分层级别的监控架构。将监控对象划分为核心层、关键层与普通层等不同层次。对核心层的关键业务流程、核心数据库及重要网络节点等进行全方位、高频率、精细化地深度监控，确保任何细微异常都能及时捕捉；对关键层的主要业务模块与支撑服务进行定期巡检与重点指标监控；对普通层的一般性系统组件与辅助服务则采用抽样监控或低频率监控方式。同时，当系统出现故障或异常时，监控系统能够迅速聚焦到受影响的关键层次与具体组件，快速定位故障根源，为故障修复赢得宝贵时间。

（3）基于模型的监控预测。运用各种预测模型，如时间序列分析模型、机器学习回归模型等，对监控数据进行前瞻性分析与预测。通过对历史数据的学习与训练，模型能够预测系统未来的性能趋势、资源需求及潜在故障风险点。例如，根据服务器 CPU 过去一段时间的使用率数据，预测未来数小时内 CPU 使用率是否会突破危险阈值，提前发出预警并制定相应的应对策略，如提前启动弹性资源扩展机制或进行业务分流，实现从被动监控到主动预防的转变，提升系统的稳定性与可靠性。

7.2 人机交互流程设计

⊙知识目标

1. 掌握人机交互设计的基本原则和方法。
2. 理解用户体验对智能系统设计的影响。

人机交互（Human-Computer Interaction，HCI）是一门研究系统与用户之间交互关系的学科领域。

从广义上来说，它涉及计算机技术、心理学、设计学等多个学科。其核心在于关注用户（人）如何与计算机系统、软件应用、电子设备等（计算机）进行信息交换，包括输入和输出的方式。输入方面，例如，用户通过键盘、鼠标、触摸屏、语音指令、手势等方式向系统传达意图；输出方面，系统则以屏幕显示、声音反馈、触觉震动等形式向用户提供信息。

人机交互旨在优化这种交互过程，使得用户能够高效、舒适、准确地使用系统完成任务。这要求设计的交互方式符合用户的认知特点、操作习惯和期望，同时还要考虑系统的功能需求和限制条件。

7.2.1　人机交互设计的基本原则

在人机交互设计的广阔领域中，用户体验犹如一颗璀璨的核心明珠，其重要性怎么强调都不为过。众多人机交互基本原则，包括可视性原则、反馈原则、限制原则、映射原则、一致性原则、易学习性原则以及灵活性原则，均紧密围绕用户体验展开，并从不同的切入点对其进行解读与支撑。这些原则相互交织、协同作用，共同勾勒出优质用户体验的蓝图，也彰显了用户体验在整个人机交互设计体系中的基石地位与导向价值。深入探究这些原则如何塑造用户体验，是全面理解人机交互设计精髓的关键前奏，能够为后续深入学习与实践人机交互设计奠定坚实的理论与认知根基。

1. 可视性原则

含义：系统的功能、操作方式等应该是可见的，让用户能够清晰地了解系统当前的状态以及可进行的操作。

例子：在图形用户界面中，按钮在鼠标悬停时会变色或者出现提示文字，告知用户这个按钮的功能。如在视频播放软件中，播放按钮会有明显的三角符号，暂停按钮有两条竖线，用户一眼就能看到并理解其功能。

2. 反馈原则

含义：当用户进行操作后，系统应该及时给予反馈，让用户知道操作已经被接收并且能够了解操作的结果。

例子：当用户在手机上点击一个应用图标打开应用时，图标会短暂放大或变色来表示已接收到点击操作。在一些表单提交的网页中，用户点击提交按钮后，会出现一个加载动画，并在操作完成后显示提交成功或失败的提示。

3. 限制原则

含义：通过限制用户的某些操作选择，来减少用户的认知负担和出错的可能性。

例子：手机系统的音量调节有一个范围，不会让用户无限制地调高或调低。在一些软件的安装向导中，只提供"下一步""上一步"和"取消"按钮，避免用户在不合适的阶段进行错误操作。

4. 映射原则

含义：控制和操作之间的关系应该符合自然的映射，使得操作容易被理解和记忆。

例子：在汽车驾驶舱中，方向盘向左转，汽车就向左转，这种操作与结果的映射符合用户的自然认知。在一些软件的滑动操作中，手指向上滑动屏幕内容向下滚动，符合人们对空间关系的认知。

5. 一致性原则

含义：在系统的各个部分，包括不同的界面、操作方式、图标等都应该保持一致，使用户能够利用已有的知识和经验进行操作。

例子：一个软件的所有对话框都采用相同的风格，如确认和取消按钮的位置固定，颜色风格一致。同一品牌的不同设备，如手机和平板，在系统界面的布局和操作逻辑上应当保持相似性。

6. 易学习性原则

含义：系统应该易于学习，新用户能够快速上手，通过简单的引导和操作就能掌握基本功能。

例子：许多手机的相机应用，初次使用时会有简单的提示来告诉用户如何拍照、切换模式等。一些软件有新手教程，以引导的方式帮助用户熟悉软件的主要功能。曾经风靡一时的游戏植物大战僵尸在易学习性方面表现卓越。游戏初始，以简洁直观的新手引导界面呈现，通过图文并茂与简短动画演示，告知玩家种植植物抵御僵尸的基本玩法与操作要点，如点击卡片种植、收集阳光等关键步骤。游戏初期关卡难度循序渐进，从少量僵尸、简单种类进攻开始，使玩家在低压力环境下逐步熟悉植物特性、攻击范围与冷却时间等要素。其操作方式单一且明确，仅需鼠标点击或简单触摸操作，极大降低了上手门槛，即使毫无游戏经验的小白也能迅速理解并掌握游戏玩法，沉浸于游戏乐趣之中，充分体现了易学习性原则在游戏设计中的有效应用。

7. 灵活性原则

含义：系统要考虑不同用户的需求和使用习惯，提供多种操作方式来满足不同场景下的使用。

例子：一个文字处理软件既可以使用鼠标操作菜单来设置字体格式，也可以通过快捷键进行操作。操作系统允许用户根据自己的喜好自定义桌面布局和功能快捷键。

7.2.2　人机交互设计的常用方法

以下是一些人机交互设计的常用方法。

1. 用户研究

（1）基本过程。首先确定研究目标，例如，了解用户对现有产品的满意度、用户的使用习惯等。然后选择合适的研究方法，如问卷调查、用户访谈、观察法等。在收集数据后进行分析，提取有价值的信息来指导设计。

（2）例子。为设计一款新的智能手表，通过问卷调查收集大量用户对于手表功能期望的数据，如运动追踪、健康监测功能等。同时，观察用户使用现有智能手表的场景，发现用户在运动过程中很难操作手表进行功能切换。这些研究结果可以帮助设计团队确定新手表的功能重点和操作方式的优化方向。

2. 原型制作

（1）基本过程。根据设计概念，快速制作出产品的初步模型，可以是低保真（如纸质原型、简单的线框图）或高保真（具有接近最终产品的外观和交互功能）的原型。之后通过让用户试用原型，收集反馈，不断修改和完善原型。

（2）例子。在设计一款手机应用时，首先制作纸质原型，简单勾勒出各个界面的布局和主要功能按钮的位置。让用户通过模拟操作（如用手指点按纸质界面）来表达他们的直观感受，比如界面流程是否合理。根据反馈修改后，制作高保真原型，模拟应用的真实交互，如滑动、点击后的动画效果等，进一步测试用户体验。

3. 场景设计

（1）基本过程。描述产品使用的具体场景，包括用户角色、环境、目标和任务流程。从用户角度出发，考虑在不同场景下用户如何与产品交互，以此设计出符合实际需求的交互方式。

（2）例子。设计一款车载导航系统，考虑司机在不同场景下的使用情况。如在白天阳光强烈时，界面的亮度和对比度要保证信息清晰可见；在夜间驾驶时，界面不能过于刺眼。同时，司机可能在行驶过程中需要快速查询目的地，所以语音交互功能的设计就很重要，要保证语音识别准确，反馈及时，方便司机操作。

在车载导航系统的应用场景中，当前人工智能的表现存在明显缺陷。许多车载导航系统在语音交互功能上，虽能较好地识别标准普通话，但对于带有口音的用户语音指令却难以准确理解。例如，一些地区的用户因方言口音影响，在说出目的地名称或导航指令时，系统往往无法精准解析，频繁出现误解或无法识别的情况，这极大地阻碍了人车交互的顺畅性，导致用户体验急剧下降，甚至被用户诟病为"人工智障"。而通过接入与车载场景适配的大模型，则有望显著改善这一困境。大模型凭借其强大的多模态数据处理能力、广泛的语言理解能力以及深度的语义分析能力，能够对各种口音、表述风格甚至模糊不清的语音指令进行有效处理与精准理解。在复杂的驾驶环境下，用户无论是以带有地方特色的口音说出目的地，还是以较为随意、口语化的方式表达导航需求，如"带我去那个啥啥商场附近的停车场"，车机都能够借助大模型快速准确地解析指令意图，规划出合理的导航路线，从而极大地提升人车交互的流畅性与准确性，使车载导航系统真正成为智能驾驶旅程中的得力助手，切实满足用户在驾驶场景中的实际需求，有效提升驾驶体验与行车安全性。

4. 可用性测试

（1）基本过程。让真实用户在规定的场景下使用产品或原型，通过观察、记录用户的操作行为、完成任务的时间、出错情况等来评估产品的可用性。可以采用多种方式，如实验室测试、现场测试等。

（2）例子。对一款新的网站设计进行可用性测试。在实验室环境中，让用户完成一些典型任务，如注册账号、查找特定产品信息等。观察用户是否能够顺利找到相关功能入口，是否理解操作提示。记录用户在操作过程中遇到的问题，如因为按钮颜色不明显而忽略了重要操作按钮，根据这些问题来优化网站设计。

5. 启发式评估

（1）基本过程。由多位专家（通常是人机交互领域的专业人士或经验丰富的设计师）根据一系列既定的可用性原则（如前面提到的人机交互设计基本原则）来评估产品。他们独立检查产品，找出潜在的可用性问题，并提出改进建议。

（2）例子。对于一款办公软件，专家根据启发式评估原则，检查界面的一致性。发现软件中不同功能模块的图标风格差异较大，有些图标表意不明，这可能导致用户认知混乱。

专家还检查操作的反馈，发现保存文件操作后没有明确的成功提示，这可能使用户不确定文件是否已成功保存。基于这些发现，提出统一图标风格和增加保存成功提示的建议。

人机交互设计涉及多种常用方法，如以上所描述的用户研究、原型制作、场景设计、可用性测试以及启发性评估等。在开展人机交互设计工作时，这些方法并非孤立使用，而是通常需要综合运用。用户研究能够挖掘用户需求与行为特征；原型制作有助于将设计理念可视化并进行试验改进；场景设计可使设计与实际使用情境相契合；可用性测试能发现设计中的使用缺陷；启发性评估可依据经验准则衡量设计质量。单一方法难以全面、深入地达成人机交互设计的目标，唯有整合多种方法，才能构建出符合用户需求、具备良好可用性与用户体验的人机交互系统。

7.2.3　智能系统人机交互设计方法

1．智能系统人机交互设计与普通人机交互设计的差异

在交互智能化程度上，普通人机交互多遵循预设规则与固定流程，如传统软件界面的菜单点击、表单填写，交互方式较为机械。而智能系统人机交互能依托人工智能技术理解模糊、自然语言指令，像智能语音助手可处理"我想听欢快的流行歌曲且歌手是女的"这类复杂且不精确表述，实现更智能灵活的交互。

从对用户意图理解深度看，普通设计侧重于用户明确操作动作的响应，例如，点击按钮后的对应功能执行。智能系统则深入挖掘用户潜在意图，通过分析多源数据，如用户历史行为、当前情境等预测需求。智能推荐系统依据用户过往浏览与购买记录推荐契合产品，普通系统仅在用户主动搜索筛选时提供有限相关内容。

数据利用方面，普通交互设计数据使用局限于当前交互所需信息，如登录信息验证。智能系统人机交互广泛收集、深度分析大量数据构建用户画像，用于个性化交互策略制定，如智能客服依据用户画像调整回答风格与内容推荐，普通客服仅按既定话术应答。

在反馈与适应性上，普通交互给予基本操作反馈，如点击按钮变色或弹窗提示。智能系统持续学习用户反馈，自适应调整交互方式与功能展示，如智能学习软件根据用户学习进度与答题情况动态调整题目难度与知识点讲解顺序，普通学习软件按固定课程结构推进。

2．智能系统人机交互设计方法

鉴于智能系统人机交互设计相较于普通人机交互设计在智能化程度、对用户意图理解深度、数据利用以及反馈适应性等方面存在显著差异，其设计方法亦有独特之处。下面我们就来较深入地探讨智能系统人机交互设计的方法。

（1）多模态交互设计。

基础理念与流程：鉴于智能系统需深度理解用户意图，单一模态交互或存在局限，故采用多模态融合方式。先确定用户在不同场景下可能的交互模态组合，如语音与手势、触摸与视觉等。之后构建模态识别与融合框架，运用信号处理、模式识别技术，使系统能同步接收并整合多模态输入信息，准确解析用户意图。例如，在智能车载系统中，驾驶员可通过语音"导航到市中心商场"结合触摸屏选择具体商场，系统识别语音指令同时定位触摸点对应的商场信息，完成导航设置。

举例：智能家庭控制系统，用户回家时，说"开灯并打开空调"，同时做出指向灯光开

关方向的手势，系统的摄像头捕捉手势，麦克风接收语音指令，经融合分析后，开启客厅灯光与空调，精准响应多模态交互需求，提升交互自然性与便捷性。

（2）基于大数据与机器学习的个性化设计。

基础理念与流程： 首先收集海量用户数据，涵盖行为、偏好、使用场景等多维度信息，构建大规模数据集。运用机器学习算法训练个性化模型，如协同过滤推荐算法、深度神经网络等。模型依据用户数据特征预测用户需求与行为倾向，据此设计智能系统的交互界面、功能推荐与反馈机制，实现个性化交互体验。比如，电商智能推荐系统收集用户浏览、购买历史及搜索记录，训练推荐模型，为用户定制个性化商品推荐页面与促销信息推送。

举例： 视频智能播放平台，分析用户观影历史、评分记录及观看时长等数据，通过机器学习模型预测用户喜好类型与可能感兴趣影片，在首页个性化推荐影片，播放界面根据用户习惯提供个性化播放设置，如自动跳过片头片尾、推荐相关影片弹幕等，增强用户黏性与满意度。

（3）情境感知交互设计。

基础理念与流程： 先确定智能系统可感知的情境信息类型，如位置、时间、环境光、用户运动状态等。利用传感器技术与数据融合算法实时收集并处理情境数据，构建情境模型。依据情境模型设计交互策略，使系统能根据不同情境自动调整交互方式、功能呈现与信息反馈。例如，智能手机根据环境光强度自动调节屏幕亮度，位置变化时推送周边兴趣点信息。

举例： 智能健身设备，通过传感器感知用户运动状态、心率、周围环境温度等情境信息。当用户处于高强度运动且心率过快时，设备自动降低训练强度建议并提供补水提醒；在不同健身场所（如健身房、户外），根据环境嘈杂程度调整语音指导音量与交互方式，实现智能化情境适应交互，提升用户健身安全性与体验感。

7.2.4 单一场景下人机交互设计的最优方式

在单一场景下确定人机交互设计的最优方式，需综合多方面因素深入探讨。

首先，精准的任务分析是基础。明确该场景下用户的核心任务、子任务以及任务的优先级与顺序。以智能厨房烹饪场景为例，核心任务包括食材准备、烹饪过程控制、火候与时间调节等。通过详细分解，了解到在烹饪过程中，用户需便捷地切换不同烹饪模式（如煎、炒、蒸、煮），这就要求交互方式能快速响应且操作直观，可能是通过简洁地触摸面板或语音指令，如说"切换到烧烤模式"，系统立即响应并调整烤箱参数。

其次，深入了解用户特征与需求至关重要。考虑用户在该场景下的技能水平、认知能力、使用习惯等。对于老年用户为主的家庭医疗设备场景，如血压计与血糖仪，交互方式应尽可能简单易懂。大字体显示测量结果、清晰的功能按钮标识以及语音提示操作步骤等，避免复杂的菜单设置与多级操作，以适应老年用户可能不太熟悉电子设备操作且视力、听力有所下降的特点。

再者，依据场景特性优化交互模态。若在嘈杂的工厂车间场景，视觉反馈与触觉反馈可能比单纯语音反馈更可靠。例如，设备故障报警时，除了声音提示，设备上的警示灯闪烁以及操作手柄的强烈震动能让工人更及时察觉。而在安静的图书馆信息查询场景，语音交互则可能会干扰他人，触摸屏或键盘输入查询信息更为适宜，且查询结果的显示应简洁明了，避免过多信息造成视觉疲劳。

另外，一致性与易学习性原则需贯穿始终。在单一场景下保持交互方式、界面布局、操作逻辑等的一致性，降低用户学习成本。如在健身房的运动器材交互设计中，不同器材的操作面板若都采用相似的图标与布局，用户在切换使用器材时能迅速上手。同时，提供适当的新手引导与帮助文档，便于初次使用者快速熟悉交互流程。

最后，持续的用户反馈收集与迭代优化不可或缺。即使初步确定了一种看似最优的人机交互方式，也需在实际使用过程中收集用户反馈。例如，在游戏场景中，通过玩家的在线评价、游戏内反馈通道收集意见，了解玩家对操作手感、界面提示等方面的不满之处，据此对交互设计进行调整，如优化游戏手柄的按键布局或增强屏幕提示的醒目程度，以不断趋近真正的最优人机交互方式。

7.2.5　用户界面设计

用户界面（UI）设计和人机交互（HCI）设计是紧密相关但又存在差异的两个领域。

用户界面设计主要侧重于界面的视觉呈现和布局。它关注的是界面的外观美感、视觉元素的组织，包括颜色、图标、字体、图像、按钮等元素的设计与搭配，以及如何通过合理的布局将这些元素整合在屏幕或物理设备表面，以达到视觉上的吸引力和易用性。例如，在设计一款手机应用的用户界面时，UI 设计师会精心挑选适合应用风格的色彩主题，如使用明亮活泼的色彩来设计一款儿童教育应用的界面，或者用简洁冷色调来设计一款商务办公应用的界面。同时，UI 设计师会设计直观的图标，如将"返回"功能设计成一个向左的箭头图标，方便用户识别，并合理安排各个功能按钮在屏幕上的位置，如将常用的功能按钮放置在用户易于触及的屏幕底部区域。

人机交互设计则更强调用户与系统之间的交互流程和交互方式。它涉及对用户行为、心理和任务流程的理解，以及如何设计系统来支持用户高效、舒适、准确地完成任务。这包括确定用户与系统之间的输入/输出方式，如通过键盘、鼠标、触摸屏、语音、手势等进行输入，通过屏幕显示、声音反馈、触觉震动等进行输出，前面已有较多论述。

可以说，用户界面设计是人机交互设计的一个重要组成部分。良好的用户界面设计能够为有效的人机交互提供视觉基础和操作引导，但人机交互设计的范畴更广泛，它不仅涵盖了界面设计，还涉及用户行为分析、交互逻辑设计、系统反馈机制等多个方面，以确保用户与系统之间的整体交互过程是顺畅、高效且符合用户需求的。

7.3　智能系统设计（实训）

本实训聚焦于智能系统设计，涵盖多项重要训练项目。其中包括运用外部程序并借助智能模型展开设计工作，例如，构建农作物生长预测智能系统。在用户界面设计方面，将利用 AI 绘画工具 Midjourney 提供辅助，同时针对教材第 2 章项目生成 Python 用户界面。

实训过程中，虽大量采用大模型 AIGC 技术，但需明确不可完全依赖它们。鉴于当前大模型技术的局限性，单纯依靠其难以确保项目高质量完成。因此，在利用 AIGC 技术的同时，仍需不断提升自身能力，包括对智能系统设计原理的深入理解、编程技能的熟练掌握以及对用户需求的精准把握等，以此保障智能系统设计实训的成效以及后续相关项目的顺利推进与优化。

7.3.1 训练目标

⊙技能目标

1. 能（会）熟练运用需求分析方法，精准识别和理解业务领域中的客户需求、痛点及期望。

2. 能（会）掌握团队协作与沟通技巧，促进不同专业背景的团队成员之间高效合作，推动解决方案的顺利实现。

3. 能（会）具备原型创建与测试的能力，及时发现并解决系统在大规模生产前潜在的问题。

⊙知识目标

1. 掌握智能系统解决方案所涉及的软硬件平台知识，了解其特点和适用场景。

2. 掌握市场营销的基本原理和策略，包括目标客户群定位、定价策略、销售渠道选择和推广活动策划。

3. 掌握产品的易用性、可扩展性和兼容性的设计原则，以及如何在智能产品设计中实现这些原则。

⊙职业素养目标

1. 提高分析/解决生产实际问题的能力。
2. 养成良好的思维和学习习惯。
3. 保持积极的好奇心与求知欲，养成良好的团队合作精神。
4. 提高职业技能和专业素养。

7.3.2 训练任务

本次智能系统解决方案的训练任务，首先选定业务领域并深入了解其需求，涵盖潜在客户、竞争对手等方面。基于需求分析设计相互补充的智能产品系列，同时注重产品的易用性、可扩展性和兼容性，制定详细技术路线图，涵盖软硬件平台选择、关键技术与组件确定以及开发和测试计划。为推动方案实现，组建包括产品经理、设计师、工程师、市场营销和销售专家的团队，确保有效沟通协作。在产品设计阶段，创建原型并测试，尤其要训练用 Python 为原型快速制作用户界面。在产品开发过程中，制定有效的营销策略，吸引潜在客户并提高知名度。

7.3.3 知识准备

（1）请阐述您对智能系统中产品易用性、可扩展性和兼容性的理解，并举例说明。

（2）假设您要为一款智能健康管理产品进行需求分析，您认为潜在客户的主要需求、痛点和期望可能有哪些？

（3）请简要说明 Python 中用于构建用户界面的常见库，并简述其特点。

7.3.4　训练活动

⚓ 活动一：知识抽查

要求：
老师对学员知识准备情况进行抽查，具体抽查内容见知识准备的问题。
抽查方式：√口答　　□试卷　　□操作
老师要记录学员回答问题的情况，必要时做简单的讲解。

⚓ 活动二：示范操作

内容一：设计 Web 程序来使用智能模型。
步骤一：设置项目环境和导入必要的库。

```python
import flask
import cv2
import numpy as np
from tensorflow.keras.models import load_model


app = flask.Flask(__name__)
```

步骤二：加载手写数字识别模型。

```python
model = load_model('handwritten_digits_model.h5')  # 假设模型已保存为.h5
文件
```

步骤三：定义图像上传和处理的函数。

```python
@app.route('/upload', methods=['POST'])
def upload_image():
    file = flask.request.files['file']
    if file:
        # 读取图像
        image = cv2.imdecode(np.frombuffer(file.read(), np.uint8), cv2.
IMREAD_COLOR)
        # 预处理图像（例如，调整大小、灰度化等）
        processed_image = preprocess_image(image)
        # 进行分割和识别
        prediction = model.predict(processed_image)
        # 获取识别结果
        result = get_result(prediction)
        return flask.render_template('result.html', result=result)
    else:
        return 'No file uploaded'
```

步骤四：定义预处理图像的函数。

```python
def preprocess_image(image):
    # 实现图像的预处理逻辑，例如调整大小、灰度化等
    # 返回预处理后的图像
    return processed_image
```

步骤五：定义获取识别结果的函数。

```
def get_result(prediction):
    # 根据模型的预测结果获取最终的识别结果
    # 返回识别结果
    return result
```

步骤六：创建主页面和结果页面的 HTML 模板。

创建 index.html 用于上传图像的页面：

```
<!DOCTYPE html>
<html>
<body>

<form action="{{ url_for('upload_image') }}" method="post" enctype=
"multipart/form-data">
    <input type="file" name="file">
    <input type="submit" value="Upload">
</form>

</body>
</html>
```

创建 result.html 用于显示识别结果的页面：

```
<!DOCTYPE html>
<html>
<body>

<p>识别结果：{{ result }}</p >

</body>
</html>
```

步骤七：运行应用程序。

```
if __name__ == '__main__':
    app.run(debug=True)
```

内容二：设计农作物生长预测智能系统。

步骤一：数据收集与整理。持续收集更多时间段和不同环境条件下的农作物生长数据，确保数据的全面性和代表性。对收集到的数据进行清洗和预处理，去除异常值和错误数据，确保数据的质量。

步骤二：数据分析。运用数据分析方法，如统计学分析和数据挖掘技术，探索不同数据变量之间的相关性。例如，分析土壤酸碱度与特定农作物生长状况的关系，空气湿度对作物产量的影响等。

步骤三：建立模型。根据数据分析结果，选择合适的机器学习或深度学习算法，建立农作物生长预测模型，可以使用决策树、随机森林、神经网络等模型。

步骤四：模型训练与优化。使用整理好的数据对模型进行训练。通过调整模型的参数，如学习率、层数等，优化模型的性能，提高预测的准确性。

步骤五：实时监测与数据更新。建立实时数据采集系统，持续获取农作物生长环境的最新数据。定期将新数据纳入模型进行再训练，以适应环境的变化和作物生长的动态过程。

步骤六：智能决策制定。根据模型的预测结果，制定智能的决策建议，如何时浇水、施肥的量和时机、调整二氧化碳浓度等。

步骤七：系统集成与部署。将智能决策系统与农业设备控制系统集成，实现自动化的操作。例如，当模型建议浇水时，自动启动灌溉系统。

步骤八：效果评估与改进。定期评估智能系统的效果，通过对比使用智能系统前后农作物的生长状况、产量和质量等指标，判断系统的有效性。根据评估结果，对系统进行改进和优化，不断提升其性能和准确性。

内容三：使用 AI 绘画工具辅助用户界面设计。

步骤一：机器人送餐 App 界面设计。在本训练中，我们将利用 Midjourney 这一在线工具来辅助界面设计工作。Midjourney 能够通过网页浏览器直接访问并使用。请按照以下提示操作：打开浏览器，进入 Midjourney 网站，然后将鼠标光标定位到提示语输入框中，如图 7-1 所示。

图 7-1　Midjourney 提示语输入框

在提示语输入框中输入"/"后选择"/imagine prompt"，接着输入提示语"high-quality UI Design, robot food delivery app, trending on Figma."，其中 Figma 是一款基于云端的界面设计工具，它主要用于用户界面（UI）和用户体验（UX）设计。在 Figma 中，设计师可以进行原型制作、界面布局、设计系统创建等诸多操作，大量设计师使用这款工具。等待一小段时间之后，Midjourney 生成了四宫格图片，如图 7-2 所示。我个人比较喜欢第四张界面设计图，于是选择 U4，U4 指的是对这四张图中右下角的图进行放大操作，以获得更大尺寸和更多细节的图像，方便用户进一步查看和编辑图像细节，如图 7-3 所示。

图 7-2　Midjourney 生成的机器人送餐 App 界面设计图

图 7-3　U4 参考界面设计图的高清版

Midjourney 界面设计图中出现文字难以理解、呈现乱码的情况，这一现象表明，当前的 AI 绘图工具尚存在局限性，还无法完全取代设计师的角色。AI 绘图工具更多的是扮演设计师助手的角色，能够有效地激发设计师的创作灵感，为设计工作提供一定的辅助与支持，但在精准呈现设计图中的文字信息等复杂任务方面，仍有待进一步地完善与发展。

图 7-4　midjourney 生成的四个送餐机器人图标

步骤二：生成送餐机器人图标。在本次训练中，我们采用了如下的提示语："icon for iOS App, food delivery robot, high quality, flat design。"。利用 Midjourney，我们成功生成了一组四宫格图像，展示了不同风格的 iOS 应用图标设计，这些设计均以送餐机器人为主题，并采用了高质量的扁平化设计风格。相关结果展示如图 7-4 所示。

内容四：为本书 2.2 活动二内容一项目生成 Python 用户界面。

当前，AI 大模型在辅助编程方面具备一定的能力，然而经实际试用发现，面对逻辑较为复杂的程序生成任务时，其往往很难一次性满足要求。即便后续进行微调，让其重新输出，也依旧难以一步到位达到预期要求。

但这一现象也从侧面反映出程序员存在的价值。实际上，程序员若能合理利用 AI 大模型，将其作为编程助手，采取正确的使用策略，便能使其更好地发挥作用。具体而言，不要期望 AI 大模型一次性生成大量代码，而是可以先让其生成一部分代码，待程序员对这部分代码（比如十几行或二十行左右的代码）充分理解之后，再针对这一小部分代码进行微调。实践证明，通过这样的方式，AI 大模型通常能够将代码调整得较为到位。

综上所述，我们在利用 AI 大模型辅助编程时，应遵循积小步成大步的思路，如此可使 AI 大模型辅助编程的过程变得更为可靠、高效。

步骤一：对程序进行函数化。在大模型里面写提示语时，先把要改造的代码贴上，然后加上下面的自然语言处理提示语："对以上 Python 代码进行函数化，参数是城市代码，比如上面的 59493 就是深圳市的城市代码，该函数的返回数据是 forecast_data。"

改造后的函数如下：

```python
import requests
from bs4 import BeautifulSoup

def fetch_weather_forecast(city_code):
    # 构建目标URL
    url = f'https://weather.cma.cn/web/weather/{city_code}.html'

    # 发送HTTP请求
    response = requests.get(url)
    response.encoding = 'utf-8'  # 根据网页编码设置编码，确保中文字符正确显示

    # 解析网页
    soup = BeautifulSoup(response.text, 'html.parser')  # 使用BeautifulSoup解析HTML内容

    # 找到包含天气预报的div
    forecast_div = soup.find('div', {'id': 'dayList'})  # 根据id属性查找包含天气预报的div

    # 初始化一个列表来存储天气预报数据
    forecast_data = []

    # 定义可能的类名
    classes_to_check = ['pull-left day', 'pull-left day actived']

    # 遍历所有具有指定类名的div元素
    for day_div in forecast_div.find_all('div', class_=classes_to_check):  # 查找所有符合条件的div元素
        # 提取日期和星期
        date_info = day_div.find('div', class_='day-item').get_text(strip=True).split('\n')  # 提取日期和星期
        week_day = date_info[0]  # 星期几

        # 提取信息
        day_info = {
            'week_day': week_day,  # 存储星期几
            'day_weather': day_div.find_all('div', class_='day-item')[2].
```

```
get_text(strip=True),  # 白天天气状况
                'day_wind_direction': day_div.find_all('div', class_='day-
item')[3].get_text(strip=True),  # 白天风向
                'day_wind_strength': day_div.find_all('div', class_='day-
item')[4].get_text(strip=True),  # 白天风力
                'high_temp': day_div.find('div', class_='high').get_text
(strip=True),  # 最高温度
                'low_temp': day_div.find('div', class_='low').get_text
(strip=True),  # 最低温度
                'night_weather': day_div.find_all('div', class_='day-item')
[6].get_text(strip=True),  # 夜间天气状况
                'night_wind_direction': day_div.find_all('div', class_='day-
item')[7].get_text(strip=True),  # 夜间风向
                'night_wind_strength': day_div.find_all('div', class_='day-
item')[8].get_text(strip=True),  # 夜间风力
            }
            forecast_data.append(day_info)  # 将提取的信息添加到列表中

    return forecast_data  # 返回天气预报数据列表
```

步骤二：用程序编写用户界面实现可视化。提示语没有固定写法，把该表达的意思表达到位就行，比如："编写一个界面程序，界面要求美观匀称，从界面上可以选择城市名，返回城市代码（例如：广州，城市代码 59287；深圳，城市代码 59493），然后用城市代码去调用上面的 fetch_weather_forecast 函数，该函数返回天气预报数据列表，把列表解析后显示在界面下方的元素里面，要求用户一眼可以看到未来七天的天气数据。默认选择第一个城市。"

大模型生成的代码如下：

```
import tkinter as tk
from tkinter import ttk

def on_city_select(event):
    selected_city = city_var.get()
    city_code = city_codes[selected_city]
    forecast_data = fetch_weather_forecast(city_code)
    forecast_text.delete('1.0', tk.END)
    for data in forecast_data:
        forecast_text.insert(tk.END, f"{data['week_day']}\n")
        forecast_text.insert(tk.END, f"白天：{data['day_weather']} {data
['high_temp']} ")
        forecast_text.insert(tk.END, f"夜间：{data['night_weather']}
{data['low_temp']} ")
        forecast_text.insert(tk.END, f"风向：{data['day_wind_direction']}
{data['day_wind_strength']}\n")
        forecast_text.insert(tk.END, "----------------------------\n")


    # 创建主窗口
    root = tk.Tk()
```

```
root.title("天气预报")

# 城市代码字典
city_codes = {
    "广州": "59287",
    "深圳": "59493"
}

# 城市变量
city_var = tk.StringVar(root)

# 创建城市下拉菜单
city_label = tk.Label(root, text="选择城市：")
city_label.pack(side=tk.TOP, padx=10, pady=10)
city_combo = ttk.Combobox(root, textvariable=city_var, values=list
(city_codes.keys()))
city_combo.pack(side=tk.TOP, padx=10, pady=10)
city_combo.bind('<<ComboboxSelected>>', on_city_select)

# 创建天气预报文本框
forecast_text = tk.Text(root, height=20, width=80)
forecast_text.pack(side=tk.TOP, padx=10, pady=10)

# 默认选择第一个城市
first_city = list(city_codes.keys())[0]
city_var.set(first_city)
on_city_select(None)  # 立即获取并显示第一个城市的天气

# 运行主循环
root.mainloop()
```

这个程序创建了一个简单的 GUI，其中包含一个下拉菜单，用户可以从中选择城市。选择城市后，程序会调用 fetch_weather_forecast 函数来获取天气预报，并将其显示在文本框中。

以上代码执行结果如图 7-5 所示。

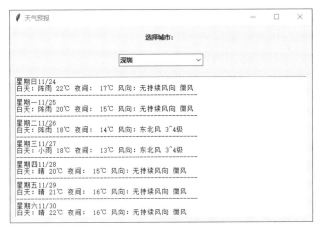

图 7-5　带 UI 界面的天气预报程序

⚄ 活动三　根据所讲述和示范案例，完成下面任务。

内容：智能系统设计实操题。

假设您要为一个小型室内花卉种植区域设计智能浇水系统。您已经获取了部分花卉生长期间的土壤湿度数据以及花卉的种类信息。

任务如下：

（1）数据简单分析。对获取的有限土壤湿度数据进行简单的统计分析，比如平均值、最大值、最小值等。

（2）模型构建：选择一个简单的线性回归模型或决策树模型，基于土壤湿度和花卉种类，预测所需的浇水量。

（3）系统初步设计：设计数据采集方案，比如假设使用模拟的传感器数据输入。规划控制逻辑，例如，当预测的浇水量达到一定阈值时，触发浇水操作的信号。设计一个简单的用户界面，展示当前土壤湿度、花卉种类和预测的浇水量。

（4）系统测试：使用一组给定的测试数据进行模拟测试，评估系统的准确性。

提交内容：

（1）数据分析报告，包括简单的统计结果和初步的结论。

（2）模型的代码和训练过程的描述。

（3）系统设计的流程图和主要逻辑的说明。

（4）测试结果的总结和对系统可能的改进方向的讨论。

7.3.5　过程考核

表 7-1 所示为《智能系统设计》训练过程考核表。

表 7-1　《智能系统设计》训练过程考核表

姓名		学员证号			日期	年　月　日	
类别	项目	考核内容	得分	总分	评分标准		教师签名
理论	知识准备（100分）	1. 请阐述您对智能系统中产品易用性、可扩展性和兼容性的理解，并举例说明（20分）			根据完成情况打分		
		2. 假设您要为一款智能健康管理产品进行需求分析，您认为潜在客户的主要需求、痛点和期望可能有哪些？（30分）					
		3. 请简要说明 Python 中用于构建用户界面的常见库，并简述其特点（30分）					
实操	技能目标（60分）	1. 能（会）熟练运用需求分析方法，精准识别和理解业务领域中的客户需求、痛点及期望（30分）	会□/不会□		1. 单项技能目标"会"该项得满分，"不会"该项不得分		
		2. 能（会）掌握团队协作与沟通技巧，促进不同专业背景的团队成员之间高效合作，推动解决方案的顺利实现（10分）	会□/不会□		2. 全部技能目标均为"会"记为"完成"，否则，记为"未完成"		

续表

类别	项目	考核内容		得分	总分	评分标准	教师签名
实操	技能目标（60分）	3. 能（会）具备原型创建与测试的能力，及时发现并解决系统在大规模生产前潜在的问题（20分）	会□/不会□				
		任务完成情况	完成□/未完成□				
	任务完成质量（40分）	1. 工艺或操作熟练程度（20分）				1. 任务"未完成"此项不得分 2. 任务"完成"，根据完成情况打分	
		2. 工作效率或完成任务速度（20分）					
	安全文明操作	1. 安全生产 2. 职业道德 3. 职业规范				1. 违反考场纪律，视情况扣20～45分 2. 发生设备安全事故，扣45分 3. 发生人身安全事故，扣50分 4. 实训结束后未整理实训现场扣5～10分	
评分说明							
备注	1. 评分表原则上不能出现涂改现象，若出现则必须在涂改之处签字确认 2. 每次考核结束后，及时上交本过程考核表						

7.3.6 参考资料

1. 需求获取

深入某个业务领域并了解其具体需求（包括潜在客户和竞争对手等方面）的详细策略。

（1）市场调研。

开展问卷调查：设计有针对性的问题，面向潜在客户群体广泛收集数据，了解他们对现有类似产品或服务的看法、未被满足的需求以及期望的改进方向。

进行深度访谈：选择具有代表性的潜在客户进行一对一访谈，深入探讨他们的使用场景、遇到的问题以及对未来产品的期望。

组织焦点小组：召集不同类型的潜在客户，引导他们进行小组讨论，观察他们之间的互动和观点碰撞，挖掘共性和差异的需求。

（2）竞争对手分析。

产品比较：对竞争对手的产品或服务进行全面的功能、性能、价格等方面的对比，找出优势和不足。

客户评价研究：收集竞争对手产品的用户评价和反馈，了解客户对其满意和不满意的地方。

跟踪竞争对手动态：关注竞争对手的市场活动、新品发布、战略调整等，分析其发展趋势和可能的未来方向。

（3）行业趋势研究。

订阅行业报告：购买专业机构发布的行业研究报告，了解行业的整体发展趋势、技术创新方向和市场规模变化。

参加行业会议和论坛：与行业专家、企业代表交流，获取最新的信息和观点。

跟踪政策法规：了解相关政策法规的变化，评估其对业务领域的影响和可能带来的需求变化。

（4）内部资源利用。

与销售和客服团队交流：他们直接与客户接触，能够提供关于客户需求和问题的第一手资料。

分析过往销售数据：了解不同产品或服务的销售情况，找出受欢迎和滞销的部分，推测客户需求的偏好。

（5）建立用户反馈渠道。

在产品或服务中设置反馈入口：鼓励用户随时提出意见和建议。

举办用户体验活动：邀请用户参与产品试用或体验活动，收集他们的直接感受和改进意见。

（6）情景模拟和用户角色创建。

设想不同类型潜在客户在各种场景下的使用情况和需求，创建详细的用户角色画像，包括其年龄、职业、消费习惯、技术水平等特征，以更具体地理解需求。

（7）合作与联盟。

与上下游企业建立合作关系：获取产业链中不同环节的信息和需求视角。

参与行业联盟或协会：与同行企业共同探讨行业发展和需求趋势，分享经验和见解。

2．智能产品的特点

在智能系统中，产品通常具有以下特点。

（1）易用性。

直观的界面设计：操作界面简洁、清晰，用户能够轻松理解和上手。

简单的操作流程：功能的使用步骤简洁明了，减少用户的学习成本。

明确的反馈机制：对用户的操作及时给出明确的反馈，让用户清楚了解系统的响应情况。

（2）可扩展性。

支持功能模块添加：能够方便地增加新的功能模块，以满足不断变化的需求。

适应数据量增长：在数据量不断增加的情况下，系统性能不会显著下降，能够通过升级硬件或优化算法来扩展处理能力。

具备开放性接口：可以与其他系统或设备进行集成和交互，便于整合新的技术和资源。

（3）兼容性。

跨平台运行：能在不同的操作系统（如 Windows、macOS、Linux 等）和设备（如桌面电脑、笔记本、平板电脑、手机等）上正常运行。

与旧版本兼容：新的版本能够兼容旧版本的数据和设置，确保用户的历史信息不受影响。

与其他软件和硬件兼容：能够与常见的相关软件和硬件协同工作，不存在冲突或不兼容的问题。

（4）智能性。

自主学习能力：通过对大量数据的分析和学习，不断优化自身的性能和决策能力。

个性化服务：根据用户的偏好和行为习惯，提供个性化的推荐和解决方案。

自适应调整：能够根据环境和输入的变化自动调整参数和策略，以达到最佳的效果。

（5）可靠性。

稳定运行：在长时间的使用中，保持较低的故障率和错误率。

数据安全保障：采取有效的措施保护用户数据的安全性和完整性，防止数据泄露和丢失。

容错能力：在遇到异常情况或错误输入时，能够进行适当的处理，避免系统崩溃。

（6）高效性。

快速响应：对用户的请求能够迅速给出响应，减少等待时间。

资源优化利用：在保证性能的前提下，合理利用系统资源，如内存、CPU 等。

（7）创新性。

引入新的技术和理念：采用前沿的技术和创新的设计思路，提供独特的价值和体验。

突破传统模式：打破传统产品的局限，开创全新的应用场景和商业模式。

这些特点共同构成了智能系统产品的综合优势，使其能够更好地满足用户的需求，并在市场竞争中占据有利地位。

3. 构建 UI 的 Python 库

以下是一些用于构建用户界面的常见 Python 库及其特点。

（1）tkinter。

特点：tkinter 是 Python 标准库中自带的 GUI 库，使用简单，适用于创建基本的图形用户界面。它支持多种控件，如按钮、文本框、标签等，并且在大多数操作系统上都能良好运行。但是，其界面外观相对较为简单，定制性有限。

（2）PyQt。

特点：PyQt 是一组 Python 绑定的 Qt 库。它功能强大，提供了丰富的控件和布局管理，能够创建出非常复杂和美观的界面。支持信号与槽机制，方便组件之间的交互。具有良好的文档和活跃的社区支持，但学习曲线相对较陡。

（3）PySide。

特点：与 PyQt 类似，也是基于 Qt 库的 Python 绑定。它在功能和特性上与 PyQt 接近，但在一些许可和使用上可能有所不同。

（4）wxPython。

特点：wxPython 是一个跨平台的 GUI 库，它基于 wxWidgets 库，提供了丰富的控件和布局方式，支持多种操作系统，具有良好的事件处理机制和灵活的界面布局。

（5）Kivy。

特点：Kivy 适用于创建具有现代感和触摸友好的界面，特别适合移动设备应用开发。它支持多点触摸、动画和图形效果，具有独特的设计理念和灵活的布局方式。

（6）Flask-Admin。

特点：如果您正在构建基于 Web 的管理界面，Flask-Admin 与 Flask 框架结合使用，可以快速创建具有常见功能（如数据列表、编辑、删除等）的管理界面。

（7）Streamlit。

特点：Streamlit 主要用于创建数据科学和机器学习相关的交互式 Web 应用。它允许您快速将数据和分析代码转化为直观的界面，重点在于数据展示和交互。

不同的库适用于不同的应用场景和开发需求，开发者可以根据具体项目的要求和自身的技术水平选择合适的库来构建用户界面。

7.4　第 7 章小结

第 7 章围绕智能系统设计展开深入探讨，内容丰富且涵盖多方面要点。

其一，着重阐述了智能系统监控和优化的方法技巧，以及针对智能系统运行状态进行监测与分析的相关技术，这些内容为保障智能系统的稳定、高效运行提供了重要支撑。

其二，详细介绍了人机交互设计的基本原则以及常用设计方法，强调这些设计方法需综合运用，如此才能更好地达成人机交互设计目标，满足用户实际需求。

其三，对智能系统人机交互设计和普通人机交互设计的差异进行了分析比对，借此引出适用于智能系统人机交互的独特设计方法，同时探讨了单一场景下人机交互设计的最优方式，为针对性开展智能系统交互设计工作指明了方向。

其四，强调用户界面设计作为人机交互设计的重要组成部分，其重要性不容忽视，优质的用户界面设计对于提升用户体验有着关键作用。

最后，基于上述理论知识，开展了本章的实训项目。实训项目意义重大，涵盖在已有模型基础上推进设计工作，借助 AI 工具辅助界面设计等诸多重要内容。

尽管本章篇幅有限，但所涉及知识要点丰富且实用，期望同学们能够认真研习，深入消化理解其中内容，以便更好地掌握智能系统设计相关知识，并应用于实际操作之中。

7.5　思考与练习

7.5.1　单选题

1. 在智能系统运行状态监测中，以下关于性能指标监测和系统进程监测的描述，错误的是（　　）。

    A. 性能指标监测主要关注系统的响应时间、吞吐量等反映系统整体效能的参数，可用于评估系统的性能优劣并及时发现性能瓶颈

    B. 系统进程监测侧重于跟踪系统中各个进程的运行状态、资源占用情况以及进程之间的交互关系，有助于排查因进程异常导致的系统故障

    C. 性能指标监测的数据采集频率应始终保持固定不变，以确保数据的准确性和可比性，系统进程监测则可根据需要灵活调整监测频率

    D. 性能指标监测和系统进程监测都是智能系统运行状态监测的重要组成部分，二者相互补充，共同为系统的稳定运行提供保障

2. 以下关于用户行为监控中操作记录与行为分析的表述，不正确的是（　　）。

    A. 操作记录详细记录用户与系统交互的每一个动作，是行为分析的重要数据源泉

    B. 行为分析通过数据挖掘算法对操作记录进行处理，可预测用户未来的行为倾向

C. 操作记录的存储格式与行为分析的方法无关，任何格式的操作记录都能直接用于复杂行为分析

D. 行为分析结果可用于优化系统界面设计，而优化后的界面会改变用户操作记录的特征

3. 在智能系统多模态交互设计中，关于模态融合方式的描述，以下正确的是（　　）。

A. 早期融合方式是在各个模态分别进行处理后，再将处理后的结果进行融合，这样可以避免模态之间的干扰

B. 晚期融合方式是在原始模态数据阶段就进行融合，能够充分利用各个模态的原始信息，但对系统同步性要求较高

C. 混合融合方式结合了早期融合和晚期融合的优点，先对部分模态进行早期融合，再将其结果与其他模态进行晚期融合，这种方式在复杂场景下更具优势

D. 无论哪种融合方式，都只需要考虑模态本身的特点，不需要考虑智能系统的应用场景和用户偏好

7.5.2 多选题

1. 在智能系统的监控优化中，性能优化涉及多个方面，以下关于性能优化措施的说法正确的是（　　）。

A. 数据采集优化可以通过合理设置采集频率和采集范围，减少不必要的数据采集，从而降低系统开销并提高数据质量

B. 存储优化主要是单纯地增加存储容量，以确保有足够的空间存储所有数据，不需要考虑数据存储的结构和方式

C. 分析算法优化能够提高数据分析的效率和准确性，例如，采用更高效的机器学习算法或对现有算法进行参数调整

D. 数据传输优化可通过采用合适的通信协议、优化网络配置以及数据压缩技术来减少传输延迟和带宽占用

E. 监控界面渲染优化主要是追求界面的美观，而对于界面加载速度和资源占用等性能因素无须过多考虑

2. 在人机交互设计中，关于用户体验所涵盖的原则，以下说法正确的是（　　）。

A. 可视性原则要求系统的功能和操作选项应该在用户界面上清晰可见，例如，将重要的操作按钮放在显眼位置，并通过适当的图标或文字提示让用户能够轻易识别其功能。

B. 反馈原则强调系统对于用户的任何操作都要及时给予反馈，这种反馈可以是视觉上的（如按钮按下后的颜色变化）、听觉上的（如操作成功后的提示音）或者触觉上的（如手机的震动反馈），但不需要考虑反馈信息的准确性和简洁性

C. 限制原则是指通过限制用户的操作选择来简化交互过程，例如，在某些关键操作流程中，只提供必要的操作按钮，防止用户因过多选择而产生困惑，但这种限制可能会降低系统的灵活性

D. 映射原则注重操作控件与实际功能之间的自然映射关系，比如通过将滑块控件用于调节音量大小，使用户能够直观地理解操作与功能之间的联系，并且这种映射关系在不同的应用场景下应该保持完全一致

E. 一致性原则要求系统在界面设计、操作流程、反馈方式等多个方面保持一致，不仅包括同一系统内部的不同功能模块之间的一致，还包括该系统与同类型其他系统之间的一致性

3．在探讨单一场景下人机交互设计的最优方式时，需要综合考虑多个因素。以下哪些因素是应该重点考虑的？（　　）

    A．用户的操作习惯和技能水平，例如，对于不熟悉技术产品的用户，设计简洁易懂的操作界面和交互方式

    B．场景的物理环境特点，如在户外强光环境下，使用高对比度的屏幕显示来确保信息可视性

    C．交互设备的性能和功能限制，比如在资源有限的移动设备上，避免设计过于复杂、资源消耗大的交互方式

    D．交互任务的复杂性和紧急程度，当任务紧急且复杂时，应提供高效、精准的交互引导，如医疗设备操作场景

    E．流行的交互设计趋势，即使某些趋势不符合当前场景下的用户需求和设备性能，也要尽量跟上潮流

第8章

培训与指导

8.1 培训

⊙知识目标

1. 掌握培训设计和实施的方法和技巧。
2. 理解培训对员工能力提升的重要性。

⊙工作任务

1. 设计和实施相关人工智能技术培训。
2. 提升员工人工智能应用能力。

培训是一种系统的、有计划的教育活动，旨在提高员工的工作技能、知识和态度，帮助员工更好地适应企业的发展需求。

培训包括有形培训和无形培训两种形式，其中无形培训指的是主管、骨干员工在平时工作中对下属、一般员工的指导和培养。

8.1.1 培训的内容类别

培训的内容类别可以从多个维度进行划分。

1. 按培训内容分类

技能培训：涉及专业技能提升、操作技能训练、软件应用培训、外语培训等。

知识培训：包括行业知识更新、产品知识、市场趋势分析、法律法规政策解读等。

管理培训：如领导力开发、团队建设、战略规划、项目管理、人力资源管理等。

职业素养培训：包括职业道德、企业文化、沟通技巧、时间管理、客户服务理念、商务礼仪等。

2. 按培训对象分类

新员工培训：帮助新员工快速融入企业文化，熟悉工作岗位要求。

在职员工培训：提升现有员工的业务能力、技术能力或者更新知识结构。

管理人员培训：针对各级管理者，提升其决策能力、领导力、团队管理能力等。

3. 按培训方式分类

面授培训：传统的课堂式教学，包括室内讲解、研讨、实操练习等。
在线培训：利用网络平台进行的远程学习，如 E-learning、视频教程、直播课程等。
混合式培训：结合线上线下相结合的方式，既有实体课堂又有网络自学部分。

4. 按培训目的分类

职业发展培训：助力员工职业路径的发展，如晋升通道培训、职业资格认证培训等。
绩效提升培训：针对企业绩效改进的需求，如工作效率提升、服务质量改善等。

通过这些分类，企业可以根据自身的需求和行业特点选择不同的培训内容，以实现提升员工能力、增强企业竞争力的目标。例如，在技能培训中，一个制造企业可能会为操作机器的工人提供特定的操作技能训练，以提高生产效率和产品质量；而在管理培训中，企业可能会为中层管理者提供领导力开发课程，以提升团队的整体表现。

8.1.2 培训对员工能力提升的重要性

培训作为人力资源开发的核心环节，不仅是一种提升个人能力和专业技能的途径，更是企业实现战略目标、提升员工个人竞争力的重要手段。在对培训的内容类别有了基本的了解之后，我们可以进一步探讨培训在提升员工能力方面的重要性。

首先，培训确保员工的技能和知识与行业发展同步。例如，在快速发展的科技行业中，定期的技术培训可以帮助员工掌握最新的编程语言或其他工具，使他们能够高效地完成工作，并保持企业的竞争力。这种与行业发展同步的能力，是员工个人发展和企业成功的基础。

其次，培训提高员工的适应性和灵活性。在金融行业，市场的变化可能非常迅速，员工通过培训学会如何快速适应市场变化，并灵活调整策略，这对于企业在波动市场中保持稳定至关重要。

提升工作效率也是培训的一个直接结果。以客户服务行业为例，通过培训，员工可以学习到更高效的沟通技巧和问题解决策略，这不仅能减少处理客户请求的时间，还能提升客户满意度，直接影响任务的完成速度和质量。

培训还能促进团队合作和沟通。在跨国公司中，团队成员可能来自不同的文化背景，有效的团队建设培训能够帮助员工跨越文化差异，通过沟通协作共同实现目标。

员工满意度和忠诚度的提升也是培训的重要成果。在零售行业，员工通过培训获得的不仅是销售技巧，还有对公司文化的认同和职业发展的机会，这使得员工更愿意长期为公司工作，减少了人员流动率。

在职业发展方面，培训为员工提供了成长和晋升的机会。例如，在医疗行业，持续的专业培训使医护人员能够不断提升自己的专业技能，为职业生涯的发展打下坚实的基础。

最后，培训对于支持组织变革也至关重要。在企业进行数字化转型的过程中，通过培训，员工可以了解新技术的应用，减少对变革的抵触情绪，确保变革的顺利进行。

综上所述，培训是企业投资员工、提升其能力的重要手段，它通过确保员工技能的现代化、提高适应性、提升工作效率、促进团队合作、增强员工满意度和忠诚度、支持职业发展以及推动组织变革，对提高个人和组织绩效都有着不可忽视的影响。通过有针对性的培训，企业能够构建一个持续学习的环境，从而在激烈的市场竞争中保持优势。

8.1.3　培训如何设计

培训设计是一个系统化的过程，它需要综合考虑培训的目标、内容、方法、评估等多个方面。以下结合案例说明培训设计的过程。

1. 需求分析与目标设定

需求分析是培训设计的基石。它涉及对组织目标、员工能力现状以及业务环境的全面审视。这一步骤的目的是识别培训的真正需求，确保培训计划与组织的战略目标一致。例如，一家科技公司在进行年度绩效评估时发现，新入职的软件开发人员在版本控制系统 Git 的使用上存在普遍的技能不足。这一发现促使公司进行更深入的调查，以确定具体的培训需求。通过问卷调查、一对一访谈和小组讨论，公司收集了关于员工 Git 技能水平的详细信息，并据此设定了明确的培训目标：在接下来的三个月内，通过培训使所有新员工能够熟练掌握 Git 的基本操作和高级功能，以提高团队的协作效率和代码管理能力。

2. 结构化思维的培养

结构化思维是指以逻辑和系统的方式组织和处理信息的能力。在一家广告公司，员工需要提出创意提案。这是一个需要高度创新和结构化思维的过程。培训设计中，某公司引入了结构化思维的框架，如 MECE（Mutually Exclusive Collectively Exhaustive，相互独立，完全穷尽）原则，帮助员工将复杂的问题分解成更小、更易于管理的部分。通过培训，员工学会了如何识别和分析客户需求，如何从市场数据中提取洞见，并如何将这些洞见转化为具体的创意策略。这种结构化的方法不仅提高了提案的质量，也加快了决策过程。

3. 知识框架的建立

知识框架的建立是帮助员工系统化地理解和掌握新知识的关键。一家制造企业希望提升员工对精益生产的理解。培训设计从精益生产的核心原则开始，逐步深入到工具和实施策略。培训内容被组织成一个逐步深入的课程体系，每个模块都建立在前一个模块的基础上，从而帮助员工建立起一个完整的精益生产知识框架。这种方法不仅提高了员工对精益生产的理解，也使他们能够将理论知识应用于实际工作中，实现持续改进。

4. 培训方法的选择

选择合适的培训方法是确保培训效果的关键。一家酒店集团需要提高前台员工的客户服务技能。培训设计团队选择了角色扮演、理论讲解和实际操作演练等多种培训方法。这些方法的结合不仅使培训内容生动有趣，而且使员工能够在模拟真实场景中学习和应用客户服务技巧。通过这种互动和实践的方法，员工能够更好地理解和记忆培训内容，从而在实际工作中提供更高质量的客户服务。

个性化培训与因材施教在多种情况下可选。当学员的知识基础、学习能力、学习风格、兴趣爱好等存在明显差异时，例如，在多元化背景的班级或针对不同层次员工的职业培训中，就适宜加以采用。选择时要注意深入了解每个学员的特点，包括其过往学习经历、当前知识储备、认知水平和心理状态等；培训目标设定要兼具个体针对性和整体协调性，保证在满足个体发展的同时不偏离整体培训方向；培训内容的设计要灵活多样，根据学员差异调整难度、深度和广度；培训方法的选择需契合学员风格，如对于视觉型学习者多采用图像、演示类方法，对于动觉型学习者增加实践操作环节；还要持续评估反馈，根据学员在培训过程中的表现及时调整培训计划，确保培训的有效性和适应性。

5. 培训计划的制订

制订一个详细的培训计划对于确保培训效果至关重要。一家零售连锁店计划为所有门店经理提供财务管理培训。公司制订了一个包含线上课程、讨论环节和最终项目的综合性培训计划。这个计划不仅考虑了培训的内容和方法，还考虑了培训的时间安排和员工的工作负担。通过每月一次的线上课程，员工可以在不影响日常工作的情况下学习财务管理知识。讨论环节和最终项目则为员工提供了实践所学知识的机会，并鼓励他们将理论知识应用于实际工作中。

6. 培训效果的评估

培训效果的评估是检验培训成果的重要手段。一家软件公司在培训结束后，公司通过模拟测试和实际工作中的表现来评估开发人员的代码质量是否有所提高。这种评估方法不仅衡量了培训的直接效果，还评估了培训对员工日常工作的影响。结果显示，参与培训的员工在代码审查中的错误率显著降低，这表明培训有效地提高了他们的代码质量。

7. 培训文化的建设

培训文化的建设对于提升员工的学习动力和参与度至关重要。推行"学习日"活动的公司通过鼓励员工每周抽出一天时间进行自我学习和技能提升，成功地在公司内部营造了一个积极向上的学习氛围。这种文化不仅提高了员工的学习积极性，还促进了员工之间知识共享和团队合作。

8. 培训资源整合

整合内外部资源可以提高培训效率和效果。与当地企业合作的大学通过将企业的实际项目融入课程中，为学生提供了宝贵的实践经验。这种合作模式不仅使学生能够接触到真实的业务挑战，还为企业提供了培养未来人才的机会。

9. 持续改进与创新

持续改进与创新是提升培训质量的关键。电子商务公司通过分析在线培训课程的完成率不高的问题，发现课程内容过于理论化，并据此调整培训内容，增加了更多案例研究和互动环节。这种基于反馈的持续改进不仅提高了课程的吸引力，也必然会提高培训的效果。

通过上述详细的步骤和案例，我们可以看到，一个有效的培训设计需要从需求分析开始，到目标设定、内容选择、方法应用、计划制订、效果评估、文化建设、资源整合，再到持续改进和创新，每一步都需要精心策划和设计，以确保培训能够切实有效地提升员工的能力和绩效。

8.1.4　培训如何实施

在完成培训设计这一关键步骤后，我们将目光聚焦于培训的组织与实施。培训设计为整个培训活动搭建了蓝图，而组织与实施则是将蓝图转化为实际成果的关键过程。这一过程犹如搭建一座大厦，设计图已经绘就，接下来每一块砖石的堆砌、每一根钢梁的架设都需要精心安排，各个环节紧密相连、相互影响，共同决定了培训这座大厦的稳固与实用。以下将对培训组织与实施所涉及的多个环节进行系统梳理。

1．培训准备

（1）培训师选择。

专业能力：要挑选在培训主题相关领域有深厚专业知识和丰富经验的培训师。例如，进行编程培训，培训师应具备扎实的编程技能，有实际项目经验。

教学能力：良好的教学能力也很关键，包括清晰表达、有效沟通、能根据学员反馈及时调整教学方式等。可以通过查看培训师的教学评价或试讲来评估其教学能力。

（2）培训时间安排。

避免工作冲突：充分考虑学员的工作和生活安排，选择合适的时间段。如果是企业内部培训，则尽量选择工作时间之外或者业务相对不繁忙的时期。

时长合理：每次培训的时长要适中，避免学员疲劳。一般来说，一天的培训时间可以控制在 6～8 小时，中间适当安排休息时间。

（3）培训地点选择。

交通便利：地点要方便学员到达，周边交通设施完善，有公共交通站点或者充足的停车位。

环境适宜：培训场地内部环境舒适，温度、湿度适宜，采光和通风良好。同时要保证场地空间足够，能容纳学员并且方便开展各种培训活动，如小组讨论、角色扮演等。

（4）学员招募。

明确目标受众：根据培训目标确定适合的学员群体。例如，管理技能培训的对象可能是企业的中层管理人员。

宣传推广：通过多种渠道进行宣传，如企业内部通告、邮件、社交媒体等，准确传达培训的内容、价值、时间、地点等信息。

报名管理：建立有效的报名机制，记录学员的基本信息，便于后续的沟通和组织。

2．培训过程

（1）培训开场。

吸引注意力：用有趣的方式开场，如讲一个和培训主题相关的故事、展示一段令人印象深刻的视频或提出一个引人思考的问题，让学员快速进入学习状态。比如，在销售技巧培训开场时，可以讲一个顶级销售高手如何成功拿下大单的故事。

介绍培训流程和规则：清晰地告知学员培训的大致环节、时间安排、休息时间、考核方式等内容，让学员心中有数。

（2）培训进行。

讲解清晰准确：培训师对内容的讲解要条理分明、逻辑连贯，避免模糊不清或产生歧义。使用通俗易懂的语言，对于专业术语等要适当加以解释。

把控节奏：按照计划推进培训进度，不要过快让学员跟不上，也不要过慢导致内容拖沓。比如，在软件操作培训中，要根据学员的实际操作熟练程度来调整讲解下一步操作的速度。

应对突发情况：如果出现设备故障、学员突发身体不适或者对培训内容有较大争议等情况，则要有应对措施。例如，设备发生故障时要尽快安排维修人员维修或者启用备用设备；学员身体不适时要及时提供帮助。

（3）互动环节。

鼓励参与：积极引导学员参与互动，如提问、小组讨论、案例分析等。对主动参与的学员给予肯定和鼓励，增强他们的自信心和积极性。

有效引导讨论：在小组讨论等互动环节中，培训师要适时引导话题方向，确保讨论围绕培训主题展开，避免讨论过于发散或产生争论。

3. 培训结尾

总结要点：对培训的重点内容进行梳理和总结，强化学员的记忆。可以通过简单的列表或者思维导图的方式在屏幕上展示。

答疑解惑：留出一定时间给学员提问，确保他们对培训内容没有疑问。

激发行动：鼓励学员在培训结束后将所学知识运用到实际工作或生活中，并且可以简单介绍一些后续支持的方式，如提供线上咨询服务等。

8.1.5 提升员工人工智能大模型应用能力

从 2022 年 12 月初至今，国内外大模型持续涌现，其对我们的学习、工作和生活都产生了很大影响。若员工缺乏使用大模型的基本能力，企业有必要对他们开展这方面的培训。我们要充分利用好大模型这一工具。以下是员工基本人工智能大模型应用能力培训指南。

1. 培训背景

在当今数字化浪潮中，人工智能大模型的广泛应用已成为趋势。对于企业员工而言，掌握大模型的基本应用能力，虽非核心培训内容，但对提升工作效率和质量意义重人。其中，编写有效的提示语作为一项关键技能，能充分发挥大模型的优势，辅助员工更好地完成工作任务。

2. 培训目标

知识目标：员工能够深入理解人工智能大模型的基本概念、主要类型（如语言大模型、图像视频大模型）及其在常见业务场景中的应用形式。例如，员工需明晰语言大模型可用于智能文档处理、辅助写作，图像视频大模型可用于简单图像编辑与生成等场景，同时了解提示语在其中的关键作用。

技能目标：熟练掌握通过交互式方式使用大模型相关工具的基本方法，尤其要精通编写提示语的技能，能在日常工作中运用合适的提示语引导大模型解决简单问题或获取高质量信息。

3. 培训内容

（1）基础知识讲解。

大模型概述：详细介绍人工智能大模型的基本原理，包括其如何通过海量数据训练学习模式和特征。阐述大模型在数据量、模型结构复杂度等方面与传统模型的区别。例如，对比早期的决策树模型和如今的语言大模型，说明大模型能够处理更复杂、更自然的语言表达。同时强调提示语对于引导大模型输出符合需求结果的重要性，如同为大模型操作提供精准的"指令"。

大模型的类型与应用场景：涉及语言大模型和图像视频大模型。

- 语言大模型：以市面上常见的语言大模型为例，讲解其在文本生成、文本摘要、语言翻译等方面的应用。阐述提示语在这些应用中的关键作用，如在文案撰写工作中，合适的提示语能让语言大模型生成更符合主题、风格要求的初稿，员工可在此基础上进行个性化修改。

- 图像视频大模型：对于图像视频大模型，介绍其在图像分类、图像视频内容生成等领域的应用。强调提示语对生成图像效果的影响，比如在市场宣传工作中，准确的提示语可使图像视频大模型生成与宣传主题高度契合、质量优良的图像创意或视频。

（2）交互式使用大模型相关工具与提示语编写。

交互式界面介绍：选择具有代表性且操作简便的大模型应用平台，介绍其交互式界面的主要功能区域，包括输入框、输出显示区域、功能按钮（如重置、提交等）。特别指出输入框是编写提示语的关键位置，其输入内容的质量直接影响大模型输出结果。例如，展示某语言大模型在线平台，详细说明输入提示语的位置和获取结果的展示方式。

提示语编写的基本方法与要点：包括明确目的、语言简洁准确。

- 明确目的：指导员工在编写提示语前，需明确期望从大模型获得的结果。例如，如果需要大模型生成一篇产品介绍文案，提示语应包含产品名称、特点、目标受众等关键信息，如"请为一款面向年轻人的智能手表写一篇500字左右的产品介绍文案，突出其运动监测和时尚设计的特点"。

- 语言简洁准确：提示语应避免模糊不清或歧义。讲解如何用简洁明了的语言表达需求，使大模型能准确理解。比如，在使用语言大模型进行文本翻译时，提示语应准确表明源语言和目标语言，如"请将以下中文句子'这是一个美丽的花园'翻译成英语"。

调整参数与限定条件：根据需求，在提示语中加入适当的参数和限定条件。对于生成内容的长度、风格、格式等方面进行规定。例如，"请生成一份会议纪要模板，格式为标题、参会人员、会议内容、决议事项，字数约300字"。

逐步引导与细化：当问题复杂时，可通过逐步引导的提示语，将大问题分解为小问题。比如，若要大模型生成一个活动策划方案，可先提示"请列出活动策划的主要步骤"，再根据输出结果进一步提示"针对第一步活动目标设定，请详细阐述目标内容"。

4. 培训方法

集中授课：通过讲座形式，利用 PPT、动画演示等方式讲解大模型的基础知识、交互式工具的基本使用原理以及提示语编写的重要性和基本方法，使员工对相关概念有初步理解。

实操演示：在培训现场，培训师在大屏幕上演示大模型交互式工具的操作流程，重点展示如何编写不同类型的提示语以及其对输出结果的影响。例如，在演示语言大模型生成营销文案时，对比不同提示语下生成的文案质量，展示如何输入包含关键信息和要求的提示语，以及如何从输出结果中选择合适的内容。

小组实践与案例分析：让员工分组进行实践操作，每个小组共同使用大模型工具完成指定的简单任务，如利用图像视频大模型生成一组产品宣传图，要求编写不同的提示语并比较结果。同时，分析实际业务案例中的提示语应用，加深对提示语编写技能的掌握。

5. 培训资源准备

教学资料：编写包含培训重点内容的手册，内容包括大模型基础知识、交互式工具操作步骤、提示语编写指南和应用案例。收集一些大模型应用的科普文章、视频资料以及优秀提示语案例集，作为辅助学习材料供员工参考。

设备与平台：准备足够性能良好、网络连接稳定的计算机设备，并安装常用的大模型交互式应用平台或确保可在线访问相关平台。同时，要保证平台的使用权限和安全性。

培训师资：选拔对人工智能大模型有深入了解、具备丰富教学经验且在提示语编写方面有实践经验的培训师，培训师要能够深入浅出地讲解知识，引导员工顺利完成实践操作。

6. 培训实施注意事项

时间紧凑合理：考虑到这并非核心培训内容，培训时间应紧凑，可安排为半天或一天。合理分配理论讲解、演示和实践操作的时间，确保员工在短时间内掌握关键技能，尤其要保证有足够时间练习提示语编写。

结合实际业务：在培训过程中，将大模型的应用与员工的实际工作紧密结合。每个案例和实践任务都应围绕员工日常业务场景展开，使员工能够快速将所学内容应用到工作中。例如，针对财务人员，可演示如何利用合适的提示语让大模型快速理解财务报表中的文本信息，并进行相关分析。

鼓励互动与提问：积极营造开放的培训氛围，鼓励员工在培训过程中积极互动、提出问题。培训师要及时解答员工关于提示语编写和大模型使用的疑问，确保每个员工都能跟上培训进度。

7. 培训效果评估

知识问答：在培训过程中，通过提问和课堂小测验的方式，考查员工对大模型基础知识、提示语编写要点的理解，如不同类型大模型的应用领域、交互式工具的基本功能、提示语如何影响结果等。

操作评估：观察员工在小组实践中的操作表现，重点评估提示语编写的质量和效果，包括能否根据任务准确编写提示语、大模型输出结果是否符合预期以及能否通过调整提示语优化结果。

反馈收集：培训结束后，通过问卷调查和小组讨论的方式收集员工对培训内容、培训方法的反馈意见，尤其关注员工在提示语编写方面遇到的困难和建议，以便对后续培训进行改进和完善。

通过以上全面且有针对性的培训，可以使员工具备基本的人工智能大模型交互式应用能力，熟练掌握提示语编写这一重要技能，为企业的数字化发展提供有力支持。

8.2 指导

⊙知识目标

1. 掌握指导员工工作的方法和技巧。
2. 理解指导对员工成长和团队效能的影响。

⊙工作任务

1. 指导员工完成相关工作任务。
2. 提高团队整体工作效能。

指导是一种互动式的、个性化的支持过程，旨在帮助员工将在培训中学到的知识和技能应用到实际工作情境中，并促进其持续发展。

培训与指导密切相关，二者在本质上有诸多相似之处。它们都是为了帮助员工提升能力，以更好地履行工作职责和实现个人发展。从知识和技能的传递角度来看，培训中的理论讲授、案例分析、实践操作等环节与指导中的经验分享、问题剖析等方式有着相同的目的，都是向员工传输有价值的信息，助力其在专业领域成长。在实施过程中，二者均需考虑员工的能力水平，培训要依据整体学员的水平设置课程内容的广度和深度，指导也需根据员工个体的知识储备、技能熟练程度来调整指导方向和重点。而且，培训和指导都关注员工能力提升的实际效果，通过各种反馈机制，如培训后的测验、指导中的交流沟通，来确认员工是否真正掌握所学内容。同时，培训者和指导者都需要运用自身专业知识和经验，为员工发展提供有力支持。这种相似性表明，培训和指导在员工成长路径中相互交织，共同发挥作用，是企业培养人才过程中不可或缺的环节。

培训和指导存在以下差异：培训通常是面向群体、集中式的知识和技能传授，内容具有普遍性和标准化特点，如组织全员参加的安全培训课程。而指导是一对一或一对少的个性化辅助，更关注个体在特定情境下的应用问题，如导师针对某员工在撰写报告时结构混乱的问题进行指导，帮助其优化报告结构。培训多在特定时间和地点开展，有固定的课程安排；指导则贯穿于工作过程中，随时根据需要进行，更具灵活性。

8.2.1 指导对员工成长和团队效能的影响

在员工成长方面，培训虽能传授通用性知识和技能，例如，新员工入职培训可使员工了解公司文化、规章制度和基本业务流程，但指导能针对员工个体在应用这些知识技能时面临的具体问题给予帮助。比如，一名销售人员经过销售技巧培训后，在实际向客户推销产品时，可能因紧张无法有效运用技巧，这时主管的指导能帮助他分析客户心理、调整沟通方式，克服心理障碍，更好地完成销售，促进其成长。

在高精尖领域，指导者的作用至关重要。以数学前沿研究为例，此领域知识的高度专业性和复杂性使得入门成为一项极具挑战性的任务。其研究内容的抽象性和深度，要求研究者具备独特的思维模式和广泛的知识基础。对于刚踏入该领域的人员而言，面对浩如烟海且晦涩难懂的专业资料，往往会迷失方向。同时，前沿数学研究中各个细分方向之间的交叉融合，使得知识体系呈现出极为复杂的网络结构。若无指导者的协助，初学者很难辨别学习路径，不知从何开始理解众多概念、理论之间错综复杂的关系。因此，在高精尖领域的个人成长过程中，我们必须充分认识到指导所起到的关键作用。

对于团队效能而言，培训是提升团队整体素质的基础，如团队成员都接受项目管理软件操作培训。然而，在实际项目执行中，成员间协调配合、应对特殊情况等问题需要指导。例如，项目执行中遇到资源冲突，领导指导成员重新规划资源分配、调整任务优先级，确保项目顺利推进，提升团队效能。

8.2.2　指导员工工作的方法和技巧

1.　了解员工

（1）评估能力水平。通过观察员工在日常工作中的表现，如完成任务的速度、质量、遇到问题时的解决思路等，来确定员工的技能水平。例如，对于从事文案撰写工作的员工，可以观察其文案的逻辑是否清晰、语言是否生动、是否能准确传达关键信息，以此判断其写作能力处于何种层次。

可以采用一些简单的测试或小项目来进一步量化员工的能力。比如，让程序员完成一个特定功能的代码编写，根据代码的简洁性、运行效率等评估其编程能力。

（2）识别学习风格。有些员工是视觉型学习者，他们对图表、演示等可视化信息吸收较好。对于这类员工，在指导时可以多使用 PPT 演示、流程图讲解等方式。例如，在指导设计新的工作流程时，用清晰的流程图展示步骤间的关系。

听觉型学习者更擅长通过听来学习。对于他们，可以采用讲解、讨论等方式。比如在培训指导销售技巧时，通过讲述成功和失败的销售案例，并进行讨论，让他们更好地理解。

动觉型学习者则需要通过实践来学习。如果是指导机械维修工人，则可以让他们直接动手操作设备，在实践中发现问题并学习解决方法。

（3）了解工作动机和目标。通过与员工一对一谈话，询问他们在工作中的期望和目标。例如，有的员工希望在短期内提高工作效率以获得更多的绩效奖励，有的员工则更关注长期的职业发展，希望获得晋升机会。

关注员工对工作的热情所在。有些员工对具有挑战性的项目更感兴趣，而有些员工则更倾向于稳定、重复性较低的工作。了解这些可以为指导内容和方式提供依据，更好地激发员工的工作动力。

2.　建立有效沟通

（1）积极倾听。在与员工交流过程中，给予他们充分表达的机会。不要轻易打断，用眼神交流、点头等方式表示关注。例如，当员工在讲述工作中遇到的问题时，耐心听完整个过程。

重复员工的关键观点，确保理解准确。如员工说"我觉得这个项目的进度受阻是因为资源分配不合理"，可以回应"你是说资源分配问题影响了项目进度，对吗？"这样能让员工感受到被尊重，也能避免误解。

（2）清晰表达指导内容。使用简单易懂的语言，避免行话和复杂的专业术语（除非员工已经熟悉）。如果是指导新员工使用财务软件，则不要一开始就使用复杂的会计术语，而是用通俗的语言解释功能和操作步骤。

将指导内容结构化。比如，在指导员工如何进行市场调研时，可以分为确定调研目标、选择调研方法、收集数据、分析数据、撰写报告等几个步骤，依次详细讲解。

（3）反馈与鼓励。

及时给予员工工作表现的反馈。无论是正面还是负面反馈，都要具体且有建设性。例如，"你在这次报告中的数据分析部分做得很详细，数据解读也很准确，但是在报告的格式上可以更加规范一些，比如统一字体和行距。"

多鼓励员工。当员工取得小进步时，及时肯定。比如，"你这次成功地完成了这个小项目，时间控制得很好，而且质量也不错，继续加油。"鼓励能增强员工的自信心和工作积极性。

3. 制订个性化指导计划

（1）设定明确目标。根据员工的能力和发展需求，制定短期和长期目标。比如对于刚入职的客服人员，短期目标可以是在一周内熟悉常见问题的解答流程，长期目标则是在一个月内能够独立处理大部分客户咨询，并保持较高的客户满意度。

确保目标是可衡量、可实现、相关和有时限的（SMART 原则：Specific（具体的）、Measurable（可衡量的）、Attainable（可达到的）、Relevant（相关的）、Time - bound（有时限的））。例如，对于销售人员，设定在本季度内将销售额提高 20%的目标，同时明确通过拓展新客户、提高客户复购率等具体途径来实现。

（2）选择合适的指导方式。对于知识和技能的传授，可以采用培训课程、一对一辅导、小组学习等多种方式。如果是传授新的软件操作技能，对于整个团队都需要掌握的情况，则可以开展统一指导——培训课程；对于个别学习困难的员工，可以进行一对一辅导。

对于实践经验的积累，可以安排导师带徒弟、项目实践、轮岗等方式。例如，对于有潜力成为管理者的员工，可以安排他们在不同部门轮岗，了解整个业务流程。

（3）定期评估和调整计划。根据员工在指导过程中的表现，定期评估计划的有效性。如果发现员工在某个知识点或技能上掌握较慢，则可以调整指导方法或增加练习时间。例如，员工在学习外语口语时，通过评估发现对话练习效果不佳，可以增加模拟场景练习。

根据公司业务发展和员工个人发展的变化，及时调整指导目标和计划。如果公司业务方向调整，需要员工掌握新的技能，就要相应地修改指导内容，确保员工的能力与公司需求相匹配。

4. 营造良好的指导环境

（1）提供资源支持。确保员工有足够的学习资料，如专业书籍、在线课程、内部文档等。对于从事科研工作的员工，要提供最新的研究论文和实验设备等资源。

给予员工时间和空间进行学习和实践。例如，安排专门的培训时间，或者允许员工在工作之余参加与工作相关的学习活动。

（2）建立支持性的团队文化。鼓励员工之间互相帮助和学习。在团队中可以设立分享会，让员工分享工作经验和学习心得。例如，每周安排一次午餐分享会，员工可以轮流分享自己在工作中的小技巧或新学到的知识。

避免批评文化，营造积极向上的氛围。当员工在学习过程中犯错时，不要过度指责，而是引导他们从错误中学习。例如，员工在项目执行中出现失误，领导可以和员工一起分析原因，提出改进措施，而不是单纯地批评。

在指导员工工作的过程中，通过全面了解员工、建立有效沟通、制订个性化指导计划和营造良好的指导环境等一系列方法和技巧，可以有效地促进员工成长，提升团队效能，使员工更好地适应工作要求，实现个人和团队的共同发展。

8.3　第 8 章小结

第 8 章围绕培训与指导展开。首先着重强调培训对于提升员工能力的关键意义，它是员工发展的重要助力。在培训板块，详细阐述了设计与实施培训的方法和技巧，包括从目标设定、内容规划到具体实施步骤的考量。例如，为提升员工人工智能大模型应用能力开展的培训，不仅给出了设计指南，涵盖培训课程的架构、内容的针对性选择等，还明确了实施过程中的注意事项，例如，如何根据员工接受程度调整进度、如何确保实践与理论结合等。接着，进入指导部分。先是对比了培训和指导的异同，让读者清晰了解二者在概念和实践层面的联系与区别。随后阐述指导对员工成长和团队效能有着不可忽视的影响，指导能针对员工个体情况助力其发展，从而提升团队整体效能。最后，深入探讨了指导员工工作的方法和技巧，从了解员工特点、建立有效沟通到制订个性化计划以及营造良好指导环境等多方面展开，为有效指导员工提供了全面指导，这一系列内容为企业开展员工培训与指导工作提供了理论依据和实践参考。

8.4　思考与练习

8.4.1　单选题

1. 以下关于培训和指导的说法，正确的是（　　）。
    A．培训和指导都只关注员工群体的整体发展，不考虑个体差异
    B．培训和指导在知识传递方面本质相同，但培训更注重普遍性，指导更侧重个性化
    C．培训和指导都不需要根据员工的能力水平来调整内容和方式
    D．培训和指导在实施过程中都不需要考虑效果评估

2. 在培训设计过程中，以下哪一个环节对于确保培训内容与员工实际需求紧密结合起到最关键的作用？（　　）
    A．培养员工结构化思维　　　　　　　B．选择合适的培训方法
    C．进行需求分析和目标设定　　　　　D．重视培训文化建设

3. 在培训进行过程中，以下哪种情况最能体现培训师有效应对突发情况的能力？（　　）
    A．培训师按照原计划完成了所有预定的培训内容，没有出现任何意外情况
    B．培训过程中，设备突然出现故障，培训师迅速调整教学方式，利用现有资源继续进行有效培训
    C．培训师讲解内容时严格按照提前准备好的讲稿，没有出现任何讲解错误
    D．培训师能够准确把握培训的节奏，在规定时间内完成了每个环节的讲解

8.4.2　多选题

1. 以下哪些选项可以作为对培训进行多维度划分的内容类别？（　　）

　　A. 培训内容　　　　　B. 培训对象　　　　　C. 培训方式　　　　　D. 培训目的

　　E. 培训评估主体

2. 在培训设计过程中，以下哪些选项是有效进行需求分析的方法？（　　）

　　A. 观察员工工作表现　　　　　　　　B. 分析工作岗位说明书

　　C. 与员工进行一对一访谈　　　　　　D. 参考同行业其他公司培训内容

　　E. 收集员工绩效评估数据

3. 以下关于培训和指导差异的描述，正确的有哪些？（　　）

　　A. 培训通常是面向群体开展的，而指导更侧重于个体

　　B. 培训侧重于知识和技能的系统传授，指导更注重解决实际工作中的具体问题

　　C. 培训的时间和地点相对固定，指导更具灵活性，可以在工作过程中随时进行

　　D. 培训主要依靠外部专家，指导一般是由内部的上级领导或资深同事完成的

　　E. 培训的评估方式主要是考核成绩，指导的评估更多地依赖于工作成果和绩效的提升